普通高等院校材料成型及控制工程专业“十四五”规划教材

Zhuzao Hejin ji Qi Ronglian

铸造合金及其熔炼

主编◎张 磊 主审◎周 全

華中科技大學出版社
http://www.hustp.com
中国·武汉

图书在版编目(CIP)数据

铸造合金及其熔炼/张磊主编. —武汉:华中科技大学出版社,2021.4（2022.7 重印）
ISBN 978-7-5680-7061-4

Ⅰ. ①铸…　Ⅱ. ①张…　Ⅲ. ①铸造合金-熔炼　Ⅳ. ①TG136

中国版本图书馆 CIP 数据核字(2021)第 071754 号

铸造合金及其熔炼　　张　磊　主编

Zhuzao Hejin ji Qi Ronglian

策划编辑：张　毅
责任编辑：狄宝珠
封面设计：廖亚萍
责任监印：朱　玢
出版发行：华中科技大学出版社(中国·武汉)　电话：(027)81321913
　　　　　武汉市东湖新技术开发区华工科技园　邮编：430223
录　　排：华中科技大学惠友文印中心
印　　刷：武汉开心印印刷有限公司
开　　本：787mm×1092mm　1/16
印　　张：13.25
字　　数：339 千字
版　　次：2022 年 7 月第 1 版第 2 次印刷
定　　价：42.00 元

前言 QIANYAN

铸造合金(包括铸造非铁合金、铸铁和铸钢)是重要的工程材料,在工农业生产、国防建设及人民日常生活中都占有相当重要的地位,在机器制造业中占的比例就更大了。我国是当今世界上最大的铸件生产国家,自 2000 年起铸件产量整体呈正增长态势,2019 年铸件总产量已经达到 4875 万吨。作为铸造生产的第一道工序,熔炼直接影响着铸件的质量和工艺性能。只有掌握了铸造合金的化学成分、熔炼等基本工艺因素,以及合金的凝固过程、组织形成及控制原理,才能够获得高质量的铸件。

本书共分为三篇,第一篇为铸造非铁合金,主要内容包括铸造铝合金、铸造镁合金、铸造铜合金、铸造钛合金、铸造锌合金和铸造高温合金,重点为铸造铝合金和铸造镁合金。第二篇为非铁合金的熔炼,重点内容为铸造铝合金的变质处理和精炼处理,同时还介绍了非铁合金的熔炼设备及铸造镁合金、铜合金、钛合金、锌合金、高温合金的熔炼。第三篇为铸铁、铸钢及其熔炼,重点为铸铁的结晶及组织形成、铸铁的冲天炉熔炼和电弧炉炼钢,同时还介绍了铸造碳钢、铸造合金钢的化学成分、组织及性能。本书可以作为高等工业学校材料成型及控制工程专业的教材,也可供相关工程技术人员、高职高专相关专业学生参考。

本书由南昌航空大学张磊副教授主编,南昌航空大学周全教授主审。在本书的编写过程中,南昌航空大学铸造工程系的研究生黄浩、张帅杰、欧阳康昕等也付出了辛勤的劳动,编者在此一并表示感谢。

本书由南昌航空大学一流专业建设费资助出版。

由于编者水平有限,加之时间仓促,书中难免存在错误和不妥之处,敬请广大读者给予批评和指正。

编 者

目录 MULU

第一篇　铸造非铁合金

第二篇 非铁合金的熔炼

第三篇 铸铁、铸钢及其熔炼

第一篇　铸造非铁合金

第 1 章

铸造铝合金

1.1 概　　述

1.1.1 铸造铝合金的特性及应用领域

1. 机械性能

纯铝为面心立方晶型，强度较低（仅 50 MPa），需加合金元素强化。有些铸铝的热强性良好，可在 200～300 ℃下服役。铸铝无低温脆性，是良好的低温结构材料。铝密度小（ρ 为 2.7 g/cm^3），故铸铝有很高的比强度（R_m/ρ 为 80～180），仅次于铸钛合金，铝铸件可以减轻结构重量。

2. 抗蚀性

铝和氧的化学亲和力很好，在铝的表面有一层很牢固的致密氧化膜起保护作用，故大部分铝合金在大气、淡水及许多介质中有良好的耐蚀性。氧化膜的化学稳定性和熔点都很高，故铸铝在高温工作时仍具有良好的耐蚀性和抗氧化性能。

3. 熔铸工艺性能和使用性能

铝合金的熔炼温度不高（一般小于 750 ℃），液态表面也有一层致密氧化膜，能阻止铝液继续氧化，不需专门保护，故熔炼设备及工艺简单。铸铝一般具有良好的流动性、较小的缩松和热裂倾向。铝合金的铸造方法不限，特别适用于金属型和压铸。

由于铸造铝合金有良好的机械性能、高比强度和耐蚀性，也有良好的工艺性能，生产工艺简便，成本较低，因此它广泛地应用于航空航天工业，在汽车、仪表、化工、电器、光学仪器、造船及发动机、日用品中也得到很多应用。

1.1.2 铸造铝合金的标准及分类

1. 标准和代号

铸造铝合金的国标（GB/T 1173—2013）中有 28 个牌号，见表 1-1 和表 1-2。铸造铝合金牌号由铝及主要合金化元素的符号组成，元素符号后跟表示其名义质量分数的整数值，如果名义质量分数值小于 1，一般不标数字。牌号前冠以汉语字母 Z 表示铸造合金。有的牌号后标 A，表示杂质含量更低、性能好的优质合金。标准中的合金代号由字母 ZL 及后面的三个阿拉伯数字组成，第一个数字表示合金类别，第二、三两个数字表示顺序号。

表 1-1 铸造铝合金的化学成分

类别	合金牌号	合金代号	主要元素/(%)							
			Si	Cu	Mg	Zn	Mn	Ti	其他元素	Al
Al-Si 类	ZAlSi7Mg	ZL101	6.5～7.5		0.25～0.45					余量
	ZAlSi7MgA	ZL101A	6.5～7.5		0.25～0.45			0.08～0.20		余量
	ZAlSi12	ZL102	10.0～13.0							余量
	ZAlSi9Mg	ZL104	8.0～10.5		0.17～0.35		0.2～0.5			余量
	ZAlSi5Cu1Mg	ZL105	4.5～5.5	1.0～1.5	0.4～0.6					余量
	ZAlSi5Cu1MgA	ZL105A	4.5～5.5	1.0～1.5	0.4～0.55					余量
	ZAlSi8Cu1Mg	ZL106	7.5～8.5	1.0～1.5	0.3～0.5		0.3～0.5	0.10～0.25		余量
	ZAlSi7Cu4	ZL107	6.5～7.5	3.5～4.5						余量
	ZAlSi12Cu2Mg1	ZL108	11.0～13.0	1.0～2.0	0.4～1.0		0.3～0.9			余量
	ZAlSi12Cu1Mg1Ni1	ZL109	11.0～13.0	0.5～1.5	0.8～1.3				Ni0.8～1.5	余量
	ZAlSi5Cu6Mg	ZL110	4.0～6.0	5.0～8.0	0.2～0.5					余量
	ZAlSi9Cu2Mg	ZL111	8.0～10.0	1.3～1.8	0.4～0.6		0.10～0.35	0.10～0.35		余量
	ZAlSi7Mg1A	ZL114A	6.5～7.5		0.45～0.75			0.10～0.20	Be0～0.07	余量
	ZAlSi5Zn1Mg	ZL115	4.8～6.2		0.4～0.65	1.2～1.8			Sb0.1～0.25	余量
	ZAlSi8MgBe	ZL116	6.5～8.5		0.35～0.55			0.10～0.30	Be0.15～0.40	余量
	ZAlSi7Cu2Mg	ZL118	6.0～8.0	1.3～1.8	0.2～0.5		0.1～0.3	0.10～0.25		余量

续表

类别	合金牌号	合金代号	主要元素/(%)							
			Si	Cu	Mg	Zn	Mn	Ti	其他元素	Al
Al-Cu类	ZAlCu5Mn	ZL201		4.5～5.3			0.6～1.0	0.15～0.35		余量
	ZAlCu5MnA	ZL201A		4.8～5.3			0.6～1.0	0.15～0.35		余量
	ZAlCu10	ZL202		9.0～11.0						余量
	ZAlCu4	ZL203		4.0～5.0						余量
	ZAlCu5MnCdA	ZL204A		4.6～5.3			0.6～0.9	0.15～0.35	Cd0.15～0.25	余量
	ZAlCu5MnCdVA	ZL205A		4.6～5.3			0.3～0.5	0.15～0.35	Cd0.15～0.25，V0.05～0.3，Zr0.15～0.25，B0.005～0.6	余量
	ZAlR5Cu3Si2	ZL207	1.6～2.0	3.0～3.4	0.15～0.25		0.9～1.2		Ni0.2～0.3，Zr0.15～0.2，RE4.4～5.0	余量
Al-Mg类	ZAlMg10	ZL301			9.5～11.0					余量
	ZAlMg5Si	ZL303	0.8～1.3		4.5～5.5		0.1～0.4			余量
	ZAlMg8Zn1	ZL305			7.5～9.0	1.0～1.5		0.10～0.20	Be0.03～0.10	余量
Al-Zn类	ZAlZn11Si7	ZL401	6.0～8.0		0.1～0.3	9.0～13.0				余量
	ZAlZn6Mg	ZL402			0.5～0.65	5.0～6.5	0.2～0.5	0.15～0.25	Cr0.4～0.6	余量

表 1-2 铸造铝合金的力学性能

合金牌号	合金代号	铸造方法	热处理状态	抗拉强度 R_m/MPa	伸长率 A/(%)	硬度 HBW
				≥		
ZAlSi7Mg	ZL101	R、J、K	F	155	2	50
		S、R、J、K	T2	135	2	45
		JB	T4	185	4	50
		R、K	T4	175	4	50
		JB	T5	205	2	60
		S、R、K	T5	195	2	60
		SB、RB、KB	T5	195	2	60
		SB、RB、KB	T6	225	1	70
		SB、RB、KB	T7	195	2	60
		SB、RB、KB	T8	155	3	55
ZAlSi7MgA	ZL101A	S、R、K	T4	195	5	60
		J、JB	T4	225	5	60
		S、R、K	T5	235	4	70
		SB、RB、KB	T5	235	4	70
		JB、J	T5	265	4	70
		SB、RB、KB	T6	275	2	80
		JB、J	T6	295	3	80
ZAlSi12	ZL102	SB、JB、RB、KB	F	145	4	50
		J	F	155	2	50
		SB、JB、RB、KB	T2	135	4	50
		J	T2	145	3	50
ZAlSi9Mg	ZL104	S、J、R、K	F	150	2	50
		J	T1	200	1.5	65
		SB、RB、KB	T6	230	2	70
		J、JB	T6	240	2	70
ZAlSi5Cu1Mg	ZL105	S、J、R、K	T1	155	0.5	65
		S、R、K	T5	215	1	70
		J	T5	235	0.5	70
		S、R、K	T6	225	0.5	70
		S、J、R、K	T7	175	1	65
ZAlSi5Cu1MgA	ZL105A	SB、R、K	T5	275	1	80
		J、JB	T5	295	2	80

续表

合金牌号	合金代号	铸造方法	热处理状态	抗拉强度 R_m/MPa	伸长率 A/(%)	硬度 HBW
				≥		
ZAlSi8Cu1Mg	ZL106	SB	F	175	1	70
		JB	T1	195	1.5	70
		SB	T5	235	2	60
		JB	T5	255	2	70
		SB	T6	245	1	80
		JB	T6	265	2	70
		SB	T7	225	2	60
		JB	T7	245	2	60
ZAlSi7Cu4	ZL107	SB	F	165	2	65
		SB	T6	245	2	90
		J	F	195	2	70
		J	T6	275	2.5	100
ZAlSi12Cu2Mg1	ZL108	J	T1	195	—	85
		J	T6	255	—	90
ZAlSi12Cu1Mg1Ni1	ZL109	J	T1	195	0.5	90
		J	T6	245	—	100
ZAlSi5Cu6Mg	ZL110	S	F	125	—	80
		J	F	155	—	80
		S	T1	145	—	80
		J	T1	165	—	90
ZAlSi9Cu2Mg	ZL111	J	F	205	1.5	80
		SB	T6	255	1.5	90
		J、JB	T6	315	2	100
ZAlSi7Mg1A	ZL114A	SB	T5	290	2	85
		J、JB	T5	310	3	90
ZAlSi5Zn1Mg	ZL115	S	T4	225	4	70
		J	T4	275	6	80
		S	T5	275	3.5	90
		J	T5	315	5	100
ZAlSi8MgBe	ZL116	S	T4	255	4	70
		J	T4	275	6	80
		S	T5	295	2	85
		J	T5	335	4	90

续表

合金牌号	合金代号	铸造方法	热处理状态	抗拉强度 R_m/MPa	伸长率 A/(%)	硬度 HBW
				≥		
ZAlSi7Cu2Mg	ZL118	SB、RB JB	T6 T6	290 305	1 2.5	90 105
ZAlCu5Mn	ZL201	S、R、J、K S、R、J、K S	T4 T5 T7	290 330 310	8 4 2	70 90 80
ZAlCu5MnA	ZL201A	S、R、J、K	T5	390	8	100
ZAlCu10	ZL202	S、J S、J	F T6	104 163	— —	50 100
ZAlCu4	ZL203	S、R、K J S、R、K J	T4 T4 T5 T5	195 205 215 225	6 6 3 3	60 60 70 70
ZAlCu5MnCdA	ZL204A	S	T6	440	4	100
ZAlCu5MnCdVA	ZL205A	S S S	T5 T6 T7	440 470 460	7 3 2	100 120 110
ZAlR5Cu3Si2	ZL207	S J	T1 T1	165 175	— —	75 75
ZAlMg10	ZL301	S、J、R	T4	280	9	60
ZAlMg5Si	ZL303	S、J、R、K	F	143	1	55
ZAlMg8Zn1	ZL305	S	T4	290	8	90
ZAlZn11Si7	ZL401	S、R、K J	T1 T1	195 245	2 1.5	80 90
ZAlZn6Mg	ZL402	J S	T1 T1	235 220	4 4	70 65

2. 分类

(1) 代表 Al-Si 类：此类合金一般 Si 含量(质量分数，下同)为 4%～22%。Al-Si 合金具有优良的铸造性能，如流动性好、气密性好、收缩率小和热裂倾向小，经过变质和热处理之后，具有良好的力学性能、物理性能、耐腐蚀性能和中等的机械加工性能，是铸造铝合金中品种最多、用途最广的一类合金。

(2) 代表 Al-Cu 类：此类合金中 Cu 含量为 3%～11%，加入其他元素使室温和高温力学性能大幅度提高。例如，ZL205A(T6)合金的抗拉强度为 470 MPa，是目前世界上强度最高的铸造铝合金之一；ZL206、ZL207 和 ZL208 合金具有很好的耐热性能。ZL207 中添加了混合稀土，提高了合金的高温强度和热稳定性，可用于 350～400 ℃下工作的零件，缺点是室温力学性能较差，特别是断后伸长率很低。Al-Cu 类合金具有良好的切削加工和焊接性能，但铸造性能和耐腐蚀性能较差。这类合金在航空产品上应用较广，主要用作承受大载荷的结构件和耐热零件。

(3) 代表 Al-Mg 类：此类合金中 Mg 含量为 4%～11%，密度小，具有较好的力学性能、优异的耐腐蚀性能、良好的切削加工性能，加工表面光亮美观。该类合金熔炼和铸造工艺较复杂，除用作耐蚀合金外，也用作装饰用合金。各种铸造方法都可用。

(4) 代表 Al-Zn 类：此类合金 Zn 在 Al 中的溶解度大，当 Al 中加入 Zn 的质量分数大于 10%时，能显著提高合金的强度，该类合金自然时效倾向大，不需要热处理就能得到较高的强度。Al-Zn 类合金的缺点是耐腐蚀性能差，密度大，铸造时容易产生热裂。铸造方法不限，特别适用于压铸。

1.2 铸造铝硅类合金

1.2.1 铸造 Al-Si 系合金

1. 铝硅合金的特性

Al-Si 二元系形成共晶型相图（见图 1-1），室温下只有 α(Al) 和 β(Si) 两种相。Al-Si 二元合金的共晶成分在 Si 含量为 12.6%处，亚共晶 Al-Si 合金的组织由初生 α(Al)＋共晶体(α＋β)所组成，过共晶合金的组织由初生 β(Si)＋共晶体(α＋β)所组成。常用的铸造铝硅合金大多数是亚共晶和共晶型的。合金的组织由韧性的 α(Al) 固溶体与硬脆的共晶 Si 所构成，具有比纯铝高得多的强度，并保留一定的塑性。

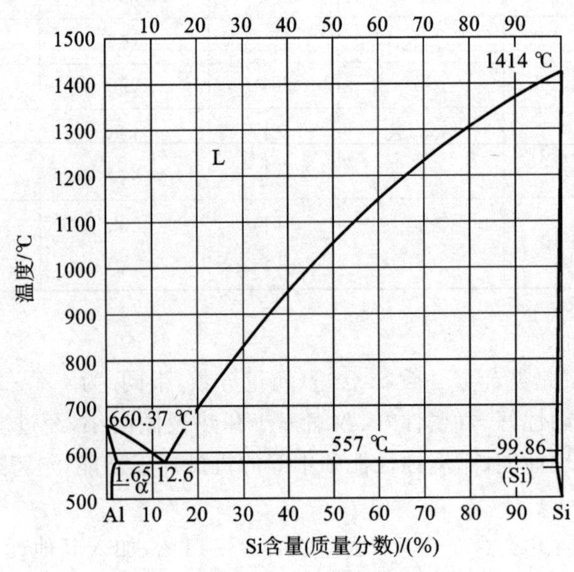

图 1-1　Al-Si 二元相图

在各类铸铝合金中，Al-Si 系的结晶温度范围最小，合金中硅相有很高的结晶潜热，线胀系数也小($7.6\times10^{-6}K^{-1}$)，约为铝($23.8\times10^{-6}K^{-1}$)的 1/3，因此含 Si 量较高的 Al-Si 合金具有较小的线胀系数，如图 1-2 所示。再者，由于共晶体(α+β)在凝固温度附近具有良好的塑性，因此该类合金的流动性好，缩松、热裂倾向很小。Al-Si 合金由于共晶体有较好的塑性，就可兼顾机械性能与铸造性能两方面的要求，得到两者兼优的合金，所以它是目前应用最广的铸铝合金系。

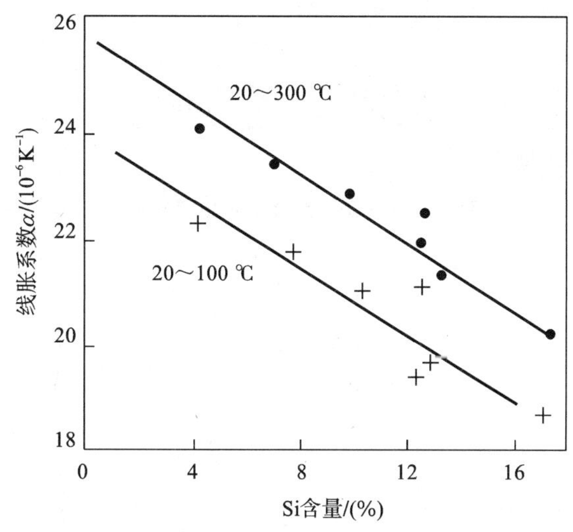

图 1-2 Si 含量对 Al-Si 合金线胀系数的影响

2. 铝硅合金中硅的形态特征

因为铝在硅中的溶解度极小，故合金中的 β(Si)相可视为与纯硅无异。硅晶体是金刚石立方晶型，晶胞是面心立方晶格内多出 4 个原子。硅晶体在生长过程中易形成片状，但由于铝液中杂质原子的影响、浓度和能量的微区起伏等原因，硅片生长过程中会产生分枝和改变生长方向。

3. 铝硅合金共晶体的变质

1) 变质的意义与效应

铝硅合金共晶体中的共晶硅相在自发非控制生长条件下会长成片状，这种形态的脆性相会严重地割裂基体，大大降低合金的强度和塑性，为了改变这种状况，必须进行变质处理。所谓变质处理是在熔融合金中加入少量的一种或几种元素(或加化合物起作用而得)，改变合金的结晶组织，从而改善机械性能。生产上常在合金液中加入氟化钠与氯盐的混合物来进行变质处理，加入微量的纯钠也有同样效果。

铝硅共晶合金变质后，由原来粗大的针片状硅晶体组成的共晶组织[见图 1-3(a)]，变为树枝状初生 α(Al)和共晶体(α+β)组成的亚共晶组织。共晶体中的硅相变为细小的纤维状[见图 1-3(b)]。变质既然是改变硅的形态，所以其效果与硅含量有关，在共晶成分以下随着硅量的增加，变质效果越发显著(见图 1-4)。

2) 铝硅共晶体的变质机理

早期的变质机理是基于变质后凝固组织中硅相呈球形而提出的，主要有过冷学说和吸附薄膜学说。过冷学说认为，变质剂的加入，增大了结晶过冷度，形成大量的均质晶核，使共晶硅

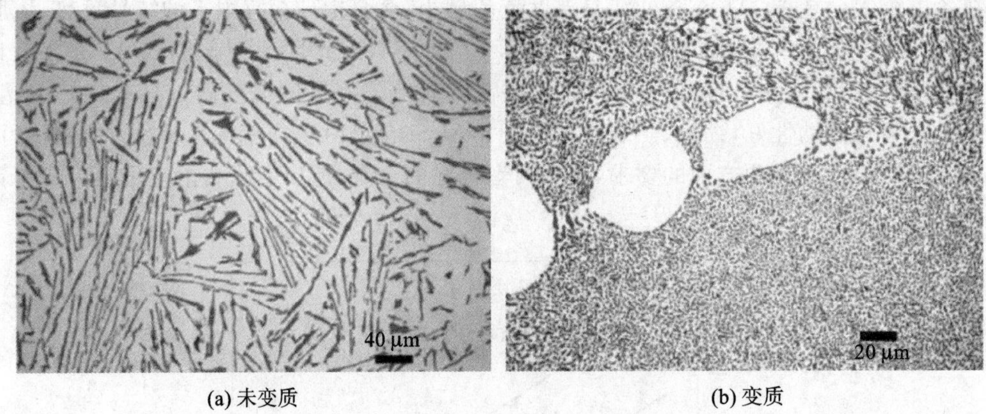

(a) 未变质　　(b) 变质

图 1-3　Al-Si 共晶合金金相组织照片

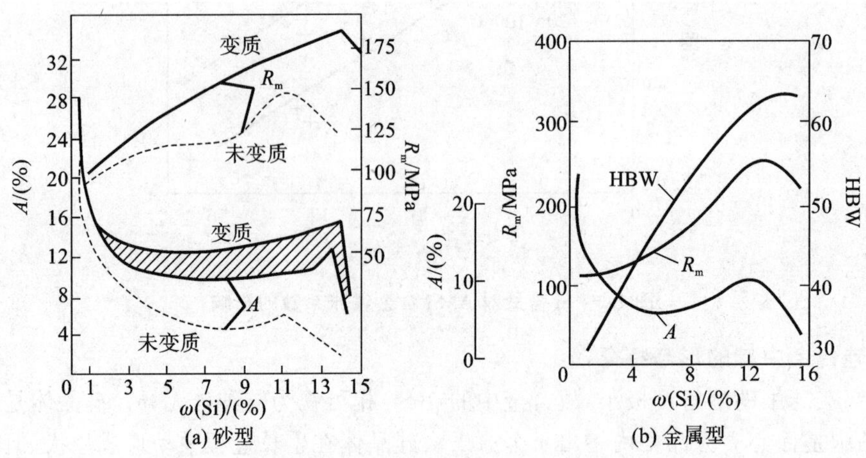

(a) 砂型　　(b) 金属型

图 1-4　Si 含量和变质处理对 Al-Si 合金力学性能的影响

细化成球状。吸附薄膜学说认为钠是表面活性元素，吸附在硅晶表面的优势生长面上，阻滞了该面的生长，迫使晶体以等轴晶方式生长，故成为粒状。

近年来通过扫描电镜和透射电镜等测试手段对 Al-Si 合金共晶组织进行观察发现，变质前，共晶硅呈板片状，具有{111}惯习面，生长速度缓慢时有＜211＞择优生长方向。硅片的大角度分枝是由于{111}孪晶系的增殖所引起的，每两个{111}孪晶系之间的夹角为 70.53°（见图 1-5）。

大部分共晶硅的分枝是小角度的，这一类分枝有两种形式：其一为分裂机制，起源于共晶硅片上无规则生长台阶；其二为重叠机制，和铸铁中石墨的分枝十分相似，即共晶硅片的一部分在长大过程中产生很小的弯曲，见图 1-6。变质后，共晶硅变为纤维状，呈多面生长，择优生长方向变为＜100＞，少量为＜110＞，含有高密度的{111}复合孪晶，见图 1-7。这种复合孪晶决定了纤维状共晶硅的生长和分枝方式。

近年来国内外发展了两种较公认的变质机理学说，即孪晶凹谷（TPRE）机制学说和界面台阶机制学说。

（1）孪晶凹谷机制：这是基于共晶生长中硅片的结晶前沿成孪晶凹谷。用钠变质后，铝液

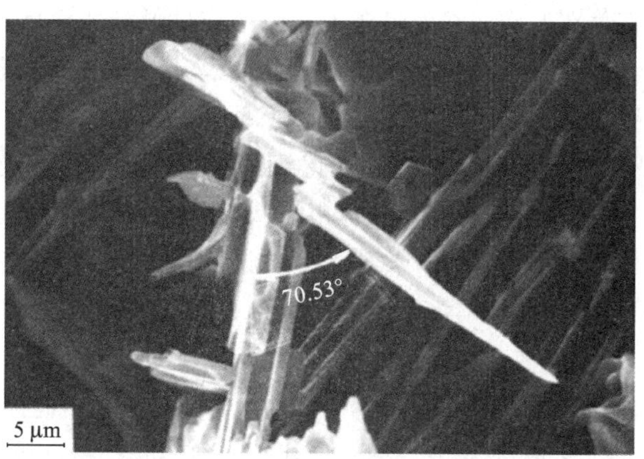

图 1-5 片状共晶的大角度分枝形貌

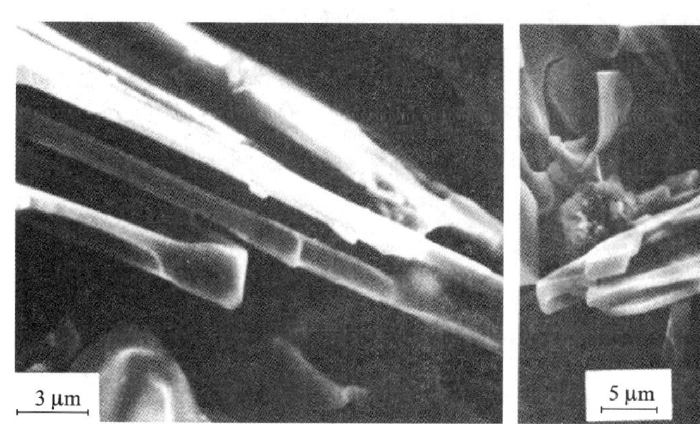

(a) 分裂机制

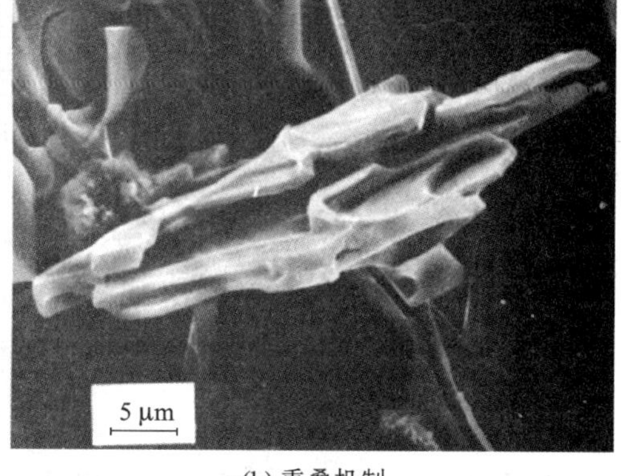

(b) 重叠机制

图 1-6 共晶硅片的小角度分枝形貌

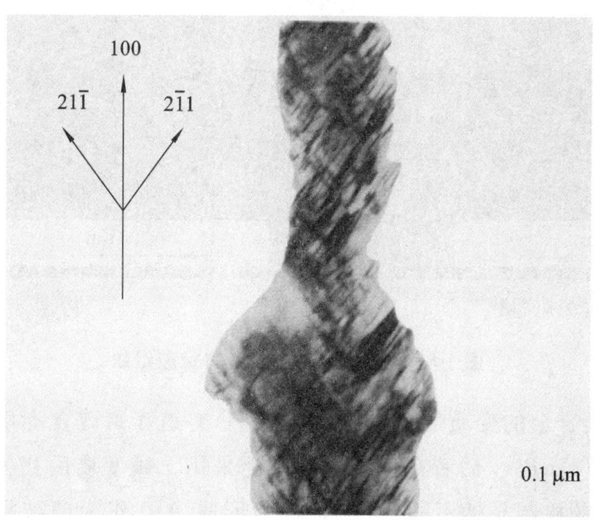

图 1-7 钠变质的共晶硅纤维的透射电镜照片(高密度{111}复合孪晶)

中钠原子选择性吸附富集在孪晶凹谷处阻滞了硅原子或硅原子四面体长上去的速度，使孪晶凹谷生长机制受到抑制，导致硅晶体生长形态发生变化。其原因是凹谷被阻塞，晶体生长大部分被迫改变方向，如沿＜100＞、＜110＞、＜1$\overline{12}$＞等系列方向生长；同时也促使硅晶体发生高度分枝。还有学者认为，钠原子并非完全封锁整个孪晶凹谷，而是优先吸附在凹谷内的晶体缺陷处，使原片状被分割生长。这都促使硅晶体由片状变成具有等轴断面的弯曲纤维状。

(2) 界面台阶机制：这种理论认为，未变质铝硅合金生长着的硅晶体表面上生成孪晶的概率小，其密度极小。而在晶体生长前沿液固界面上存在很多界面台阶，这些台阶易于接纳铝液中的硅原子或硅原子八面体，使硅晶体沿＜211＞晶向择优生长而成板片状。变质后钠原子优先吸附于该界面台阶处。钝化了界面台阶生长源，使它很难再接纳硅原子。同时钠原子在硅晶体表面诱发出高密度的孪晶，而由孪晶凹谷取代界面台阶来接纳硅原子，成为硅晶体的生长源。诱发孪晶产生的原因是：钠原子吸附并嵌在硅晶体生长前沿靠近密排(111)晶面处，因钠原子半径(0.190 nm)比硅(0.124 nm)大，使得密排面表层原子排列发生变化，从而在与其垂直的侧面上形成孪晶。变质后，硅晶体按照孪晶凹谷机制生长成高度分散的树枝形，晶体主干沿＜100＞晶向生长，分枝则沿[211]系列晶向生长。理想情况下有 4 个对称的枝晶围绕主干在横向互成 90°。枝晶生长仍保留各向异性特征，但已是高度分枝按同一大方向生长，犹如一簇松树针叶，故断面呈等轴状的细晶群集。

4. 过共晶铝硅合金中初生硅的变质

在过共晶铝硅合金未变质组织中，初生硅晶体长成粗大厚板片状[见图 1-8(a)]，使得合金性脆而强度很低，机械加工性能恶劣，根本不能使用。用钠或磷变质处理能细化初生硅[见图 1-8(b)]，大大改善上述性能。

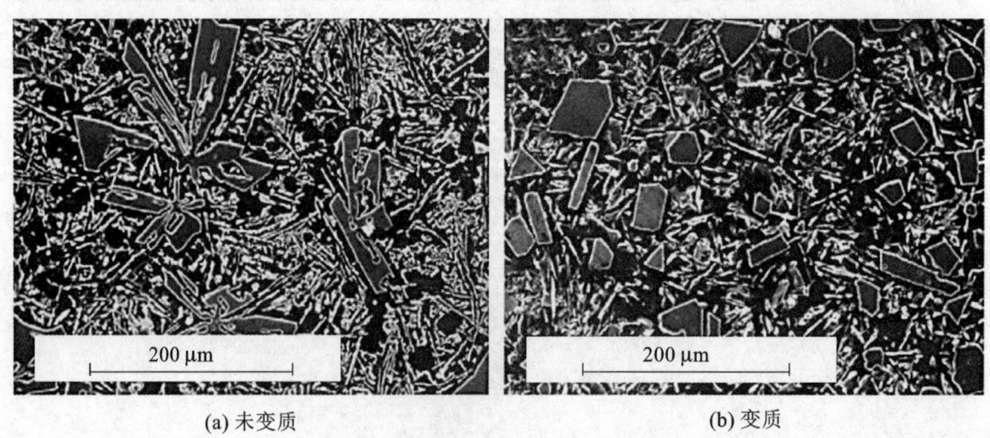

(a) 未变质　　(b) 变质

图 1-8　过共晶 Al-Si 合金的铸态组织

目前，过共晶铝硅合金的变质剂主要分为两类：一类是赤磷或含赤磷的混合变质剂；另一类是含磷的中间合金(Cu-P)。后者在生产中被广泛采用。磷变质后初生硅相细化，长成分散孤立的块状。磷变质的机制与钠不同，主要是因为形成 AlP 作为硅结晶的非均质晶核，使初生硅细化；同时磷在铝液中有一定的溶解度，磷在铝中呈表面活性，故也能被硅晶孪晶凹谷所吸附，抑制孪晶的生长。

5. 初生 α(Al)相的细化

1) 细化方法

在纯铝和铝合金中加入少量 Ti、Zr、B 等元素可以对其起细化作用，使 α(Al)基体的晶粒细化(见图 1-9)。这种以少量物质加入熔融金属，促进形核而细化组织(晶粒)提高性能的过程，称为孕育。

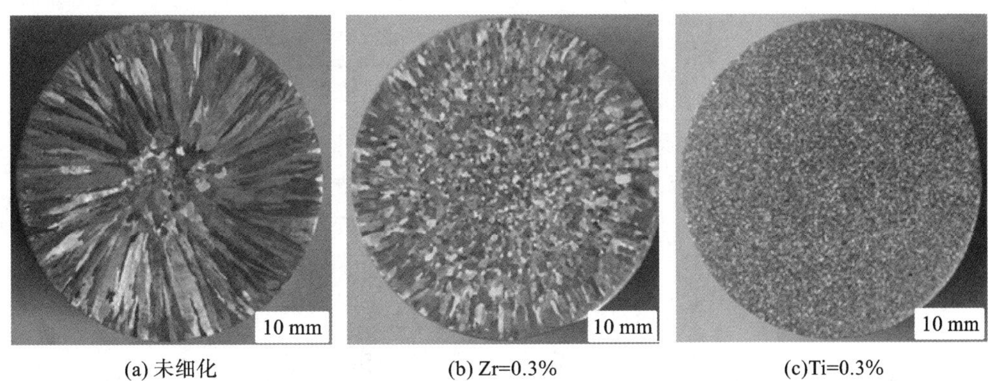

(a) 未细化　　(b) Zr=0.3%　　(c)Ti=0.3%

图 1-9　添加不同细化剂后纯铝的宏观组织

2) 细化机理

Al-Ti 相图的 Al 端呈包晶反应(见图 1-10)。加入少量超过 *P* 点成分的 Ti，在铝液中就可以形成大量的 $TiAl_3$ 固相质点，当 α(Al)还未开始凝固时，这些 $TiAl_3$ 固相质点就已析出，因 $TiAl_3$ 是成分一定的化合物，故它从铝液中析出时一般也较为细小弥散，$TiAl_3$(四方晶格)与铝(面心)的晶格形式相似，两者晶格常数相近，故 $TiAl_3$ 质点可作为 α(Al)相的结晶核心。另一方面，由于包晶反应：$L+TiAl_3 \rightarrow \alpha$，也使 α(Al)依附在 $TiAl_3$ 质点上形核。故铝液中加入少量钛，可使铝液在较小的过冷度下就出现大量细小的非自发晶核，而这时由于过冷度较小，其结晶生长速度也比较慢，因而使铝基体的晶粒细化。

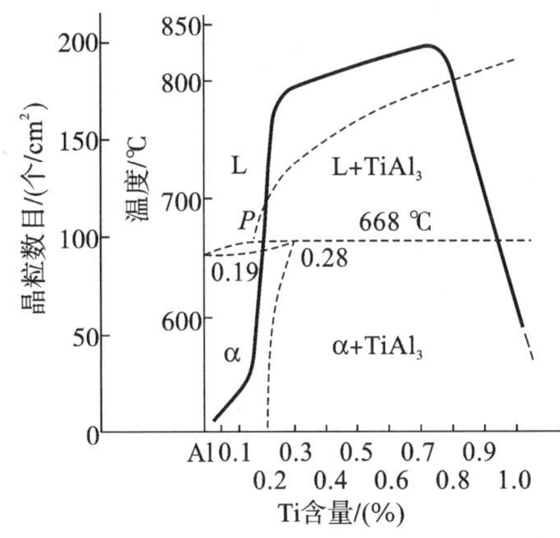

图 1-10　Al-Ti 相图与铝中加钛量对晶粒大小的影响

6. 铝硅二元合金 ZL102

Al-Si 二元合金的代表是 ZL102 合金，其 Si 含量为 10%～13%，其余为 Al，铸态金相组织由初生 α(Al)+共晶体(α+β)及少量的初生硅所组成。由于 ZL102 成分在共晶点附近，结晶温度区间小，硅的结晶潜热大，故在铝硅二元系中，其铸造性能最好（见图 1-11），强度也较高，致密度最好，但塑性较低。ZL102 合金具有较好的抗蚀性、耐磨性和耐热性。因为硅在铝中的扩散速度快，在淬火的速冷条件下，也不能形成过饱和固溶体，故 Al-Si 二元合金是不能热处理强化的，只能加入合金元素进行强化。

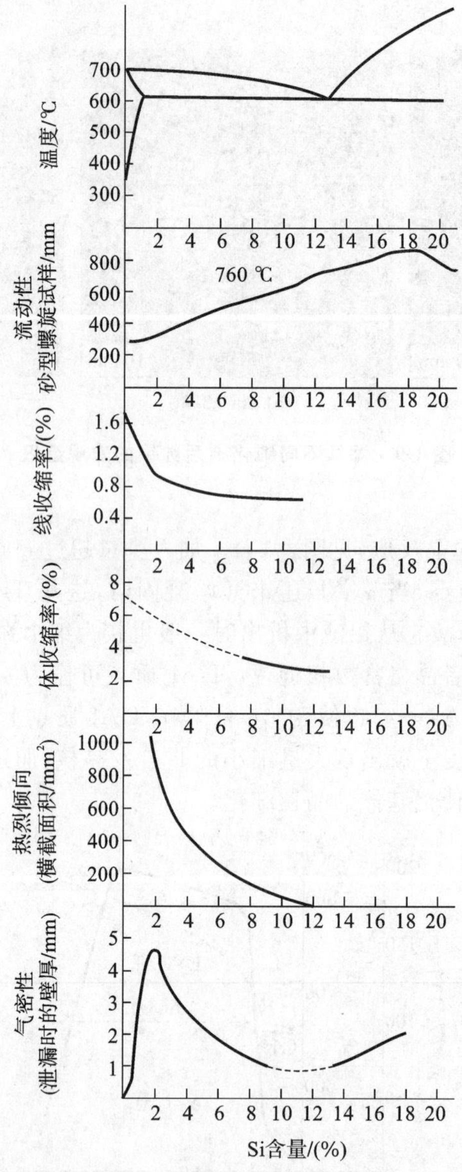

图 1-11　Si 含量对 Al-Si 合金铸造性能的影响

铝硅合金表面有一层 $Al_2O \cdot SiO_2$ 致密保护膜，且 Si 在大多数腐蚀性介质中是惰性的，故有较好的抗腐蚀性。合金不能进行阳极处理，表面要涂漆保护。铝硅合金中含有大量硬而脆的 Si 晶体质点，故切削性能比其他系铝合金差。含 Si 越多，切削性能越差，不易得到光洁的表面。

ZL102 合金必须进行变质处理，提高其力学性能，适用于薄壁复杂铸件或对气密性要求高的铸件，以及压铸件。但因其机械性能特别是塑性较低，故其应用受到限制。

1.2.2 Al-Si-Mg系合金

由前文可知，Al-Si二元合金机械性能较差，同时不能进行热处理强化，因此需要加入合金元素强化。

1. 成分和杂质元素对合金组织和性能的影响

1）镁

当在Al-Si合金中分别加入等量的各种元素时，以加镁有最好的强化效果。

（1）组织影响。

加入镁后，合金组织中出现β(Mg_2Si)相，Mg_2Si在α(Al)中的溶解度随温度上升而急剧增加，当合金固溶处理时，Mg_2Si溶入α(Al)基体，随后时效又在α(Al)基体中形成大量弥散分布的GP区和过渡相β′，使合金时效强化。

（2）性能影响。

因组织中出现β(Mg_2Si)相的时效作用，因此加入少量的镁即能大大提高合金的抗拉和屈服强度。

（3）加入量的影响。

镁量增加，强化效果不断增大，强度急剧上升（见图1-12），而塑性有所下降。但如果镁量过多，固溶处理已不能使Mg全部溶入α(Al)，残量较粗大的Mg_2Si脆性相不起强化作用，仅使合金塑性下降，故镁的加入量一般为0.2%～0.45%。

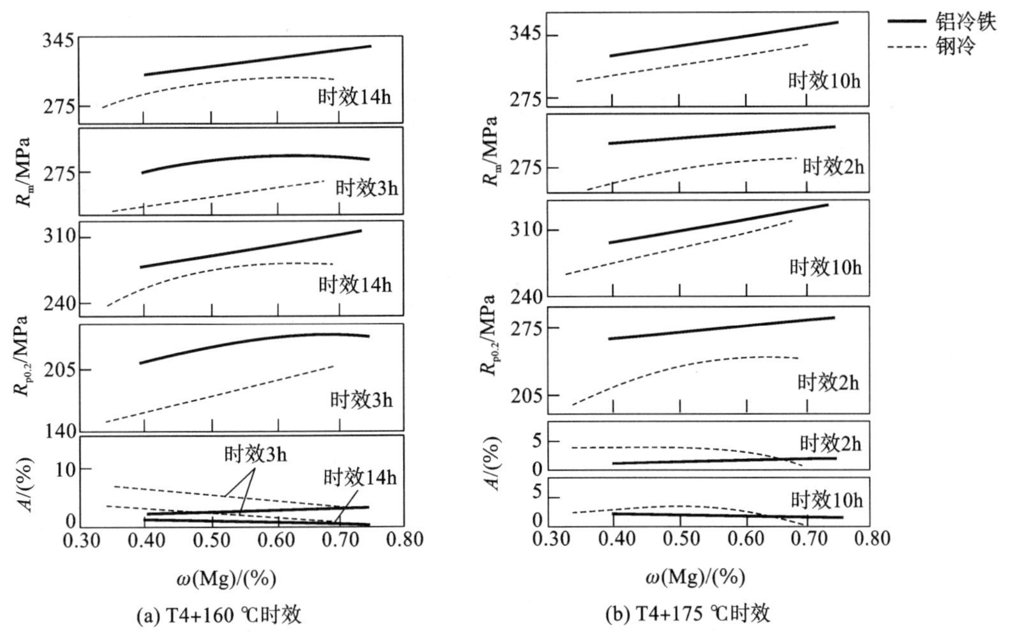

图1-12 Mg含量对ZL101合金砂型铸造力学性能的影响

—铝冷铁；---钢冷

常规加镁量对合金的铸造性能及抗腐蚀性无明显的影响，但是合金液更容易与水汽起反应，增加形成气孔的倾向。压铸时合金加镁将显著增加“黏性”倾向，并使充型能力明显下降。

加镁能提高切削性能，使表面光洁。

2）铁

铁是铝合金中普遍存在的主要杂质，来自炉料、坩埚和熔炼工具等。

（1）组织影响。

在 Al-Si 合金中铁易形成粗大针状脆性 β($Al_9Fe_2Si_2$)相，它通常穿过 α(Al)晶粒(见图 1-13)。

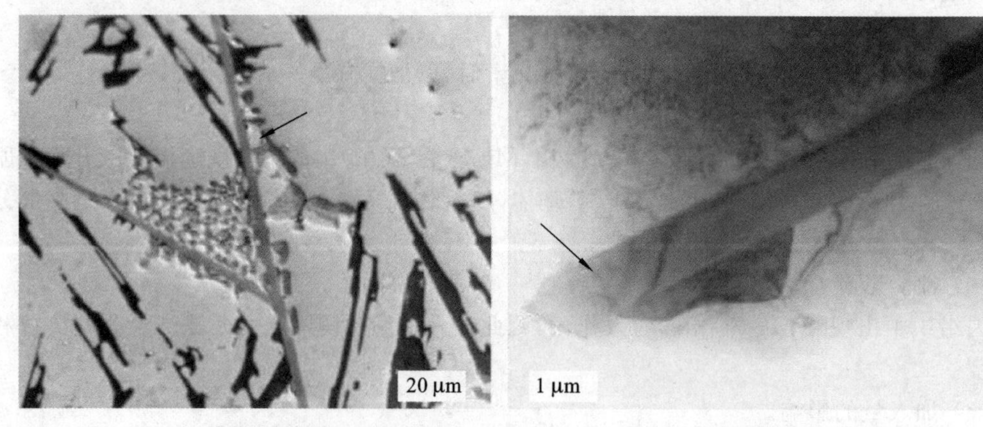

(a) 金相组织照片　　(b) 透射电镜照片

图 1-13　Al-Si 合金铸态组织中针状 β 相(箭头所指物相)

（2）性能影响。

粗大针状脆性 β 相穿过 α(Al)晶粒，大大削弱了基体，恶化了合金的机械性能，特别是塑性(见图 1-14)。同时，由于 β 相比 α(Al)相有更高的电位(电位差大)，故易发生电化学腐蚀，降低了合金的抗蚀性。因此大多数的铝合金中都力求减少含 Fe 量。同时 Fe 量过高，会降低流动性，增大热裂倾向，也会降低切削性能。在 Al-Si 合金中，Fe 的扩散比硅慢得多，故热处理不能改善 Fe 相的形态。

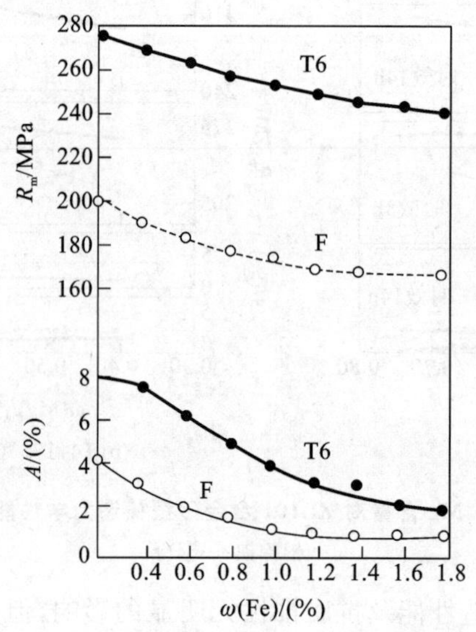

图 1-14　Fe 含量对 ZL104 合金力学性能的影响

3）锰

（1）组织影响。

在 Al-Si 合金中加入锰，使组织中的粗大针状 β 相变为较小的汉字状（骨骼状）AlSiMnFe 相（见图 1-15），因而大大降低了 Fe 的危害。

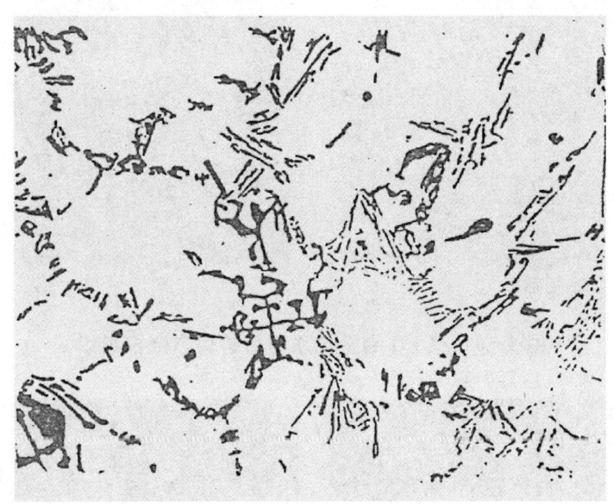

图 1-15 ZL101 合金加锰后铸态组织中形成的汉字状铁相

（2）加入量的影响。

锰的加入量与含铁量有关，一般认为 Mn/Fe 比在 0.7～0.8 时效果最好。锰量不宜过多，通常应小于等于 0.5%。

4）锡、铅

两者在铝合金中是混料进入的，但特别有害。它们在 α(Al)基体中固溶度很小，极微量时就会在晶界上形成低熔点共晶，使合金塑性和抗蚀性大大下降，故将锡、铅的含量分别限制在 0.01%和 0.05%以下。

2. 常用合金

1）ZL101(ZAlSi7Mg)合金

ZL101 合金的成分为：Si 含量为 6.5%～7.5%，Mg 含量为 0.25%～0.45%，其余为 Al。合金铸态组织主要由枝晶状初生 α(Al)固溶体和共晶体(α+β)所组成，合金变质后针片状共晶硅变为纤维状，见图 1-16 和图 1-17。固溶处理时 Mg_2Si 溶入 α(Al)基体，人工时效后沉淀析出，合金的力学性能得到进一步提高。

ZL101 合金常用 T4、T5、T6 状态，具有较好的力学性能，可以铸造薄壁、形状复杂的铸件。通过调整镁量的上、下限或采用不同的热处理规范来调节合金的强度、塑性指标，可以满足铸件不同的服役性能要求。

ZL101 合金的结晶温度范围比 ZL102、ZL104 合金宽，有形成缩松的倾向，设置浇、冒系统时应加以考虑。服役温度升高时，合金中的 Mg_2Si 容易聚集，脱溶成块，力学性能下降，因此该合金的工作温度不宜超过 150 ℃。

2）ZL104(ZAlSi9Mg)合金

ZL104 合金的成分为：Si 含量为 8.0%～10.5%，Mg 含量为 0.17%～0.35%，Mn 含量为

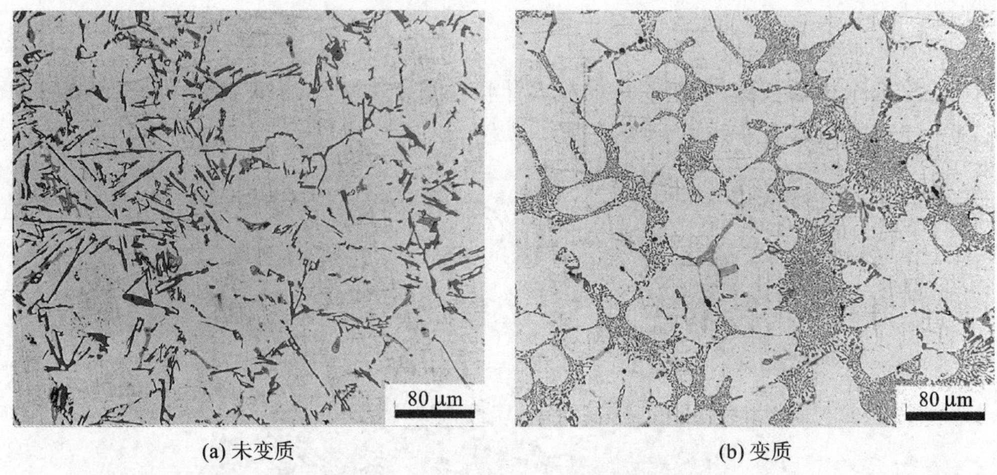

(a) 未变质　　(b) 变质

图 1-16　ZL101 合金变质前后的铸态金相组织

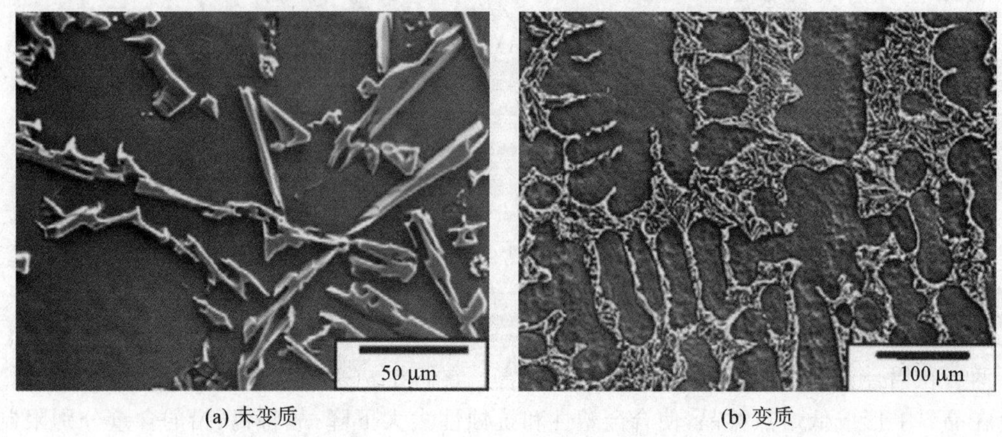

(a) 未变质　　(b) 变质

图 1-17　ZL101 合金变质前后的铸态扫描电镜照片

0.2%～0.5%，其余为 Al。合金铸态组织主要由枝晶状初生 α(Al)固溶体和共晶体(α+β)所组成。该合金砂型变质 T6 状态的组织见图 1-18，其中共晶体中的共晶 Si 呈点状。

ZL104 合金常用 T6 状态，具有良好的综合机械性能。合金的铸造性能优良，充型能力强，线收缩率小，无热裂、缩松倾向；抗蚀性能、切削加工性能及焊接性都较好，可以铸造承受重大载荷、形状复杂的铸件，如发动机缸体、盖、曲轴箱，增压器壳体及航空发动机压缩机匣，受力框架等，用途广泛。

1.2.3　Al-Si-Cu-Mg 系合金

Al-Si-Mg 系虽然具有良好的机械性能和铸造性能，但热强性低，工作温度一般不超过 185 ℃。当要求工作温度达 200～225 ℃时，就应采用 Al-Si-Cu-Mg 系合金。

1. 成分对合金组织、性能的影响

1）铜

Al-Si-Mg 系中加入 Cu，且随着铜含量的增加，合金组织中的 β(Mg_2Si)相逐步减少变为

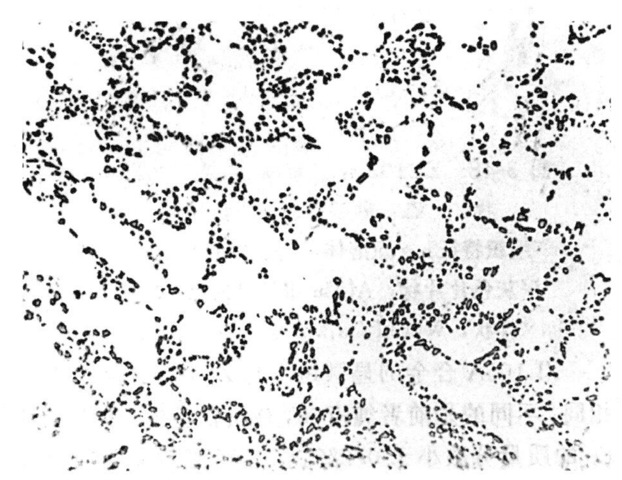

图 1-18　T6 态 ZL104 合金显微组织(砂型铸造,共晶 Si 呈点状)

$W(Al_2Mg_5Si_4Cu_4)$相和 $\theta(Al_2Cu)$相。未加入铜时,Al-Si-Mg 合金组织为 α+Si+β,加铜后组织中除这二相外,还将出现 W 相。随着铜量增多,合金中 W 相也增多;当合金中 Cu/Mg 比约为 2.1 时,组织中的 β 相将完全消失,而成为 α+Si+W 三相组织;当 Cu/Mg 比大于 2.1 时,组织中除 α+Si+W 外,还将出现 θ 相。

研究表明:强化相量相同时,在 β、W 和 θ 三相中,以 W 的耐热性最好,β 的最差,所以 Al-Si-Mg 系中加入 Cu,且铜量增加时,合金的热强性不断提高,同时强度也显著增加,但伸长率有所下降(见图 1-19)。

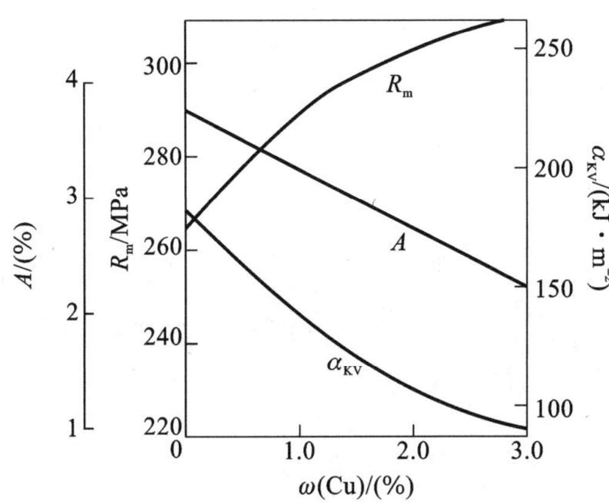

图 1-19　Cu 含量对 ZL106 合金力学性能的影响

2) 镁

在 Al-Si-Cu-Mg 四元系中,随着镁量增加,合金的强度急剧上升而塑性急降。为了保持一定的塑性,常将镁量控制在 0.5%左右。

2. 常用合金 ZL105(ZAlSi5Cu1Mg)

ZL105 合金的成分为:Si 含量为 4.5%~5.5%,Cu 含量为 1%~1.5%,Mg 含量为 0.4%~0.6%,其余为 Al。合金的铸态组织为:初生 α(Al)固溶体、共晶体(α+β)、少量条状 W 相和少量 θ 相。

这种合金含硅量低，无须变质。有时为了细化晶粒，可加入不大于0.2%的Ti+Cr。常用T5、T7状态。其强度和ZL104相近，但塑性很低，高温强度较高，因此不适于承受冲击载荷，仅用作承受较大静载荷及高温下工作的零件，可在225 ℃下工作。该合金在航空上应用较广，如用作增压器外壳、气缸头、导气弯管等。此合金的铸造性能也良好，稍次于ZL101合金。它的抗蚀性因含铜而显著降低，常需进行阳极化和涂漆保护，其焊接性和切削性均良好。

1.2.4 Al-Si 类活塞合金

此类合金主要是作为内燃机活塞材料。

1. 性能要求

活塞是在气缸内高温燃气推动下作高速往复运动，产生和传递功率的部件。因此，要求活塞具有高的热强性和耐磨性、低的线胀系数和密度。耐磨性高可以延长寿命，低的密度可减小惯性力，活塞的低膨胀可缩小与气缸的配缸间隙，减少漏气损失，提高功率。

2. 分类

活塞合金主要分为两大类：共晶型和过共晶型铝硅合金。

1）共晶型铝硅合金

此类合金国标中有两个牌号，即ZAlSi12Cu2Mg合金（代号ZL108）和ZAlSi12Cu1Mg1Ni1合金（代号ZL109）。它们是Al-Si-Mg系的扩展，含有共晶成分左右的硅。

ZAlSi12Cu2Mg合金的代号为ZL108，其铸态组织为：α(Al)+大量共晶体(α+β)+少量Al_2Cu、Mg_2Si、$Cu_2Mg_8Si_5Al_4$，还可能有含锰相和含铁相（见图1-20）。元素硅的加入保证合金有良好的铸造性能和低的线胀系数，并提高强度、耐磨性、抗蚀性。镁与硅形成Mg_2Si是主要的强化相，使合金可热处理强化，提高合金的室温力学性能。铜也使合金显著强化，并组成耐热四元相，改善合金的高温性能，但铜降低抗蚀性。锰可抵消铁的危害，部分锰固溶于α(Al)中，也能改善合金的高温强度。

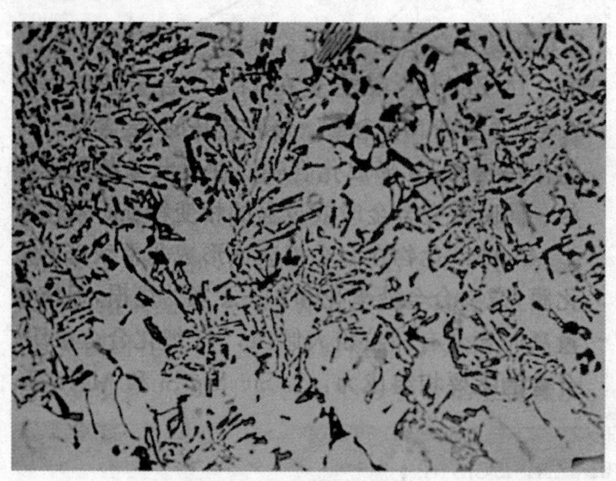

图1-20 ZL108合金显微组织（金属型铸造，铸态，共晶Si呈针片状，Mg_2Si呈黑色骨骼状，Al_2Cu呈灰白色，AlFeMnSi呈浅灰色骨骼状）

在 ZL108 的基础上加镍(0.8%～1.5%)就是代号为 ZL109 的 ZAlSi12Cu1Mg1Ni1 合金(见图 1-21)。由于存在富镍热强相 Al_6Cu_3Ni 等,合金的高温强度更高,但是价格提高,因此只用于制造重要的活塞。

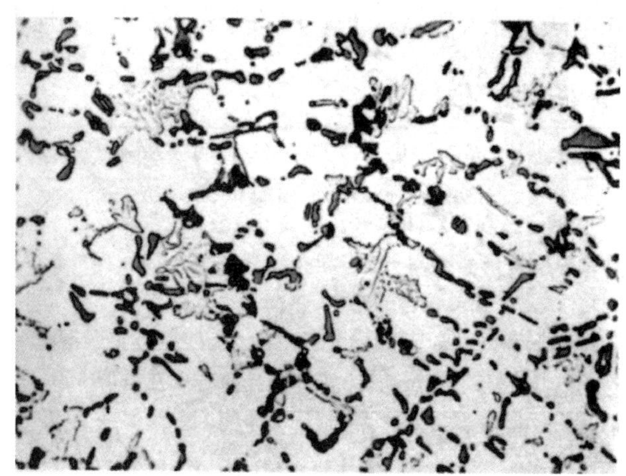

图 1-21 ZL109 合金显微组织(金属型铸造,T6 处理,共晶 Si 呈针片状,Mg_2Si 呈黑色骨骼状,$CuAl_2$ 呈灰白色,AlFeMgSiNi 呈浅灰色骨骼状)

活塞都用金属型铸造,合金 T6 状态的强度、硬度比 ZL104 还高,R_m>241 MPa,但塑性很差,A<1%。合金的铸造性能良好,气密性高。由于硅含量高,故需要进行变质处理,有较大的吸气倾向。合金具有较高的耐热性能、低的线胀系数和较小的密度,符合活塞合金的要求,但切削性能较差,主要用来制造高温下工作的内燃机活塞。

2) 过共晶型铝硅合金

过共晶型铝硅合金主要为 Al-Si-Cu-RE 系,其主要牌号为 ZAlSi20Cu2RE(代号 ZL117,航空行业标准)。金属型铸造 ZL117 合金变质前后显微组织形貌见图 1-22。

(a) 未变质　　(b) 变质

图 1-22 金属型铸造 ZL117 合金显微组织

过共晶型铝活塞的含硅量高达 17%～26%,由于硅的硬度(HV≈1300)显著高于铝基体(HV=60～100),线胀系数很小($7.6\times10^{-6}\ K^{-1}$),约为铝($23.8\times10^{-6}\ K^{-1}$)的 1/3,且密度($2.33\ g/cm^3$)比铝($2.7\ g/cm^3$)小,因此随着硅含量的增加,合金耐磨性提高,线胀系数和密度降低。所以此类合金的含硅量从初期的 17%～19%增至 20%～22%,目前有的高达 23%～

25%。但硅含量过高，会使机械性能恶化，熔炼变质工艺更为复杂。此外，共晶体中的硅则起强化作用。

合金中加入铜和镁，能形成 $CuAl_2$、Mg_2Si 强化合金，铜和镁的总量应控制在 2%左右，过多将使合金变脆。由于铁相对热强性有好处，故对铁含量不严加控制，其可达 0.7%。锰主要是改善铁相的形态，中和铁的有害影响。镍能够提高热稳定性。由于镍的价格贵，我国稀土多，加入稀土能生成热强相，其提高热强性效果比镍更为显著，同时还能细化共晶硅，从而取代了镍。由于硅量很高，故需要进行变质处理。此类合金的主要缺点是切削加工困难，刀具极易磨损，加工表面粗糙。解决的途径是使用镶嵌金刚石的刀具或在合金成分中加入少量铅和铋。

1.2.5 特点及应用

典型铸造 Al-Si 合金的特点及应用见表 1-3。

表 1-3 典型铸造 Al-Si 合金的特点及应用

合金代号	合金特点	应用
ZL101	ZL101 合金具有很好的气密性、流动性和抗热裂性能，有好的力学性能、焊接性能和耐腐蚀性能，成分简单，容易铸造，适合于各种铸造方法	用于承受中等负荷的复杂零件，如飞机零件、仪器、仪表壳体、发动机零件、汽车及船舶零件、气缸体、泵体、制动鼓和电气零件
ZL101A	ZL101A 合金是以 ZL101 合金为基础严格控制杂质含量，改进铸造技术可以获得更好的力学性能。具有良好的铸造性能、耐腐蚀性能和焊接性能	用于铸造各种壳体零件，如飞机的泵体、汽车变速箱、燃油箱的弯管、飞机配件、货车底盘及其他承受大载荷的零件
ZL102	ZL102 合金具有非常好的抗热裂性能和很好的气密性，以及很好的流动性，不能热处理强化，拉伸强度低，适于浇注大的薄壁复杂零件	用于承受低负荷形状复杂的薄壁铸件，如各种仪表壳体、汽车机匣、牙科设备、活塞等
ZL104	ZL104 合金具有极好的气密性、流动性和抗热裂性能，强度高，耐腐蚀性能、焊接性能和切削性能良好。但耐热强度低，易产生细小的气孔，铸造工艺较复杂	用于承受高负荷的大尺寸的砂型和金属型铸件，如传动机匣、气缸体、气缸盖阀门、带轮、盖板工具箱等飞机、船舶和汽车零件
ZL105	ZL105 合金具有良好的拉伸性能、铸造性能和焊接性能，切削加工性能和耐热强度比 ZL104 合金好，但塑性低，腐蚀稳定性不高，适合于各种铸造方法	用于承受大负荷的飞机、发动机砂型和金属型铸造零件，如传动机匣、气缸体、液压泵壳体和仪器零件，也可作轴承支座和其他机器零件
ZL105A	ZL105A 合金是在 ZL105 合金基础上降低 Fe 等杂质含量的合金，其铸造特点与 ZL105 基本相同，但具有更高的强度和断后伸长率，适合于各种铸造方法	主要用于承受大负荷的优质铸件，例如飞机的曲轴箱、阀门壳体、叶轮、冷却水套、罩子、轴承支座及发动机和机器的其他零件

续表

合金代号	合金特点	应　　用
ZL106	ZL106 合金具有中等的拉伸性能、良好的流动性能、较好的抗热裂性能，适于砂型铸造和金属型铸造	用于形状复杂承受静载荷的零件、要求气密性好和在较高温度下工作的零件，如泵体和水冷气缸头等
ZL107	ZL107 合金适用于砂型铸造和金属型铸造，具有很好的气密性、流动性和抗热裂性能，以及较好的拉伸性能和切削加工性能	典型用途是制造柴油发动机的曲轴箱、钢琴用板片和框架、油盖和活门把手、气缸及打字机框架
ZL108	ZL108 合金铸造性能良好，强度高，热膨胀系数小，耐磨性能好，高温性能也令人满意，一般用于金属型铸造	主要用作内燃发动机活塞及起重滑轮等
ZL109	ZL109 合金适合于金属型铸造，具有极好的流动性、很好的气密性和抗热裂性能、较好的高温强度和低温膨胀系数	典型的用途是做带轮、轴套和汽车发动机活塞及柴油机活塞，也可做起重滑车及滑轮
ZL110	ZL110 合金具有中等的力学性能和较好的耐热性能，适用于砂型和金属型铸造，合金密度大，热膨胀系数大	用于制造内燃机活塞、油嘴、油泵等零件，但由于合金热膨胀系数大，活塞有“冷敲热拉”现象
ZL111	ZL111 合金具有很好的气密性和抗热裂性、极好的流动性、较高的强度，较好的疲劳性能和承载能力，容易焊接并且耐腐蚀性好，适于砂型、金属型和压力铸造	制造形状复杂承受高载荷的零件，主要用于飞机和导弹铸件
ZL114A	ZL114A 合金具有很好的力学性能和很好的铸造性能，即很高的强度、较好的韧性和很好的流动性、气密性、抗热裂性，能铸造复杂形状的高强度铸件，适合于各种铸造方法	用于高强度优质铸件，制造飞机和导弹仓体等承受高载荷的零件
ZL115	ZL115 合金适合于砂型和金属型铸造，具有良好的铸造性能和较好的力学性能，如高的强度和硬度及很好的断后伸长率	主要用来制作波导管、高压阀门、飞机挂架和高速转子叶片等
ZL116	ZL116 合金适合于砂型和金属型铸造，具有良好的气密性、流动性和抗热裂性，还具有较好的力学性能，属于高强度铸造铝合金	典型的应用包括用来制作波导管、高压阀门、液压管路、飞机挂架和高速转子叶片等
ZL117	ZL117 是过共晶 Al-Si 合金，具有很好的耐磨性、较低的热膨胀系数和较好的高温性能，同时还具有较好的铸造性能，适合于金属型铸造	常用来制作发动机活塞、刹车块、带轮、泵和其他要求耐磨的部件

1.3 铸造铝铜类合金

上述铝硅合金总体强度水平不高，耐热性也低，除活塞合金外，高者也只能在 225 ℃下工作。欲达到更高水平，就要采用铝铜类合金。

1.3.1 Al-Cu 二元合金

1. 铝铜合金的特性

在富铝端 Al-Cu 二元相图（见图 1-23）呈 α(Al)＋β(Al_2Cu)共晶，Cu 在 α(Al)中的溶解度随温度下降而显著降低，加之铜在铝中的扩散系数较小，故骤冷能形成过饱和固溶体，可热处理强化。

铝铜类合金的优点是机械性能强，切削性能好，加工表面光洁，耐热性好；缺点是铸造性能差，富铜相与 α(Al)基体之间的电极电位差值较大，抗蚀性能低，密度较大。铝铜类合金常用作在 250～350 ℃工作的耐热铝合金或高强度合金的基础，其重要性和应用范围仅次于铝硅合金。

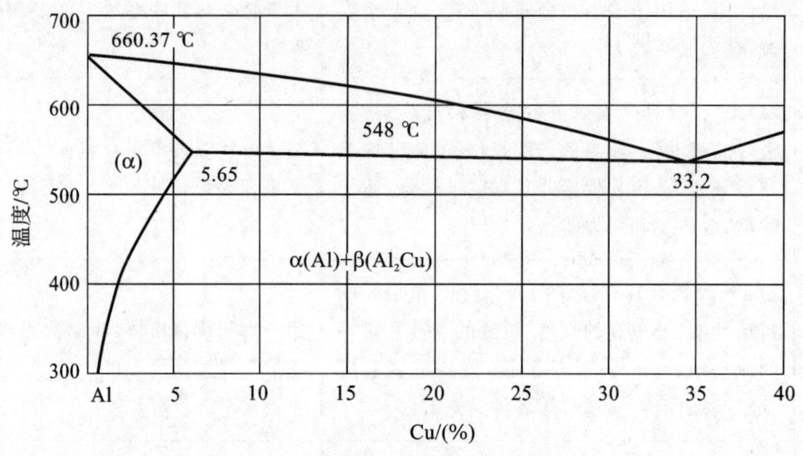

图 1-23　富铝端 Al-Cu 二元相图

2. 铝铜合金的耐热性

在高温与应力的长期作用下，合金的性能和诸多因素有关。

（1）合金元素原子间键合能量应高，过渡族大多数元素符合此条件。基本的是元素与基体形成合金后的固相线温度应高。很多元素和铝形成共晶相图，加入元素量多时，将使固相线温度显著下降，故采用“多元少量合金化”原则。

（2）在合金的工作温度至室温范围，加入的组元在 α(Al)固溶体中的溶解度变化和过饱和度应小，不发生相的溶解或析出，保证组织的稳定。

（3）合金化各元素加入的比例，最好能形成成分和结构都很复杂的金属间化合物。

（4）第二相应有有利的形态和分布。一是高度弥散的质点分布于基体内，这是固溶体的分解产物，应是高温下不易聚集的稳定相；二是耐热的第二相能沿晶界分布。

(5) 合金元素溶入固溶体应能提高原子间的键合力，降低扩散速度。

(6) 为了保证有较好的铸造性能，合金化时，最好使合金中复杂难熔的共晶体量大于 20%。

用上述这些原则来考虑 Al-Cu 合金，可知其耐热性高的原因是：此系合金有较高的共晶温度(548 ℃)，比 Al-Mg、Al-Zn 系高得多。Al-Cu 系 α(Al)的固溶度在 350 ℃以下变化很小。铝铜系加入难溶元素有利于形成成分、结构皆复杂的第二相，如 $T_{Ni}(Al_6Cu_3Ni)$等，大都成分区很窄，热硬性很高。

3. 铜含量对合金组织和性能的影响

1) 组织影响

当含铜量增高时，由于固溶处理后组织中有未溶的粗大脆性相 β(Al_2Cu)存在，室温机械性能下降，而高温强度则不断提高。

2) 性能影响

铝铜二元合金的强度随铜量增加而显著上升，而塑性则不断下降，至 4.5%～5.5%Cu 时有最好的综合机械性能。当含铜量在 4%～6%范围时，合金的铸造性能较差(见图 1-24 和图 1-25)，热裂倾向严重；含铜量再增加时，铸造性能有缓慢改善，直至含铜量达 12%时，铸造性能才显著提高，但其室温机械性能却很差。故此铝铜二元合金的室温机械性能和铸造性能之间存在着较大的矛盾。

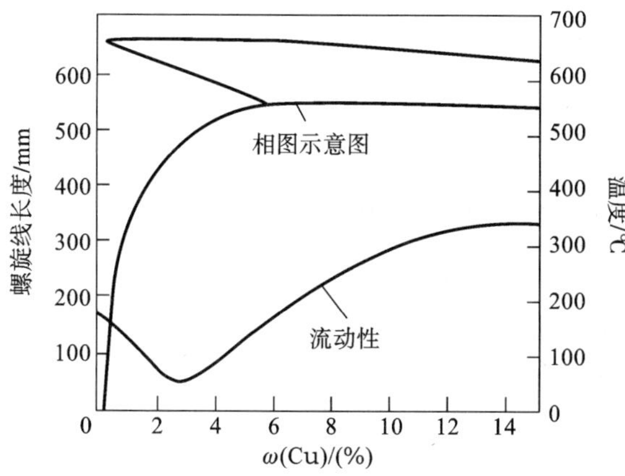

图 1-24 Cu 含量对 Al-Cu 合金流动性的影响

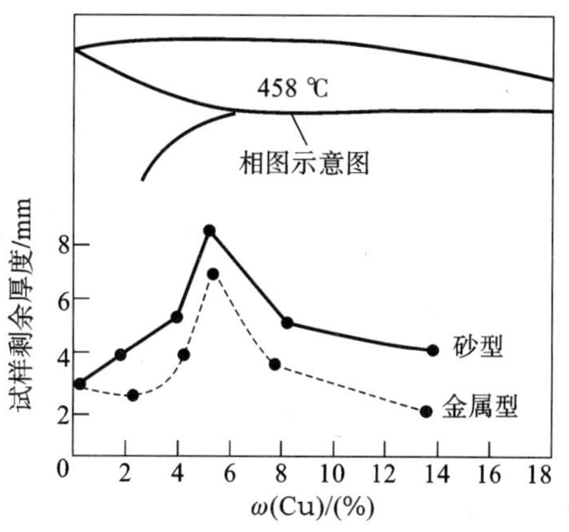

图 1-25 Cu 含量对 Al-Cu 合金气密性的影响

1.3.2 Al-Cu-Mn-Ti 系合金

1. 锰、铜的作用及用量

在合金中锰部分溶入 α(Al)固溶体，更多的锰则在合金中形成 $T_{Mn}(Al_{12}CuMn_2)$相，能大大提高耐热性。锰量过高，影响机械性能，故锰量最好控制在 0.8%～0.9%。铜在合金中的基本作用如前所述。实践表明，铜量应控制在 5%左右。

2. 钛在合金中的作用和基体晶粒的细化

1) 基体晶粒的细化

在铝和铝合金中加入少量的钛、锆、硼等，可使 α(Al)基体晶粒细化。

2）钛在 Al-Cu-Mn 系中的作用

少量的钛对本系合金起孕育作用，使 α(Al)晶粒细化效果显著，可提高室温机械性能。$TiAl_3$也有一定的热硬性，故钛直接对合金高温机械性能有利。钛可降低合金的热裂倾向。加钛还能提高抗蚀性。

3. 杂质的影响

此系合金的性能高，杂质危害很严重，常规杂质有硅、铁、镁、锌。

硅：少量的硅就使合金的室温和高温机械性能急剧下降。

铁：铁在合金中能形成 AlCuMnFe 化合物，使 α(Al)中的铜、锰贫化，也显著降低合金的室温机械性能（见图 1-26）和耐热性。

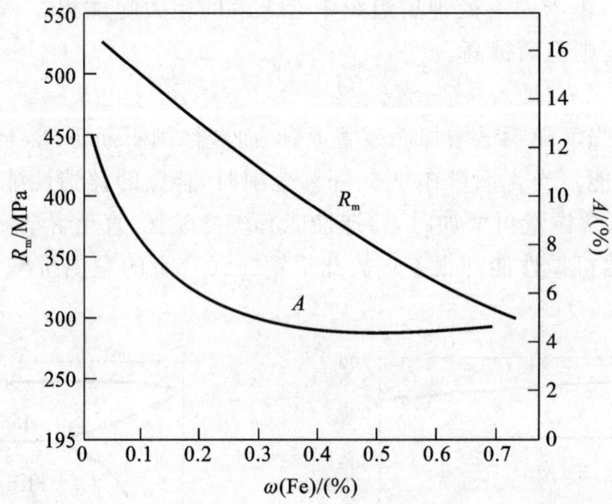

图 1-26　Fe 含量对 ZL201A(T5)合金力学性能的影响

镁：即使 Mg 含量少至 0.07%，合金中也会出现少量低熔点（507 ℃）的 α(Al)＋Si＋S(Al_2CuMg)三相共晶，显著增大了其热裂倾向并降低其塑性和焊接性。

锌：锌原子键强度比铝低，少量即削弱原子间结合力，增大扩散系数，降低耐热性。

4. 常用合金

1）ZL201(ZAlCu5Mn)合金

ZL201 合金的成分为：Cu 含量 4.5%～5.3%，Mn 含量 0.6%～1%，Ti 含量 0.15%～0.35%，其余为 Al。铸态组织为 α(Al)基体上呈网状分布着 θ(Al_2Cu)＋T_{Mn}（见图 1-27），合金固溶处理时，铸态组织中的 θ 相溶入 α(Al)基体，初生 T_{Mn}存在于枝晶间呈枝叉状或片状，而在固溶体中析出细小弥散的二次 T_{Mn}质点。固溶处理时，Cu 溶入 α 固溶体使晶格扭曲提高力学性能，人工时效时沉淀析出，依温度和时间的长短，形成 GP 区、θ″或 θ′相，使合金的强度大大提高。Mn 形成 T_{Mn}相，初生 T_{Mn}相以网状分布在晶界上，高温下稳定，阻碍晶粒的滑移。二次 T_{Mn}相呈弥散分布，阻碍了原子的扩散，提高了高温和室温下的力学性能。Ti 的作用是形成 Al_3Ti，作为异质形核核心而细化晶粒，提高其力学性能。ZL201 常用 T4、T5 状态，热处理后有良好的综合机械性能。此合金的结晶温度范围很大（540～650 ℃），铸造性能较差。

2）ZL205A(ZAlCu5MnCdVA)合金

ZL205A 合金的成分为：Cu 含量 4.6%～5.3%，Mn 含量 0.3%～0.5%，Ti 含量0.15%～

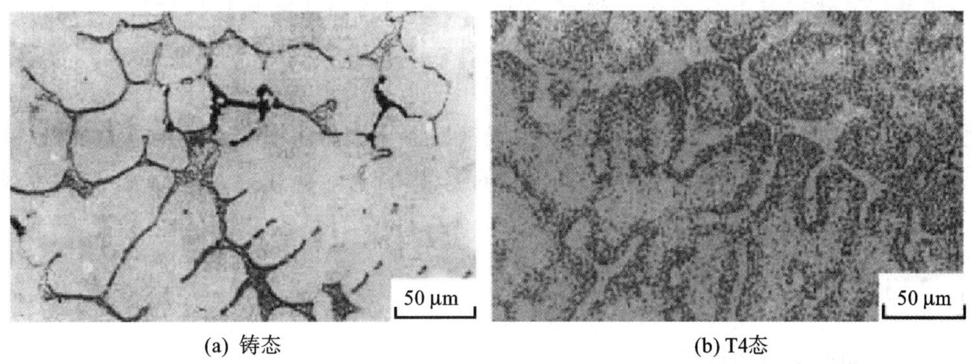

(a) 铸态 (b) T4态

图 1-27 砂型铸造 ZL201 合金的铸态显微组织

0.35%,Cd 含量 0.15%～0.25%,V 含量 0.05%～0.3%,Zr 含量 0.15%～0.25%,B 含量 0.005%～0.6%,其余为 Al。铸态组织为 α(Al)固溶体、θ(Al_2Cu)、T_{Mn}、$TiAl_3$、Cd、$ZrAl_3$、Al_7V、TiB_2。固溶热处理时,θ 和 Cd 相溶入 α(Al)固溶体中,而二次 T_{Mn} 相呈弥散小质点析出,其余相不参与相变。图 1-28 所示为合金的典型组织。合金中的 Cu 与 Al 形成 θ 相并起固溶强化和弥散硬化作用。T5 状态时析出大量的条状 β″相和少量的 GP 区,T6 状态时析出大量的 θ″相和少量的片状 θ′相。

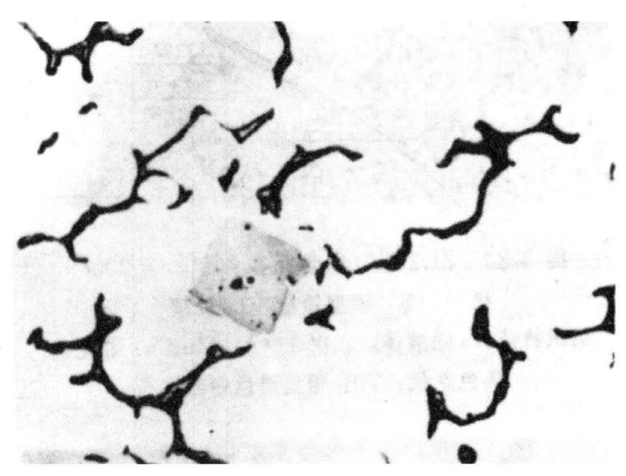

图 1-28 铸态 ZL205A 合金显微组织(砂型铸造,共晶:θ(Al_2Cu)+α+Cd,呈黑色,$ZrAl_3$ 相呈灰色块状,$TiAl_3$ 呈灰白色条状)

合金中 Mn 与 Al、Cu 形成 T_{Mn} 相,固溶处理时呈弥散质点析出,产生组织上的不均匀性而提高合金室温和高温强度。Ti 和 Al 生成 $TiAl_3$ 相,细化晶粒,Cd 起时效强化作用,加速人工时效,即加速 GP 区和 θ″的形成,提高抗拉强度和屈服强度。Zr 和 V 与 Al 能分别生成 $ZrAl_3$ 和 Al_7V,既细化晶粒,提高合金的力学性能,又能在晶粒内部形成稳定的显微不均匀性而强化合金。B 的作用是形成 TiB_2,作为外来的晶核细化晶粒,提高力学性能,而且由于 TiB_2 的作用使合金在高温熔炼、高温浇注和重熔时不减小其晶粒细化作用。

该合金成分复杂,合金化元素达 7 种之多;加入量很少的元素,成分范围非常窄;杂质含量控制很低,Fe≤0.15%、Si≤0.06%、Mg≤0.05%、Ni≤0.05%、Zn≤0.05%;强度塑性很高。该合金主要用于砂型铸造,也可用熔模铸造和简单零件用金属型铸造,T5 状态具有良好的综合力学性能，T6 状态有最高的抗拉强度，T7 状态有较高的强度和较好的抗应力腐蚀性能。T5 状态合金用于铸造承力构件，如导弹和飞机的梁、框、支臂、支座等零件，并可代替 2A50 铝合金等锻件，减少机械加工工时。T6 状态合金用于承受大载荷的结构件，可代替 7A04 铝合金高强度锻件，如飞机的瞄准具梁；可代替中碳钢做雷达产品的横轴和轻质起重器，以减轻结构质量。T7 状态合金用于在腐蚀条件下工作的承力结构件，如代替 45 钢制作超高压线路的架线中轮。

1.3.3 Al-Cu-RE-Si 系合金

1. 稀土在铝合金中的作用

此系中最主要的合金化元素是稀土。铝和铈、镧、钕等稀土元素均形成共晶型相图（见图 1-29 和图 1-30），其共晶温度在 635～640 ℃，比 Al-Si、Al-Cu 系的共晶温度要高得多。合金中 RE 量增多时，组织中含 RE 耐热相共晶体量亦增加，以网状分布在 α(Al) 晶界上，显著提高耐热性。但这些相较脆，故室温机械性能随 RE 的增加而略趋下降。

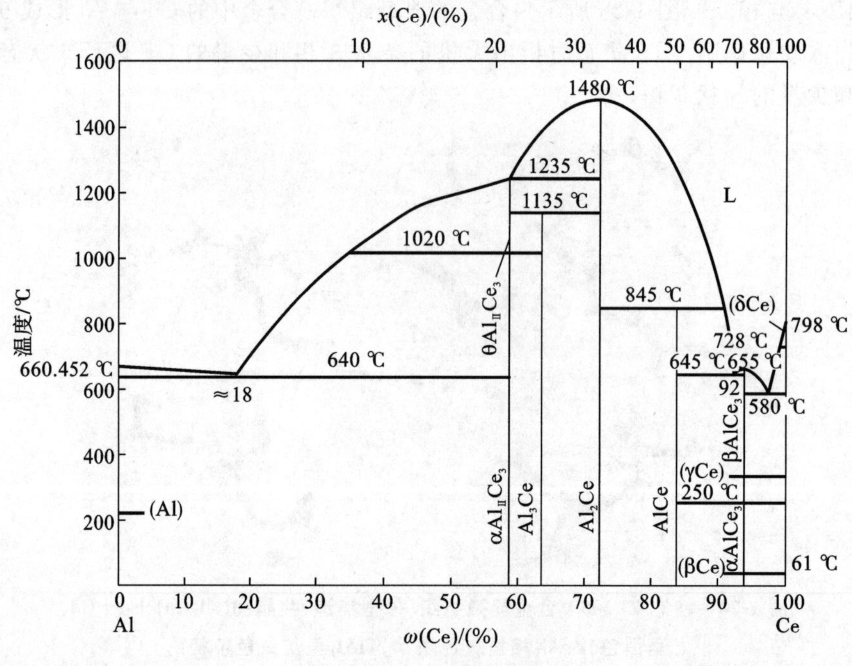

图 1-29 Al-Ce 二元相图

2. ZL207(ZAlRE5Cu3Si2)合金

ZL207 合金的成分为：RE(富 Ce)含量 4.4%～5.0%，Cu 含量 3.0%～3.4%，Si 含量 1.6%～2.0%，Mn 含量 0.9%～1.2%，Ni 含量 0.2%～0.3%，Zr 含量 0.15%～0.2%，其余为 Al。合金的铸态组织为：α(Al) 基体晶界或枝晶间分布着 Al_4CuCe、Al_8Mn_4Ce、Al_8Cu_4Ce 及少量的 Al_4Ce 化合物，还可能有 $Al_{24}Cu_3Ce_3Mn$ 相，T1 状态金相组织与其相似（见图 1-31）。

ZL207 合金高温力学性能优于现有的其他铸造铝合金，可在 300～400 ℃温度下长期工作。合金中稀土共晶含量偏高，结晶间隔小，具有优良的铸造性能，流动性好，针孔、疏松倾向性小，气密性高。该合金属共晶型铝合金，在热节部位容易形成集中缩孔，铸件设计应注意壁

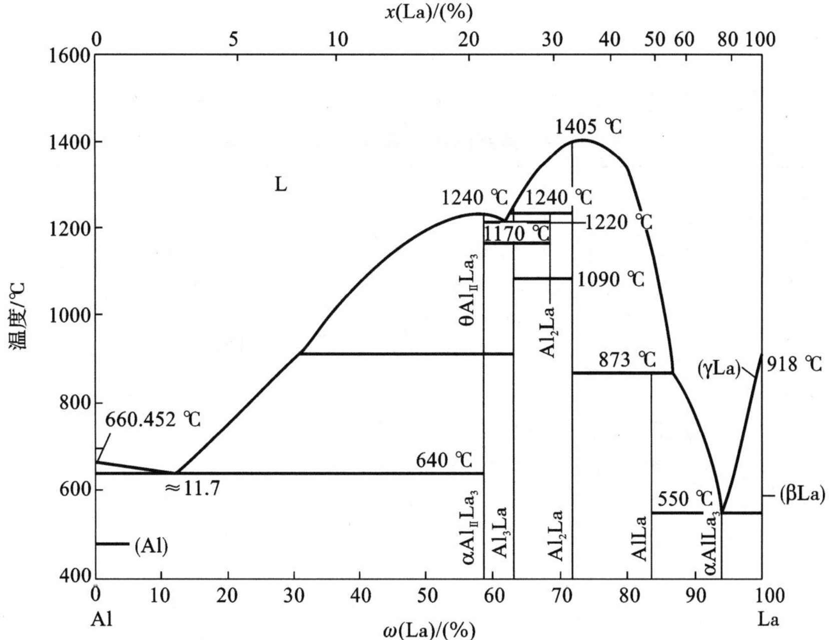

图 1-30 Al-La 二元相图

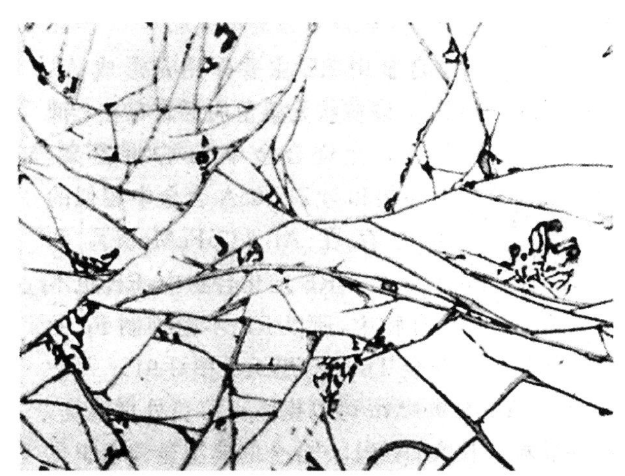

图 1-31 T1 态 ZL207 合金显微组织(金属型铸造,条状相为含 Ce、Cu、Si 及少量 Ni、Fe 化合物,AlFeMnSi 相呈灰色骨骼状)

厚均匀过渡,铸造工艺设计中应充分考虑局部厚大部位的补缩。由于合金不能通过固溶热处理强化,其室温力学性能较弱,适用于金属型、砂型或熔模铸造法制造耐高温(300～400 ℃)和承受气压、液压的中小型飞机零部件,如空气分配器和电动活门壳体等,可取代某些钢,显著减轻结构质量,降低生产成本。

ZL207 合金可焊性良好,可采用氩弧焊方法焊接或补焊。该合金可进行硫酸阳极氧化处理,也可通过硬质阳极氧化提高耐腐蚀性能和耐磨性。ZL207 合金的可切削加工性优于 Al-Si 系合金。

1.3.4 特点及应用

典型铸造铝铜合金的特点及应用见表 1-4。

表 1-4 典型铸造铝铜合金的特点及应用

合金代号	合金特点	应用
ZL201	ZL201 合金室温和高温下的拉伸性能较高，塑性及冲击韧度好，焊接性能和切削加工性能良好，但铸造性能较差，有热裂倾向，耐腐蚀性弱，适于砂型铸造	用于 175～300 ℃和 T1 状态下工作的飞机零件和高强度的其他附件，如支臂、副油箱、弹射内梁和特设挂梁等
ZL201A	ZL201A 是在 ZL201 合金的基础上减少 Fe 和 Si 等杂质含量，具有很高的室温和高温拉伸性能和好的切削加工及焊接性能，但铸造性能较差，适于砂型铸造	用于室温承受高载荷零件和在 175～300 ℃下工作的发动机零件
ZL202	ZL202 合金具有较好的高温强度、高的硬度和好的耐磨性，还具有较好的抗热裂性能、流动性和气密性，但耐腐蚀性能较差，适于砂型和金属型铸造	主要用于制造汽车活塞、仪表零件、轴瓦、轴承盖和气缸头等
ZL203	ZL203 合金具有较高的高温强度、良好的焊接性能和切削加工性能，但是铸造性能和抗腐蚀性能不好，适于砂型铸造	用于制造曲轴箱、后轴壳体及飞机和卡车的某些零件
ZL204A	ZL204A 合金是高纯高强度铸造铝合金，具有很高的室温强度和好的塑性、好的焊接性能和很好的切削加工性，但铸造性能较差，适于砂型铸造	用于制造承受大载荷的零件，如挂梁、支臂等飞机和导弹上的零件
ZL205A	ZL205A 合金是一种高纯高强度铸造铝合金，是目前世界上使用强度最高的合金，具有好的塑性、韧性和耐腐蚀性能，易焊接，切削加工性能特别好，但铸造性能较差，适合于砂型和熔模铸造，简单零件也可用金属型铸造	主要用于制造承受高载荷的零件，如各种挂梁、轮毂、框架、肋、支臂、叶轮、架线滑轮、导弹舵面及某些气密性零件
ZL206	ZL206 合金是 Al-Cu 系耐热铸造铝合金，具有最好的耐热强度和高的室温强度，可采用砂型铸造中等复杂程度的零件	适用于制造在 250～350 ℃下长期工作并要求具有良好综合力学性能的航空器及其他产品零件

续表

合金代号	合金特点	应用
ZL207	ZL207合金是含稀土耐热铸造铝合金，具有极好的高温力学性能，具有良好的铸造性能、好的焊接性能和令人满意的切削加工性能，但室温抗拉强度较低	用于制造在350～400 ℃下长期工作的耐热零件，例如用作飞机空气分配器的壳体、弯管和活门
ZL208	该合金相当于20世纪60年代英国研制的RR350合金，是高强度耐热铸造铝合金，具有很高的耐热强度，但室温力学性能较低。合金工艺性能稳定，固溶处理时不易过烧，淬透性能好，铸造性能较差，适用于砂型铸造	用于制造各种承受高温(250～350 ℃)的发动机零件，如机匣、缸盖等
ZL209	ZL209合金具有很高的抗拉强度和屈服强度、良好的焊接性能和切削加工性能，但断后伸长率和铸造性能较差，主要适用于砂型铸造	用于制造承受高载荷的零件，代替一部分铸钢零件，如输电线路上的架线滑轮等

1.4 铝镁类合金

1.4.1 铝镁类合金的特性

此类合金的特性是：有很好的室温机械性能和抗蚀性；密度小，切削性很好；机械性能不稳定且壁厚效应较大，长期使用有自然变脆和产生应力腐蚀裂纹的倾向；熔铸工艺性在铸铝合金中最差。

1. 成分、附加元素及杂质对合金的影响

1) 镁

镁是此系合金的主要组元，对合金具有如下影响。

(1) 由Al-Mg二元相图(图1-32)可见，因镁在铝中的固溶度很大，镁大量溶入α(Al)固溶体，引起很强的固溶强化作用。

(2) 随着含镁量的增加，合金的机械性能显著提高，但合金中含镁量一般不超过12%，因为当含镁量大于12%时，由于在生产中的热处理条件下，合金组织中β(Al_3Mg_2)不能完全溶解，使机械性能下降。

(3) 铝镁合金的密度和弹性模量均随镁含量的增加而直线下降，故提高比强度而降低刚度。

(4) 铝镁合金通常是单相组织，表面又有一层高抗蚀性的尖晶石($Al_2O_3 \cdot MgO$)膜，故它在海水及弱碱性溶液等介质中有很高的抗蚀性。

(5) 铝镁二元系的结晶温度范围很大，最大处约190 ℃，而镁又增大液态黏度，故此系合

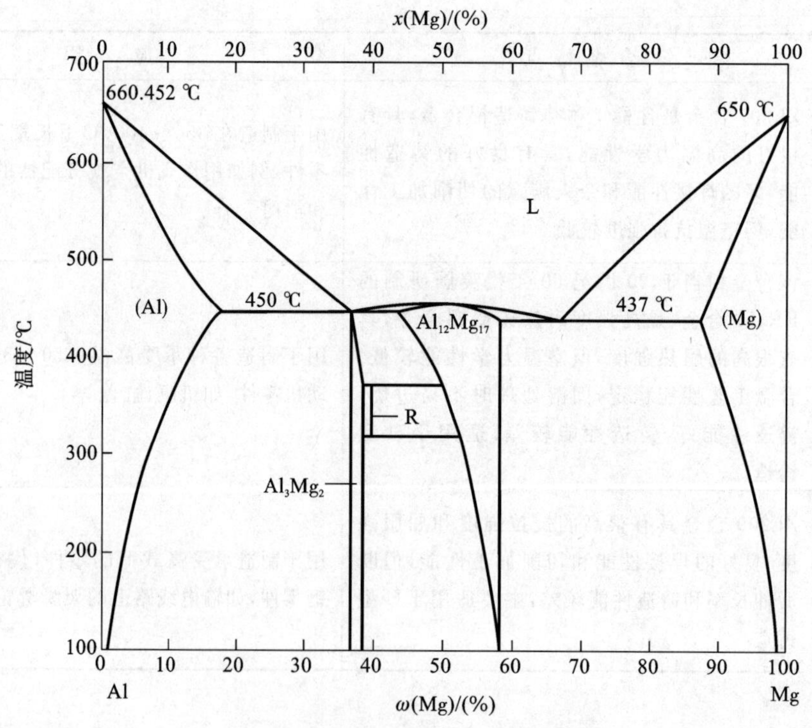

图 1-32 Al-Mg 二元相图

金的铸造性能不好。铝镁类合金铸件的机械性能受铸造性能影响很大，表现在缩松倾向的影响。铸件厚大处冷却凝固慢，易产生缩松和树枝晶粗大，而且在液态停留时间较长，易氧化和与水汽反应，产生晶间氧化与气孔。缩松又促进了晶间氧化的发展，氧化产生的热量又使冷却变慢，加剧了缩松和晶粒粗大。故铸件厚壁处的机械性能将比薄壁处大为降低，这种随壁厚增加而使机械性能下降的现象，称为机械性能的壁厚效应。

(6) 由于铝液中含镁，故熔炼及铸造时要采用特殊的保护措施。

2）附加元素

有些元素并非国标中规定的成分，甚至引入杂质相，但有意加入后非但无害反而有益，姑且称为附加元素。

(1) 铍。

铍是很强的表面活性元素。在铝镁合金中加入微量（0.03%～0.05%）铍后，富集于合金液表面的铍，可生成足够的 BeO，它的致密度系数 α 为 1.71，填充合金氧化膜的空隙使其致密，大大提高合金液的抗氧化性，改善熔炼工艺。它也能显著减轻铸件厚壁处的晶间氧化和气孔，降低机械性能的壁厚效应。

(2) 锆、硼、钛。

在合金中它们起变质作用，能细化晶粒，除可提高机械和铸造性能外，还能减小壁厚效应；锆、钛还能与合金中的氢反应形成稳定化合物 ZrH_2 等，有助于消除针孔。

3）杂质

铝镁合金中的杂质主要是铁和硅。少量铁即形成不溶于 α(Al)基体的针状 $FeAl_3$ 相，削弱基体，显著降低合金的机械性能；$FeAl_3$ 与 α(Al)间电位差较大，故降低抗蚀性。合金中少量硅即在组织中形成较粗大骨骼状的 Mg_2Si 相，影响镁的强化作用，而且 Mg_2Si 粗大而性脆，显著降低合金的机械性能。此外，铜、锌、镍对抗蚀性有不良影响。

2. ZL301(ZAlMg10)合金

ZL301 合金的成分为：Mg 含量 9.5%～11.0%，其余为 Al。合金的铸态组织是 α(Al)基体晶界(或枝晶间)呈网状分布着 β(Mg_2Al_3)，这其实是 α+β 离异共晶。T4 状态的组织中 β 相已溶入 α(Al)，在 α(Al)晶界上有着少量不溶的 Mg_2Si、$FeAl_3$ 等杂质相，见图 1-33。

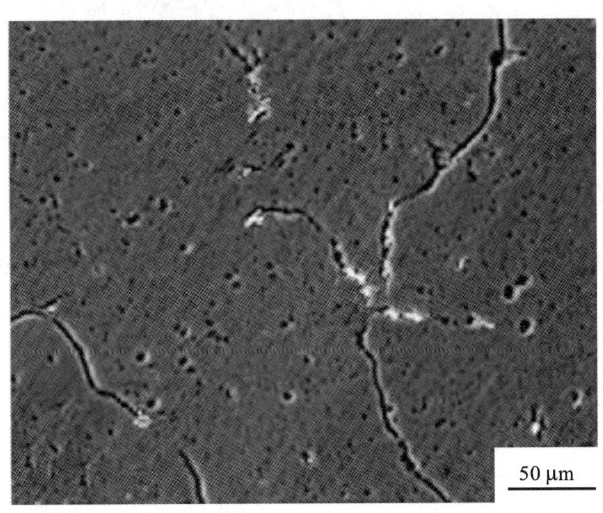

图 1-33　砂型铸造 ZL301 合金 T4 态显微组织

该合金的 T4 态为单相组织，故塑性、韧性均很高。但该合金机械性能不稳定，T4 状态的铸件在经过长期使用或放置后变脆。此合金的结晶温度范围仍较大(约 130 ℃)，而且凝固时共晶体量不多，故铸造性能较差，缩松倾向大，流动性一般，热裂性尚可，收缩率大，气密性低。在铸件厚壁处易产生缩松、晶间氧化和晶粒粗大，故其机械性能的壁厚效应大。此合金一般适用于砂型铸造，金属型仅铸简单铸件。合金的切削性很好，可获得很光洁的表面。焊接性能较差，焊补后应重新热处理，以消除应力并使 β(Mg_2Al_3)相溶解。熔铸工艺比较复杂，因含镁量高在液态时容易氧化和与水汽反应，生成氧化夹渣和气孔，故应在熔剂覆盖下熔炼。型砂中应加硼酸防止铸件氧化。

3. ZL303(ZAlMg5Si)合金

ZL303 合金的成分为：Mg 含量 4.5%～5.5%，Si 含量 0.8%～1.3%，Mn 含量 0.1%～0.4%，其余为 Al。合金的铸态组织是 α(Al)和共晶体(α+Mg_2Si)，还可能存在少量的 $MnAl_6$(Fe)含铁相，见图 1-34。在 Al-Mg 合金中加 1%的 Si，可以改善合金的铸造性能，但 Si 使机械性能下降。加锰形成 $MnAl_6$(Fe)相，减少铁的有害影响。

ZL303 合金铸造温度为 680～750 ℃，具有中等水平的铸造性能，线收缩率为 1.25%～1.3%。气密性中等，合金结晶间隔较宽，有形成疏松的倾向，要求浇注系统设计注意顺序凝固和充分补缩，最好是压力浇注。ZL303 合金的焊接及补焊性能良好，可切削加工性能优良，可达到很小的粗糙度，同时易于抛光，并能长期保持原有光泽。

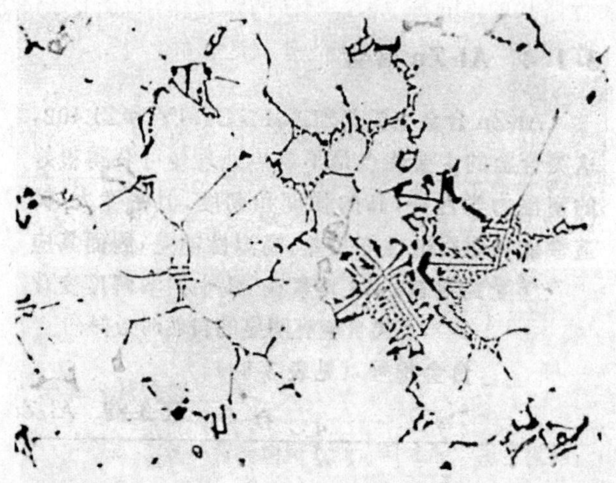

图 1-34　ZL303 合金铸态显微组织（砂型铸造，Mg_2Si 相呈黑色骨骼状，AlFeMnSi 相呈灰色骨骼状）

1.4.2　特点及应用

典型铸造铝镁合金的特点及应用见表 1-5。

表 1-5　铸造铝镁合金的特点及应用

合金代号	合金特点	应　用
ZL301	ZL301 合金具有很高的强度、很好的断后伸长率、极好的切削加工性能和耐腐蚀性能，焊接性好，能阳极化，抗振；缺点是有显微疏松倾向，铸造困难	用于制造承受高负荷，工作温度在 150 ℃以下，并在大气和海水中工作的、要求耐腐蚀性高的零件，如框架、支座、杆件和配件
ZL303	ZL303 合金耐腐蚀性好，焊接性能好，有良好的切削加工性能，易抛光，铸造性能尚可，拉伸性能较差，不能热处理强化，有形成缩孔的倾向，广泛用于压铸	用于制造在腐蚀作用下的中等负荷零件或在寒冷大气中以及工作温度不超过 200 ℃的零件，如海轮零件和机器壳体
ZL305	该合金主要是在 Al-Mg 合金中加入 Zn，抑制自然时效，提高了强度和耐应力腐蚀能力，具有好的综合力学性能，降低了合金的氧化、疏松和气孔倾向	用于制造承受高负荷，工作温度在 100 ℃以下，并在大气或海水中工作的、要求耐腐蚀性强的零件，如海洋船舶中的附件

1.5　铝锌类合金

铝锌类合金的特性是和相图紧密联系的。在 Al-Zn 二元相图（见图 1-35）中，在温度为 443 ℃时，锌在铝中的最大固溶度达 70%，随着温度的降低，固溶度急剧减小，室温时降为 2%；在二元系中，室温下没有化合物相。铝锌类合金具有以下特性：在铸造冷却条件下，Al-Zn

合金能自动固溶处理，大部分锌可过饱和固溶在 α(Al)中。随后又能在室温自然时效，使合金强化；高温性能和铸造性能较差，故必须进一步合金化。

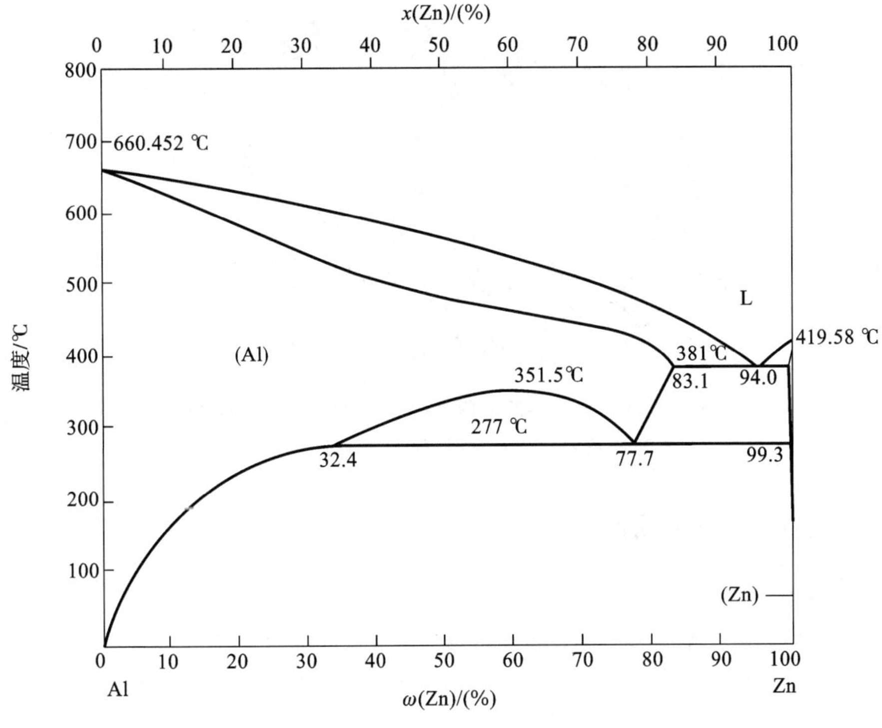

图 1-35 Al-Zn 二元相图

1.5.1 Al-Zn-Si 系合金

1. 成分的影响

此系合金主要成分为锌和硅。锌主要起固溶强化作用，但锌和基体的电位差很大，故降低抗蚀性。硅可提高铸造性能和强度。镁起强化作用，过多则会降低塑性。铁会降低机械性能。

2. ZL401(ZAlZn11Si7)合金

ZL401 合金的成分为：Zn 含量 9.0%～13.0%，Si 含量 6%～8.0%，Mn 含量 0.1%～0.3%，其余为 Al。合金的铸态组织为初生 α(Al)固溶体和共晶体(α+β)，还可能有 Mg_2Si 和含铁相。压铸件因激冷使组织中初生 α(Al)晶粒细小、均匀分布，共晶体中硅呈细小针状(见图 1-36)。

ZL401 合金铸造温度为 680～750 ℃，具有良好的铸造性能，其流动性、热裂性和气密性均接近于 ZL101 合金，线收缩率为 1.2%～1.4%，体收缩率为 4.0%～4.5%。为了改善合金组织和性能，可以在合金熔炼时进行晶粒细化处理。该合金多次重熔工艺性能会恶化，铸件表面会出现花纹，因此不宜多次回炉熔炼。此合金可用来铸造大型复杂和承受高静负荷的零件和复杂压铸件。

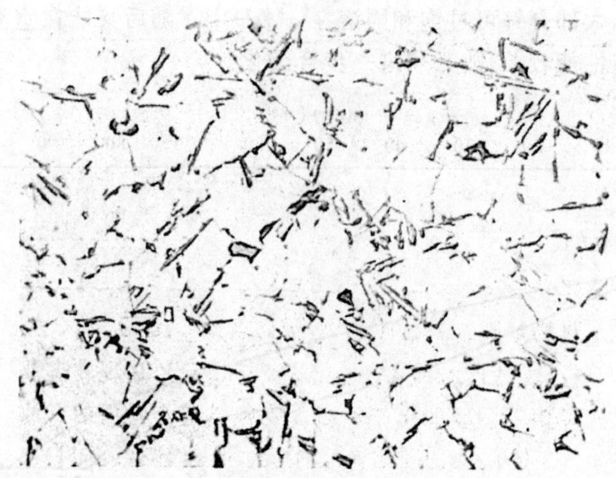

图 1-36　ZL401 合金铸态显微组织(砂型铸造,β($Al_9Fe_2Si_2$)相呈灰白色针状或片状,共晶 Si 相呈灰色片状)

1.5.2　Al-Zn-Mg 系合金

1. 成分的影响

锌和镁:锌和镁在 α(Al)中有很大的固溶度,它随温度的升降而变化很大,强化效果很显著;锌和镁两者总量越大,合金强度越高,而塑性和抗蚀性越差。为了两者兼顾,锌、镁总量通常控制在 6%～7%。

铬和锰:铬、锰显著提高合金的应力腐蚀抗力和机械性能。

钛和锆:合金中加入少量的钛和锆,用以细化晶粒,改善机械和铸造性能,减轻壁厚效应。

铁:在 Al-Zn-Mg 合金中铁原先也作为杂质而被严格限制。但试验表明,合金中加入 1.0%～1.5%的 Fe 后,会形成细小的 $FeAl_3$ 相,能细化 α(Al)晶粒,减少晶间缩松和热裂倾向;还能减轻应力腐蚀倾向,但铁量应控制在 1.7%以下,否则将出现粗大针状 $FeAl_3$ 相,反而有害。

此外,硅是杂质,因生成不溶解的脆性 Mg_2Si,降低机械性能。

2. ZL402(ZAlZn6Mg)合金

ZL402 合金的成分为:Zn 含量 5.0%～6.5%,Mg 含量 0.5%～0.65%,Ti 含量 0.15%～0.25%,Cr 含量 0.4%～0.6%,Mn 含量为 0.2%～0.5%,其余为 Al。合金的铸态组织为 α(Al)固溶体和沿晶界分布的 $MgZn_2$ 相,有时还可能出现少量的 T 相和含铁相。

此合金常采用铸态自然时效或 T1 状态。此合金的铸造性能尚可,有较好的抗蚀性和抗应力腐蚀性能,焊接和切削性能良好,主要用作精密仪表零件和承受大的动载荷零件。

1.5.3　特点及应用

典型铸造铝锌合金的特点及应用见表 1-6。

表 1-6 典型铸造铝锌合金的特点及应用

合金代号	合金特点	应用
ZL401	铸造性能中等，缩孔和热裂倾向较小，有良好的焊接性能和切削加工性能，铸态下强度高，但塑性低，密度大，耐腐蚀性较差	用于制造各种压力铸造零件、工作温度不超过 200 ℃且结构形状复杂的汽车和飞机零件
ZL402	铸造性能中等，有好的流动性、中等的气密性和抗热裂性，切削加工性能良好，铸态下拉伸性能和冲击强度较高，但密度大，熔炼工艺复杂	主要用于制造农业设备、机床工具、船舶铸件、无线电装置、氧气调节器、旋转轮架和空气压缩机活塞等

思考题

1. 基本概念：变质处理、机械性能的壁厚效应。

2. 铝硅合金进行变质处理的意义及方法是什么？

3. 镁、铜、铁和锰对铝硅合金的组织和性能有何影响？

4. Al-Si 类活塞合金多为共晶及过共晶合金是何原因？

5. 稀土在铝合金中有什么作用？

6. 铝铜类合金的室温机械性能和耐热性很好，而铸造性能差，且抗腐蚀性特别差的原因是什么？

7. 谈谈 Al-Mg 合金铸件的机械性能壁厚效应大的原因及防止措施。

8. 如果让你设计一种耐磨、耐热铝合金，请你指出该合金的主要成分和熔炼时需注意的要点并说明理由。

第 2 章

铸造镁合金

2.1 概 述

2.1.1 镁合金的特性及其应用

1. 机械性能

纯镁为银白色金属，具有密排六方晶格，熔点为 651 ℃，密度为 1.74 g/cm^3，只有铝的 2/3，钛的 2/5，钢的 1/4。镁合金是较轻的金属结构材料，密度为 1.75～1.90 g/cm^3，故其具有很高的比强度，在铸造材料中仅次于铸钛合金和高强度结构钢。大部分铸镁合金的屈强比低（$R_{p0.2}/R_m$），缺口敏感性较高，因而降低了它的承载能力。铸镁合金的弹性模量 E 较低（43 000 MPa），约为铝的 60%，钢的 20%，故刚性较低，但比刚性较高。受力时能产生较大的弹性变形，因而在受冲击载荷和振动时能吸收较大的能量。耐热铸镁合金的高温机械性能比耐热铸铝合金低些，但高温比强度却较铸铝为高，故航空上耐热铸镁合金的应用日趋增多。

2. 抗蚀性

镁的标准电极电位较低，并且它的表面氧化膜是不致密的，故抗蚀性较差，铸件均需进行表面氧化处理和涂漆保护。铸镁件在装配中或镶铸中应避免与铝铜、含镍钢等零件直接接触，否则会引起电化学腐蚀，故应用绝缘物隔开。大多数镁合金的应力腐蚀敏感性均低于铝合金，这是它的一个明显优点。

3. 熔铸工艺性能

镁与氧的化学亲和力很大，且表面生成的氧化镁膜是不致密的，液态下该表面膜更是疏松，故氧化剧烈很易燃烧。因此镁的熔炼和铸造均需采用专门的防护措施。熔炼通常在熔剂覆盖下进行，但易引起铸件中有氧化夹杂和熔剂夹杂。铸镁合金的结晶温度间隔一般都比较大，组织中的共晶体量也较少，体收缩率和线收缩率均较大，因此，铸镁合金的铸造性能比铸铝差，其流动性约低 1/5，热裂、缩松倾向也较一般铸铝大得多，气密性低，镁易与水反应生成氢溶于镁中，因此铸件也会形成气孔，但形成气孔的倾向比铝弱得多。镁合金有良好的切削性能，但焊接性能一般较差。

4. 应用范围

铸镁合金在某些场合有良好的使用性能，已经广泛应用于航空航天工业、军工领域、交通领域（包括汽车工业、飞机工业、摩托车工业、自行车工业等）、3C 领域等。但不得在海上使用。

2.1.2 铸镁的合金化及分类

1. 合金化

在镁中常加入锌、铝、锆、RE、锰、银等元素；锌、铝、银有很好的强化效果。

铝：在镁中有很大的固溶度，且它随温度下降而有较大的降低，故铝对镁有很好的固溶强化作用和时效强化作用。

锌：在铸镁合金中是主要组元，同理也有固溶强化作用和更高的时效强化作用。

锆：只加入 Mg-Zn 系中，能改善其铸造性能，细化晶粒，还有一定的固溶强化作用。

RE：在镁合金中主要起耐热作用。

2. 分类

铸镁合金的国标(GB/T 1177—2018)中有 10 个牌号，见表 2-1 和表 2-2。铸镁合金牌号编制原则及表示方法和铸铝一样，合金代号为 ZM 后跟一位数字，该数字没有特殊意义，只表示序号。

表 2-1 铸造镁合金的化学成分

合金牌号	合金代号	Mg	化学成分[a](质量分数)/(%)											其他元素[d]	
			Al	Zn	Mn	RE	Zr	Ag	Nd	Si	Fe	Cu	Ni	单个	总量
ZMgZn5Zr	ZM1	余量	0.02	3.5～5.5	—	—	0.5～1.0	—	—	—	—	0.10	0.01	0.05	0.30
ZMgZn4RE1Zr	ZM2	余量	—	3.5～5.0	0.15	0.75[b]～1.75	0.4～1.0	—	—	—	—	0.10	0.01	0.05	0.30
ZMgRE3ZnZr	ZM3	余量	—	0.2～0.7	—	2.5[b]～4.0	0.4～1.0	—	—	—	—	0.10	0.01	0.05	0.30
ZMgRE3Zn3Zr	ZM4	余量	—	2.0～3.1	—	2.5[b]～4.0	0.5～1.0	—	—	—	—	0.10	0.01	0.05	0.30
ZMgAl8Zn	ZM5	余量	7.5～9.0	0.2～0.8	0.15～0.5	—	—	—	—	0.30	0.05	0.10	0.01	0.10	0.50
ZMgAl8ZnA	ZM5A	余量	7.5～9.0	0.2～0.8	0.15～0.5	—	—	—	—	0.10	0.005	0.015	0.001	0.01	0.20
ZMgNd2ZnZr	ZM6	余量	—	0.1～0.7	—	—	0.4～1.0	—	2.0[c]～2.8	—	—	0.10	0.01	0.05	0.30
ZMgZn8AgZr	ZM7	余量	—	7.5～9.0	—	—	0.5～1.0	0.6～1.2	—	—	—	0.10	0.01	0.05	0.30
ZMgAl10Zn	ZM10	余量	9.0～10.7	0.6～1.2	0.1～0.5	—	—	—	—	0.30	0.05	0.10	0.01	0.05	0.50

续表

合金牌号	合金代号	Mg	化学成分[a](质量分数)/(%)											其他元素[d]	
			Al	Zn	Mn	RE	Zr	Ag	Nd	Si	Fe	Cu	Ni	单个	总量
ZMgNd2Zr	ZM11	余量	0.02	—	—	—	0.4～1.0	—	2.0[c]～3.0	0.01	0.01	0.03	0.005	0.05	0.20

注:含量有上下限者为合金主元素,含量为单个数值者为最高限,"—"为未规定具体数值。

a 合金可加入铍,其含量不大于0.002%。

b 稀土为富铈混合稀土或稀土中间合金。当稀土为富铈混合稀土时,稀土金属总量不小于98%,铈含量不小于45%。

c 稀土为富钕混合稀土,含钕量不小于85%,其中Nd、Pr含量之和不小于95%。

d 其他元素是指在本表头列出了元素符号,但在本表中却未规定极限值含量的元素。

表 2-2 铸造镁合金的机械性能

合金牌号	合金代号	热处理状态	力学性能≥		
			抗拉强度 R_m/MPa	规定塑性延伸强度 $R_{p0.2}$/MPa	断后伸长率 A/(%)
ZMgZn5Zr	ZM1	T1	235	140	5.0
ZMgZn4RE1Zr	ZM2	T1	200	135	2.5
ZMgRE3ZnZr	ZM3	F	120	85	1.5
		T2	120	85	1.5
ZMgRE3Zn3Zr	ZM4	T1	140	95	2.0
ZMgAl8Zn ZMgAl8ZnA	ZM5 ZM5A	F	145	75	2.0
		T1	155	80	2.0
		T4	230	75	6.0
		T6	230	100	2.0
ZMgNd2ZnZr	ZM6	T6	230	135	3.0
ZMgZn8AgZr	ZM7	T4	265	110	6.0
		T6	275	150	4.0
ZMgAl10Zn	ZM10	F	145	85	1.0
		T4	230	85	4.0
		T6	230	130	1.0
ZMgNd2Zr	ZM11	T6	225	135	3.0

铸镁合金通常可分为以下三大类。

1) 镁铝类合金

Mg-Al-Zn系合金,由于不含稀贵元素,机械性能高,流动性好,热裂倾向小,熔炼工艺较简单,成本低,故工业中应用最早最普遍。该类合金的缺点是屈服强度低,屈强比为0.33～0.43;缩松较严重,机械性能的壁厚效应较大。主要有ZM5和ZM10两种牌号的合金。

2）镁锌类合金

Mg-Zn-Zr 系合金，有更高的强度，特别是屈服强度比标准类有显著提高。机械性能的壁厚效应小。还可加入 RE、Ag 等以进一步改善性能。主要有 ZM1、ZM2、ZM7 等牌号的合金。

3）镁稀土类合金

Mg-RE-Zn-Zr 系合金，加入较多的 RE，提高了其高温性能，可用于 200～250 ℃下工作，如 ZM3、ZM4、ZM6 等。ZM6 兼有良好的室高温力学性能，可制造 250 ℃下承受较高载荷的零件。

2.2 镁铝类合金

镁铝类合金应用最早最普遍，尤其在民品生产中占统治地位。

2.2.1 成分和杂质对组织和性能的影响

1. 铝的影响

在 Mg-Al-Zn 系合金中铝是主要组元。Mg-Al 二元状态图（见图 2-1）中，在 437 ℃发生共晶反应：L→α(Mg)＋γ($Mg_{17}Al_{12}$)。铝在 α(Mg) 固溶体中的最大固溶度为 12.7%，随着温度的降低而迅速变小，100 ℃时降为 2%。

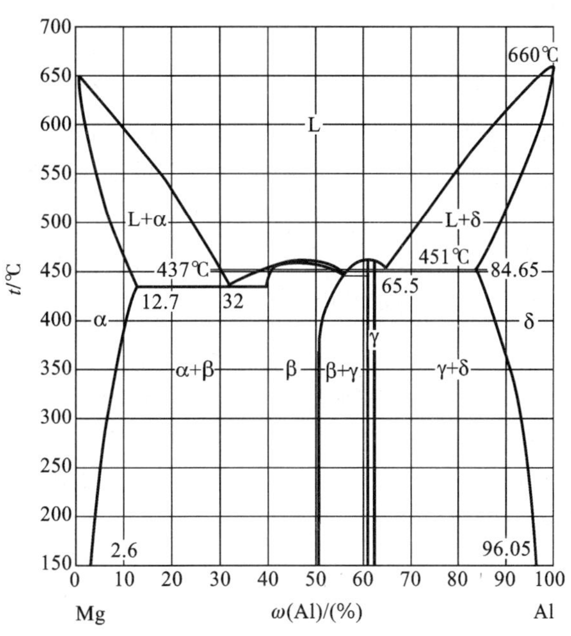

图 2-1 Mg-Al 二元合金相图

由铝量对合金铸造性能影响的实验可知，当含铝量约为 6%时，合金的综合铸造性能最差（见图 2-2），这对应着实际结晶温度间隔最大的区域。其后随着铝量的增加，结晶温度间隔逐渐缩小，凝固时 α(Mg)＋γ($Mg_{17}Al_{12}$)共晶体量则逐渐增多，使合金的铸造性能不断改善。同时共晶体量增多，相对缩短凝固时间，也能减缓固溶体晶粒的长大，也有利于改善铸造性能。铝量大于 8%时，铸造性能已比较好。

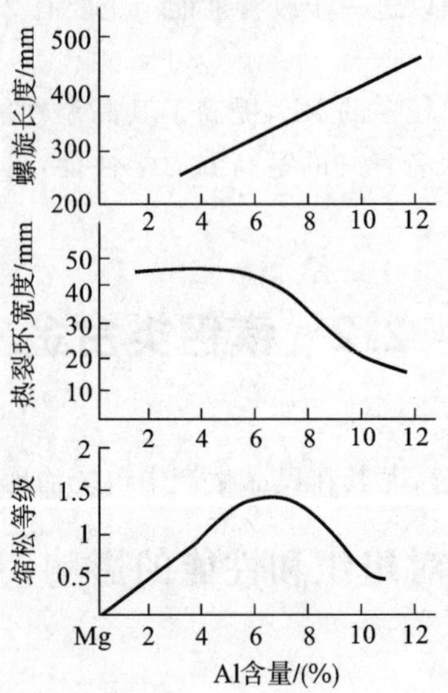

图 2-2　Al 对 Mg-Al 合金铸造性能的影响

铝对合金机械性能影响的规律是：一开始随着铝量增加，T4 态合金强度（R_m 和 $R_{p0.2}$）和塑性（A 和 Z）不断升高。高铝量的合金在 T4 态的机械性能有很大的提高。这是由于铝固溶越多，固溶强化效应越大。但当铝量大于 9%时，合金的 R_m、A 都发生急剧下降。其原因是铝量过多时，γ 相完全溶入 α 固溶体所需的保温时间将急剧增大。在通常的热处理加热保温时间内，其组织中常残留有未溶的脆性 γ 相分布于 α(Mg)基体的晶界，使机械性能显著下降。因此从机械性能来说，铝量一般应不大于 9%，为兼顾合金的机械性能和铸造性能，铝量应取 8%～9%。

随着铝量的增加，镁铝合金的抗蚀性有所降低，这是因为 γ 相与 α(Mg)基体间的电极电位显著不同，铝量过大（>9%）还容易引起应力腐蚀。

2. 锌的影响

锌在镁中的溶解度较大，在二元共晶温度 340 ℃时可达 6.2%。当锌加入 Mg-Al 系中量少（如 1%）时，可显著增加室温时铝在镁中的固溶度，增大固溶强化作用。在 Mg-Al 合金中加入少量锌，能大大提高合金的强度和抗蚀性。含锌量的增加，会使得合金的结晶温度间隔加宽，因而增大了热裂、缩松的倾向。通常锌量都在 1%左右。

3. 锰的影响

合金中加少量锰可提高抗蚀性，细化晶粒。但锰量不能过多，否则将引起锰偏析，出现 MnAl 相，这是脆性相，对合金的塑性、冲击韧性不利。故含锰量应不大于 0.5%。

4. 铍的作用

铍是附加元素，加铍是作为防止镁液氧化的辅助措施。铍对镁呈表面活性，BeO 填充疏松的 MgO 膜而使其致密，阻滞合金液继续氧化。铍的抗氧化作用在镁液温度高于 750 ℃时将大为降低。但铍量过多将引起晶粒粗化，恶化机械性能，增大热裂倾向。

5. 杂质硅、铜、铁、镍、钴的影响

此系合金中这些元素均为有害杂质，都会降低合金的抗蚀性。因它们在镁中的固溶度很小，微小含量就足以在α(Mg)晶界上生成与基体有较大电位差的不溶相。硅、铜还会降低合金的塑性，因形成热处理时不溶的Mg_2Si、Mg_2Cu脆性相。

2.2.2 常用合金

1. ZM5(ZMgAl8Zn)合金

ZM5合金是铸镁合金中应用最广的一种合金。该合金成分为：Al含量7.5%～9.0%，Zn含量0.2%～0.8%，Mn含量0.15%～0.5%，其余为Mg。铸态组织为α(Mg)基体晶界上呈不连续网状分布着$\gamma(Mg_{17}Al_{12})$相，部分γ在晶枝间呈短条状和粒状，在α(Mg)晶内分布着MnAl相小质点(见图2-3)。

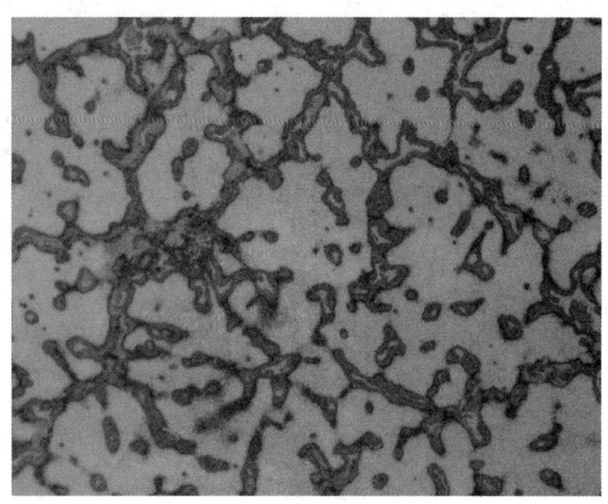

图2-3 ZM5合金铸态金相组织

ZM5合金热处理常用T4、T6状态。ZM5合金有良好的机械性能和中等的铸造性能，抗蚀性经表面氧化后也尚好，不含稀贵元素，其熔炼工艺在镁合金中比较简便，故它在航空工业和民用工业中得到广泛应用。缺点是屈服强度低，缩松倾向大，机械性能的壁厚效应大，这些都降低了其承受载荷的能力。

2. ZM10(ZMgAl10Zn)合金

在ZM5的基础上，将成分调整为：Al含量9.0%～10.7%，Zn含量0.6%～1.2%，Mn含量0.1%～0.5%。铝量提高可减小缩松和热裂倾向，并细化晶粒。锌量提高虽会增大缩松倾向，但却能较大提高T6状态的屈服强度，可改善ZM5合金这一缺点，还能加速热处理时γ相的溶解。

2.2.3 镁铝类合金的孕育作用

Mg-Al类合金自发凝固状态的晶粒很粗大，铸件厚大时更明显。晶粒粗大将显著降低合金的机械、铸造性能，故要对合金进行孕育处理(原称变质处理)，使α(Mg)基体晶粒细化。

对于 Mg-Al 系合金较成功的晶粒细化工艺是碳质孕育法，该法是通过向镁合金熔体中加入碳或含碳的化合物，如固体石蜡、六氯乙烷、碳酸盐或含碳气体等，在合金熔体中引入 C，从而达到细化晶粒的目的，是目前含铝镁合金最常用的细化方法。C 细化晶粒原理是新生的 C 原子与 Al 化合形成大量弥散的 Al_4C_3 质点，Al_4C_3 是高熔点高稳定性化合物，其在镁液中以固态质点形式存在，Al_4C_3 与 α(Mg) 均为六方晶系，两者晶格常数相近，故 Al_4C_3 是 Mg 的结晶核心，因而大量弥散的 Al_4C_3 质点使 Mg 晶粒细化（见图 2-4）。碳质孕育后的合金若迅速搅拌或短时升温至 800 ℃再快速冷却到浇注温度，则可以使合金液中的 Al_4C_3 质点更加弥散分布，从而使晶粒进一步细化。但是最新的研究发现，作为结晶核心的棒状物由 Al、C 和 O 组成，而并非仅仅是 Al 和 C。最近，日本开发出一种氩气喷吹纯碳粉的新工艺用以细化镁合金的晶粒，取得了较好的效果，并克服了含碳化合物孕育处理时带来的环境污染问题。

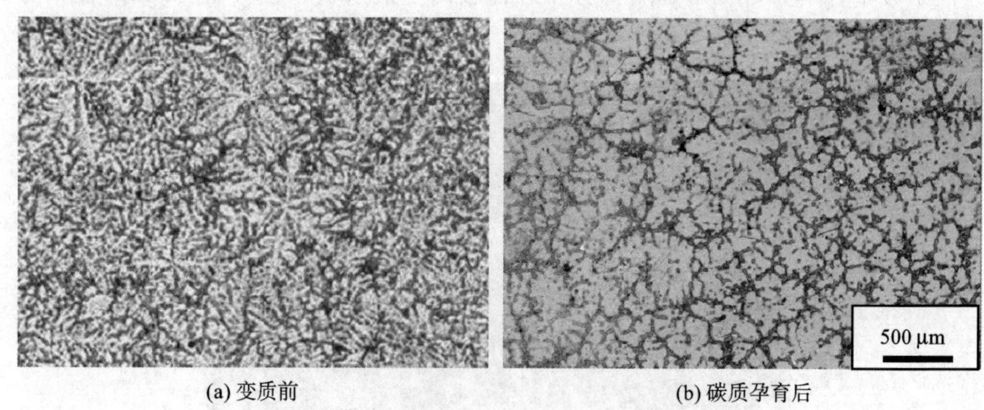

(a) 变质前　　(b) 碳质孕育后

图 2-4　变质前后 Mg-Al 合金铸态金相组织

镁合金的过热处理是将合金加热到 850 ℃或更高的温度（一般为液相线以上 423～533 ℃），保温一段时间（保温的时间长短与合金类型、熔体纯度及浇注工艺有关），然后快速冷却到浇注温度。过热处理对 Mg-Al 系合金有明显的细化作用，但过热处理保温时间太长、温度超出或者低于过热温度范围都将导致晶粒粗化。关于过热处理使镁合金组织细化的机理目前尚不太清楚。一种观点将这种细化效果归因于熔体中形成的 MgO、Al_2O_3 或其他一些非金属间化合物为形核提供了核心，而且在过热温度下，更加有利于这些异质核心数量的增加，但这种观点无法解释该方法需要控制在一定过热温度范围的事实。另外一种观点是温度-溶解度形核理论，认为在一般温度下无法作为形核核心的粗大粒子在过热过程中可能会熔解成细小的粒子，并且在随后的冷却过程中作为形核核心。在较低温度下长时间保温，粒子的重新结合能说明当低于过热温度范围时晶粒粗化的原因，但这种理论也无法解释过热处理的最佳温度范围。而 Emley 等则认为镁合金形核的异质核心，部分来自合金中元素 Al 与石墨或铁质坩埚在高温下反应形成的 Al_4C_3 或某种铁铝化合物。过热处理虽然可以细化晶粒，但是由于熔体温度的升高使氧化和吸气现象更加严重，而且由于杂质和合金熔体的密度均减小，不利于杂质的分离，反而降低了镁合金铸锭质量。

人们很早以前就认识到，浇注温度越高，金属凝固组织越粗大，柱状晶越发达。因为浇注温度越高，铸型中液体金属的温度梯度越大，容易引起发达的柱状晶。有研究学者研究了 AZ91D 镁合金的近液相线铸造，发现在高出液相线不多的温度下铸造的组织与常规铸造组织接近，并且提高冷却速率，加大了枝晶的发达程度。近液相线铸造方法有利于镁合金组织的细化和球化，并且增加冷却速率有利于组织的细化，也促进了球化的趋势。如果在铸造时进行适当的静置操作，则会有利于铸造组织的球化和细化。他们认为近液相线浇注时，由于有适度的过冷度，大大降低了晶核的临界半径和临界形核功。晶坯形成晶核的概率提高，晶核数量增加。由于近液相线熔体中已经有很大数量的形核颗粒，不同的冷却能力促使或抑制了细小颗粒的重熔，影响了初始形核的数量。

2.3 镁锌类合金

镁铝类 ZM5 和 ZM10 的屈强比较低，降低了它们承受载荷的能力，因此发展了高强度镁锌类合金，但镁锌二元合金的铸造性能很差，需加锆以改善性能，即构成镁锌锆系合金。

2.3.1 Mg-Zn-Zr 系成分对组织和性能的影响

1. 锌的影响

镁锌锆系合金中锌是主要组元，图 2-5 为 Mg-Zn 二元相图，共晶成分为 Zn51.2%，在 340 ℃发生共晶反应：L→α(Mg)＋β(Mg_7Zn_3)，温度下降至 312 ℃时发生共析反应：β(Mg_7Zn_3)→α(Mg)＋γ(MgZn)，合金强化相为 γ(MgZn)质点。合金中随着锌量增加，其强化作用也不断增加，当锌增加到 5%～6%时，其强度($R_{p0.2}$，R_m)达最大值。锌更多时 γ(MgZn)热处理时不能完全溶入 α(Mg)中，所以强度不再增加甚至有所下降。

Mg-Zn 系结晶温度间隔比 Mg-Al 系大得多，所以二元系的铸造性能很差。从铸造性能角度看，锌量低于 5%较好，过高热裂，缩松加剧。从机械性能角度看，锌量为 4%～6%比较有利；过低对强度不利，过高则塑性过低。

2. 锆的影响

镁锌二元合金晶粒很粗大，树枝晶很发达，向其中加少量锆，能在镁液中形成大量的α(Zr)弥散质点，使晶粒显著细化。其机理是：由镁锆二元系包晶相图(见图 2-6)可见，Zr 在液态镁中的溶解度很小，发生包晶反应时镁液中仅能溶解约 0.6%的 Zr，Zr 和 Mg 不形成化合物，凝固时 Zr 首先以 α(Zr)质点的形式析出。Zr 和 Mg 均为六方晶型，两者的晶格常数很接近，α(Zr)符合作为晶粒形核核心的“尺寸结构相匹配”原则，所以 α(Zr)能成为 α(Mg)的结晶核心。当加入的 Zr 含量大于 0.6%时，镁液中形成的大量 α(Zr)弥散质点使晶粒显著细化。随着锆含量的增加，镁合金晶粒不断细化，但锆量不可能加得很多，从相图上看温度高达900 ℃时，镁液中仅能溶解 0.7%的 Zr，在镁锌合金中锆的溶解度不会增大多少，这一特点给合金熔炼工艺带来很大困难，锆不容易溶入液体镁中，加入过多的锆将沉于坩埚底部。

锆溶于基体中有一定的强化作用，故随着锆量的增加，合金机械性能也不断增加。镁锌二元系的铸造性能很差，加入少量的锆便显著得到改善。因为锆大大细化了基体的树枝状晶粒，而且明显地缩小了结晶温度间隔。锆易与镁液中的氢化合成固态的 ZrH_2，降低镁液中溶解的氢量。锆能与镁液中的铁、硅等杂质形成固态化合物而下沉，故有去除杂质的作用。锆还能在合金表面形成致密的氧化膜，可显著提高合金的抗蚀性。

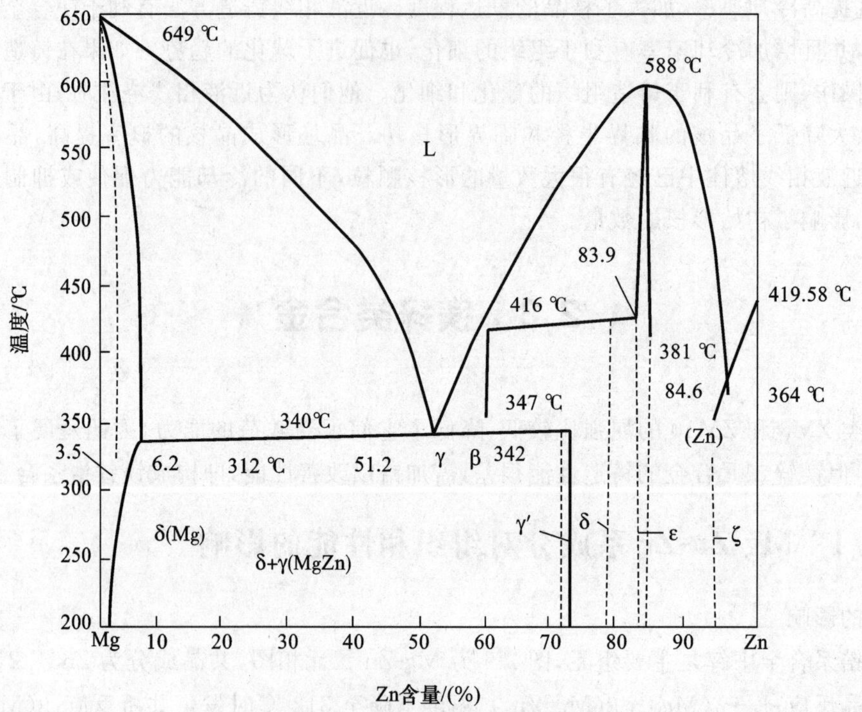

图 2-5　Mg-Zn 二元合金相图

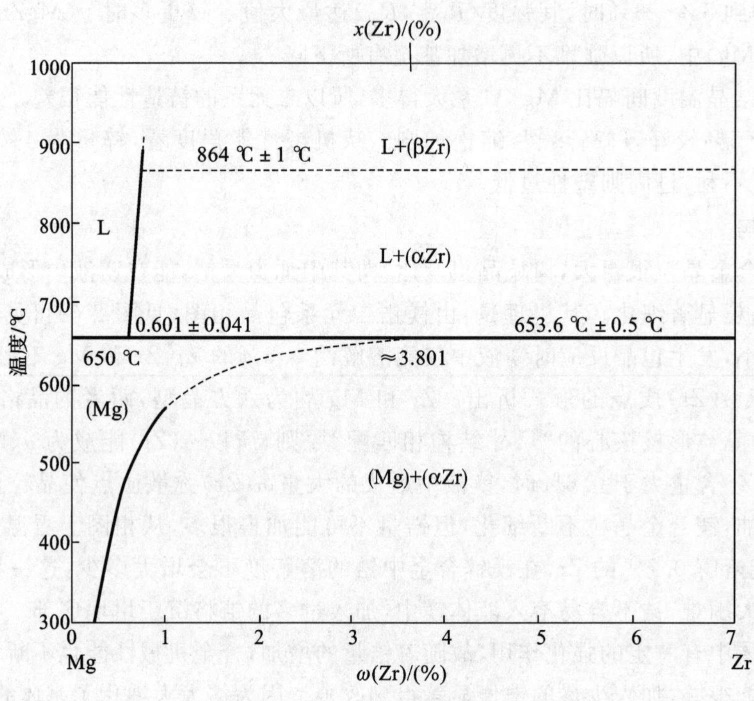

图 2-6　Mg-Zr 二元合金相图

2.3.2 常用合金

1. ZM1(ZMgZn5Zr)合金

ZM1 合金成分为：Zn 含量 3.5%～5.5%，Zr 含量 0.5%～1.0%(其中溶解锆量≥0.5%)，其余为 Mg。ZM1 合金的铸态组织为 α(Mg)基体晶界上断续分布着 γ(MgZn)相(见图 2-7)。ZM1 合金一般采用 T1 状态。ZM1 合金的 R_m、A 与 ZM5 相近，但其 $R_{p0.2}$ 却高得多，因此它有更高的承受载荷的能力。

图 2-7 ZM1 合金铸态金相组织

ZM1 合金的铸造性能仍不好，主要缺点是热裂倾向大，其充型能力比 ZM5 合金略差，缩松倾向两者大致相近，但 ZM1 容易形成集中缩松。ZM1 合金的主要缺点是热裂倾向大，故它一般只用于砂型铸件，金属型铸件仅铸造简单小铸件。由于它易热裂，故焊接性能很差，铸件很难焊补。

ZM1 合金的抗蚀性很好，抗应力腐蚀性也很好，这又是它较 ZM5 合金优越之处。ZM1 合金的 $R_{p0.2}$ 较高，机械性能的壁厚效应小，有更高的承受载荷能力，故近年来它的应用发展很快，已用来代替 ZM5 合金铸造飞机轮毂、轮缘、隔框、起落支架等受力铸件。

2. ZM2(ZMgZn4RE1Zr)合金

上述 ZM1 合金的热裂倾向大，限制了它的应用。在其中加入 RE 可以进行改进，发展成 ZM2 合金。

ZM2 合金成分为：Zn 含量 3.5%～5.0%，Zr 含量 0.4%～1.0%(其中溶解锆量≥0.5%)，RE 含量 0.75%～1.75%，其余为 Mg。由于合金中加入了稀土元素，在组织中生成一定量的 α(Mg)和 Zn-RE 化合物的共晶体，沿基体晶界呈断续网状分布。由于基体晶界上呈断续网状分布着的稀土化合物是耐热相，所以 ZM2 的高温机械性能比 ZM1 和 ZM5 都要好。它在 150～200 ℃有很好的蠕变强度，可用作在 170～200 ℃长期工作的零件。尤其在 100～300 ℃间有很大的瞬时拉伸屈服强度，故也可用于该温度下短期工作的零件。

ZM2 合金的铸造性能良好，热裂倾向较 ZM1 有明显降低，缩松倾向较小，充型能力良好。由于合金中含有稀土元素，形成夹杂的倾向比 ZM1 合金严重。

2.4 镁稀土类合金

镁稀土类合金是耐热镁合金，适合在200～300 ℃条件下工作。此类合金稀土元素是主要组元。天然稀土矿中最常见的是铈(Ce)、镧(La)、钕(Nd)、镨(Pr)、钇(Y)。因此在冶金中它们应用很广。

2.4.1 稀土元素对镁的性能的影响

镁与各常见的稀土元素的状态图是相似的，它们都有较高的共晶温度；除Nd外，各稀土元素在α(Mg)固溶体中的固溶度都极小且在400 ℃以下几乎无变化。并且形成的第二相Mg_9Ce、$Mg_{12}Nd$等金属间化合物，在高温下比较稳定，不易析出长大；它们又都有很高的热磁性。因此Mg-RE类合金均有良好的热强性。Mg-RE类合金的工作温度范围一般为200～300 ℃。

稀土元素对镁的机械性能的增强基本是按镧、铈、富铈RE、镨、钕的顺序排列，即随原子序数的增加而增加。在室温下以Mg-Nd合金的机械性能最好，热处理强化效果很好。

Mg-RE合金的结晶温度间隔较小，合金中有较多的共晶体，所以它的铸造性能很好，其缩松、热裂倾向较Mg-Al、Mg-Zn类小得多，充型能力也较好，可用于铸造形状复杂和要求气密性好的铸件。

2.4.2 常用合金

1. ZM3(ZMgRE3ZnZr)合金

此合金中富铈混合稀土RE(Ce)是主要组元。合金的热强性随RE量的增加而显著升高，至RE含量大于1%后升高就不明显。因为α(Mg)晶界上的共晶体是含RE耐热相，它的出现和增多引起高温强度急剧增加，至RE含量大于1%后，耐热相基本在晶界形成连续网状，量再多也只是增加厚度，高温强度增加很小。故从机械性能角度看，合金中RE含量为1%左右已足够。

ZM3合金成分为：RE含量2.5%～4.0%，Zn含量0.2%～0.7%，Zr含量0.4%～1.0%(其中溶解锆量≥0.5%)，其余为Mg。ZM3合金铸态组织为α(Mg)基体晶界上网状分布着共晶体中的Mg_9Ce等化合物和少量Zn-RE化合物(见图2-8)，较深腐蚀时可显露锆的晶内偏析。

Mg-Ce相图(见图2-9)中共晶成分为20.6%Ce，故要求RE量多使共晶体量增多，当RE含量大于2%时，即有较好的铸造性能，RE含量增至4%时，热裂倾向降到较低水平，故从铸造性能角度，要求RE含量大于2%。虽然镁中加很少量的稀土元素能细化晶粒，但稀土量多后晶粒又重新变粗，故Mg-RE合金的晶粒粗大。加入一定量的锆即能显著细化晶粒，因而显著提高合金的室温和高温机械性能，改善其铸造性能。由于Mg-RE-Zr合金有较大的线性收缩和生成表面缩陷的倾向，加入少量的锌可减轻这些缺陷。由于铈在镁中的固溶度极小，故热处理强化效果很差，此合金常用铸态(F)及T2状态。ZM3合金铸件适用于在150～250 ℃范围长期工作的零件。

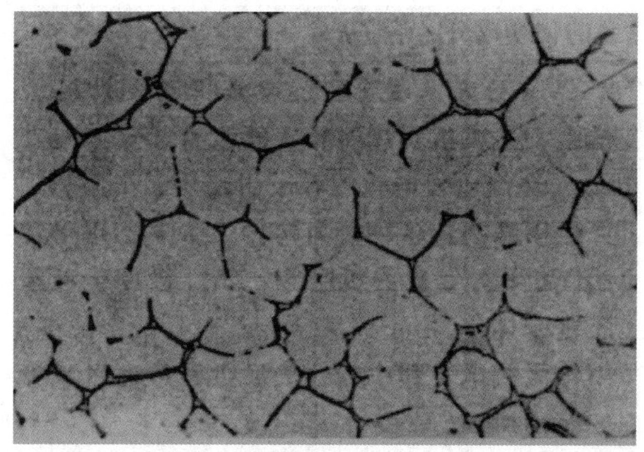

图 2-8　ZM3 合金铸态金相组织

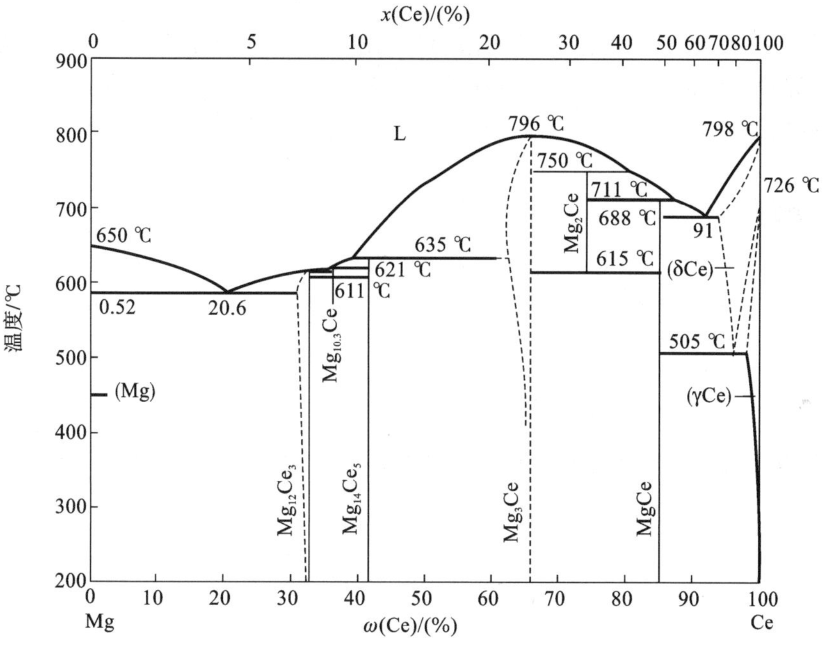

图 2-9　Mg-Ce 二元合金相图

ZM3 合金的铸造性能良好：缩松、热裂倾向小，充型能力良好，气密性高。可用于铸造大型复杂铸件和室温下要求高气密性的铸件，如发动机、附件等的机匣、壳体箱体零件。铸件壁厚效应小。可用砂型及金属型铸造。此合金的抗蚀性良好，优于 ZM5，但比 ZM1 稍差。焊接性也良好，铸件可焊补。

2. ZM6(ZMgNd2ZnZr)合金

此合金中富钕混合稀土 RE(Nd)是主要组元，Mg-Nd 类合金的室温高温机械性能最高。ZM6 合金的成分为 2.0%～2.8%RE(Nd)，其余组分与 ZM3 完全一样，其 T6 态金相组织如图 2-10 所示。ZM6 中的锌能提高合金在 250 ℃下的拉伸性能和蠕变性能。缺点是RE(Nd)较 RE(Ce)要贵得多，成本较高。

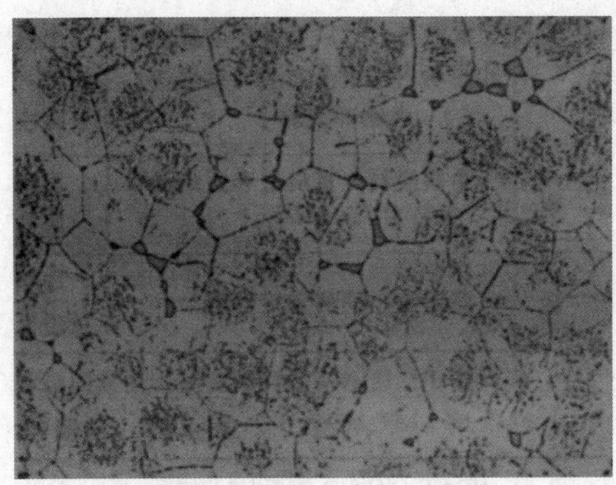

图 2-10 ZM6 合金在 T6 状态下的金相组织

此合金的铸造性能良好：缩松和热裂倾向低，充型能力好，气密性好。机械性能的壁厚效应小，抗蚀性和焊接性能良好，综合性能良好。可应用于 250 ℃下长期工作或室温下要求高强度和气密性好的零件。

思考题

1. 铸造镁合金有什么特性？

2. 铸造镁合金分为哪几类，各有什么特点？

3. 铝、锌、锰在镁铝系合金中有什么作用？

4. 锆和稀土元素对镁合金有什么影响？

5. 在几类镁合金中，为什么 Mg-Al 类合金必须进行孕育处理，锆在 Mg-Al 类合金中能否起孕育作用？

第3章

铸造铜合金

3.1 概　述

3.1.1 铸造铜合金的特性及其应用

1. 机械性能及物理性能

1）机械性能

铸造铜合金的类型和牌号多，机械性能差别很大，强度大部分为200～800 MPa，伸长率为5%～25%，少数大于30%。铸铜塑性很好，有良好的耐磨性和疲劳极限。铸铜的机械性能大都超过了铸铝和铸镁合金。

2）物理性能

铸铜密度很大（7.5～9.5 g/cm^3），线胀系数较小。纯铜和某些铜合金有良好的电导率、热导率和抗磁性。

2. 抗蚀性能

由于铜的标准电极电位很高，部分铜合金表面还形成一层致密的氧化膜，因此大部分铸铜合金在大气、水和海水中均有较高的抗蚀性，在稀的非氧化性的氢氟酸、盐酸、磷酸及醋酸等溶液中也有良好的化学稳定性。

3. 熔铸工艺性能

大多数铸铜的结晶温度间隔均较小，铸造性能良好：流动性好，不易缩松热裂，气密性良好；但易形成大的集中缩孔，要用大冒口补缩。

4. 应用范围

多数铸铜合金机械性能较好，有良好的抗蚀、抗磨、抗液压、抗磁等特性，熔铸工艺性、切削加工性也良好，钎焊性良好。因此在军工、船舰、化工、机械制造上应用范围很广，但绝对量不太多，航空上应用的多是耐磨件。

3.1.2 铸铜的合金化及分类

铜及铜合金按颜色习惯上分为紫铜（纯铜）、白铜（铜镍合金）、青铜（主要含锡）、黄铜（主要含锌）。在铸造合金中仅有青铜和黄铜两类。目前已列入国标GB/T 1176—2013的有36种牌号的铸铜合金。它们的合金牌号、名称、化学成分列于表3-1中，杂质允许量列于表3-2中，力学性能列于表3-3中。铸铜合金牌号编制原则及表示方法和铸铝基本一样，但以重要合金元素紧靠Cu之后，不完全按含量多少顺序排列，而且铸铜无合金代号而增设了合金名称。例如合金牌号为 ZCuSn3Zn8Pb6Ni1，不能写成 ZCuZn8Pb6Sn3Ni1，合金名称为 3-8-6-1 锡青铜。按合金名称可将铸铜分为两大类：铸造青铜和铸造黄铜。

表 3-1　铸造铜和铜合金主要元素化学成分

序号	合金牌号	合金名称	主要元素含量(质量分数)/(%)										
			Sn	Zn	Pb	P	Ni	Al	Fe	Mn	Si	其他	Cu
1	ZCu99	99 铸造纯铜											≥99.0
2	ZCuSn3Zn8Pb6Ni1	3-8-6-1 锡青铜	2.0～4.0	6.0～9.0	4.0～7.0		0.5～1.5						其余
3	ZCuSn3Zn11Pb4	3-11-4 锡青铜	2.0～4.0	9.0～13.0	3.0～6.0								其余
4	ZCuSn5Pb5Zn5	5-5-5 锡青铜	4.0～6.0	4.0～6.0	4.0～6.0								其余
5	ZCuSn10P1	10-1 锡青铜	9.0～11.5			0.8～1.1							其余
6	ZCuSn10Pb5	10-5 锡青铜	9.0～11.0		4.0～6.0								其余
7	ZCuSn10Pb2	10-2 锡青铜	9.0～11.0	1.0～3.0									其余
8	ZCuPb9Sn5	9-5 铅青铜	4.0～6.0		8.0～10.0								其余
9	ZCuPb10Sn10	10-10 铅青铜	9.0～11.0		8.0～11.0								其余
10	ZCuPb15Sn8	15-8 铅青铜	7.0～9.0		13.0～17.0								其余
11	ZCuPb17Sn4Zn4	17-4-4 铅青铜	3.5～5.0	2.0～6.0	14.0～20.0								其余
12	ZCuPb20Sn5	20-5 铅青铜	4.0～6.0		18.0～23.0								其余
13	ZCuPb30	30 铅青铜			27.0～33.0								其余
14	ZCuAl8Mn13Fe3	8-13-3 铅青铜						7.0～9.0	2.0～4.0	12.0～14.5			其余
15	ZCuAl8Mn13Fe3Ni2	8-13-3-2 铅青铜					1.8～2.5	7.0～8.5	2.5～4.0	11.5～14.0			其余

续表

序号	合金牌号	合金名称	主要元素含量(质量分数)/(%)										
			Sn	Zn	Pb	P	Ni	Al	Fe	Mn	Si	其他	Cu
16	ZCuAl8Mn14Fe3Ni2	8-14-3-2 铝青铜		<0.5			1.9～2.3	7.4～8.1	2.6～3.5	12.4～13.2			其余
17	ZCuAl9Mn2	9-2 铝青铜						8.0～10.0		1.5～2.5			其余
18	ZCuAl8Be1Co1	8-1-1 铝青铜						7.0～8.5	<0.4			Be 0.7～1.0，Co 0.7～1.0	其余
19	ZCuAl9Fe4Ni4Mn2	9-4-4-2 铝青铜					4.0～5.0	8.5～10.5	4.5～5.0	0.8～2.5			其余
20	ZCuAl10Fe4Ni4	10-4-4 铝青铜					3.5～5.5	9.5～11.0	3.5～5.5				其余
21	ZCuAl10Fe3	10-3 铝青铜						8.5～11.5	2.0～4.0				其余
22	ZCuAl10Fe3Mn2	10-3-2 铝青铜						9.0～11.0	2.0～4.0	1.0～2.0			其余

表 3-2　铸造铜和铜合金杂质元素化学成分

序号	合金牌号	杂质元素含量(质量分数)/(%) ≤															
		Fe	Al	Sb	Si	P	S	As	C	Bi	Ni	Sn	Zn	Pb	Mn	其他	总和
1	ZCu99					0.07						0.4					1.0
2	ZCuSn3Zn8Pb6Ni1	0.4	0.02	0.3	0.02	0.05											1.0
3	ZCuSn3Zn11Pb4	0.5	0.02	0.3	0.02	0.05											1.0
4	ZCuSn5Pb5Zn5	0.3	0.01	0.25	0.01	0.05	0.10				2.5*						1.0
5	ZCuSn10P1	0.1	0.01	0.05	0.02		0.05				0.10		0.05	0.25	0.05		0.75
6	ZCuSn10Pb5	0.3	0.02	0.3		0.05							1.0*	1.5*			1.0
7	ZCuSn10Pb2	0.25	0.01	0.3	0.01	0.05	0.10				2.0*				0.2		1.5
8	ZCuPb9Sn5			0.5		0.10					2.0*		2.0*				1.0
9	ZCuPb10Sn10	0.25	0.01	0.5	0.01	0.05	0.10				2.0*		2.0*		0.2		1.0

续表

序号	合金牌号	杂质元素含量(质量分数)/(%) ≤															
		Fe	Al	Sb	Si	P	S	As	C	Bi	Ni	Sn	Zn	Pb	Mn	其他	总和
10	ZCuPb15Sn8	0.25	0.01	0.5	0.01	0.10	0.10				2.0*		2.0*		0.2		1.0
11	ZCuPb17Sn4Zn4	0.4	0.05	0.3	0.02	0.05											0.75
12	ZCuPb20Sn5	0.25	0.01	0.75	0.01	0.10	0.10				2.5*		2.0*		0.2		1.0
13	ZCuPb30	0.5	0.01	0.2	0.02	0.08		0.10		0.005		1.0*			0.3		1.0
14	ZCuAl8Mn13Fe3				0.15				0.10				0.3*	0.02			1.0
15	ZCuAl8Mn13Fe3Ni2				0.15				0.10				0.3*	0.02			1.0
16	ZCuAl8Mn14Fe3Ni2				0.15				0.10					0.02			1.0
17	ZCuAl9Mn2			0.05	0.20	0.10		0.05				0.2	1.5*	0.1			1.0
18	ZCuAl8Be1Co1			0.05	0.10				0.10					0.02			1.0
19	ZCuAl9Fe4Ni4Mn2				0.15				0.10					0.02			1.0
20	ZCuAl10Fe4Ni4			0.05	0.20	0.1		0.05				0.2	0.5	0.05	0.5		1.5
21	ZCuAl10Fe3				0.20						3.0*	0.3	0.4	0.2	1.0*		1.0
22	ZCuAl10Fe3Mn2			0.05	0.10	0.01		0.01				0.1	0.5*	0.3			0.75
23	ZCuZn38	0.8	0.5	0.1		0.01				0.002		2.0*					1.5
24	ZCuZn21Al5Fe2Mn2			0.1										0.1			1.0
25	ZCuZn25Al6Fe3Mn3				0.10						3.0*	0.2		0.2			2.0
26	ZCuZn26Al4Fe3Mn3				0.10						3.0*	0.2		0.2			2.0
27	ZCuZn31Al2	0.8										1.0*		1.0*	0.5		1.5
28	ZCuZn35Al2Mn2Fe1				0.10						3.0*	1.0*		0.5		Sb+P+As 0.40	2.0
29	ZCuZn38Mn2Pb2	0.8	1.0*	0.1								2.0*					2.0
30	ZCuZn40Mn2	0.8	1.0*	0.1								1.0					2.0
31	ZCuZn40Mn3Fe1		1.0*	0.1								0.5		0.5			1.5
32	ZCuZn33Pb2	0.8	0.1		0.05	0.05					1.0*	1.5*			0.2		1.5
33	ZCuZn40Pb2	0.8		0.05							1.0*	1.0*			0.5		1.5
34	ZCuZn16Si4	0.6	0.1	0.1								0.3		0.5	0.5		2.0

续表

序号	合金牌号	杂质元素含量(质量分数)/(%) ≤															
		Fe	Al	Sb	Si	P	S	As	C	Bi	Ni	Sn	Zn	Pb	Mn	其他	总和
35	ZCuNi10Fe1Mn1				0.25	0.02	0.02		0.1					0.01			1.0
36	ZCuNi30Fe1Mn1				0.5	0.02	0.02		0.15					0.01			1.0

注:1. 有“*”符号的元素不计入杂质总和。

2. 未列出的杂质元素,计入杂质总和。

表 3-3 铸造铜和铜合金室温力学性能

序 号	合金牌号	铸造方法	室温力学性能,不低于			
			抗拉强度 R_m/MPa	屈服强度 $R_{p0.2}$/MPa	伸长率 A/(%)	布氏硬度(HBW)
1	ZCu99	S	150	40	40	40
2	ZCuSn3Zn8Pb6Ni1	S	175		8	60
		J	215		10	70
3	ZCuSn3Zn11Pb4	S、R	175		8	60
		J	215		10	60
4	ZCuSn5Pb5Zn5	S、J、R	200	90	13	60*
		Li、La	250	100	13	65*
5	ZCuSn10P1	S、R	220	130	3	80*
		J	310	170	2	90*
		Li	330	170	4	90*
		La	360	170	6	90*
6	ZCuSn10Pb5	S	195		10	70
		J	245		10	70
7	ZCuSn10Pb2	S	240	120	12	70*
		J	245	140	6	80*
		Li、La	270	140	7	80*
8	ZCuPb9Sn5	La	230	110	11	60
9	ZCuPb10Sn10	S	180	80	7	65*
		J	220	140	5	70*
		Li、La	220	110	6	70*

续表

序　　号	合 金 牌 号	铸 造 方 法	室温力学性能，不低于			
			抗拉强度 R_m/MPa	屈服强度 $R_{p0.2}$/MPa	伸长率 A /(%)	布氏硬度 (HBW)
10	ZCuPb15Sn8	S	170	80	5	60*
		J	200	100	6	65*
		Li、La	220	100	8	65*
11	ZCuPb17Sn4Zn4	S	150		5	55
		J	175		7	60
12	ZCuPb20Sn5	S	150	60	5	45*
		J	150	70	6	55*
		La	180	80	7	55*
13	ZCuPb30	J				25
14	ZCuAl18Mn13Fe3	S	600	270	15	160
		J	650	280	10	170
15	ZCuAl18Mn13Fe3Ni2	S	645	280	20	160
		J	670	310	18	170
16	ZCuAl18Mn14Fe3Ni2	S	735	280	15	170
17	ZCuAl9Mn2	S、R	390	150	20	85
		J	440	160	20	95
18	ZCuAl8Be1Co1	S	647	280	15	160
19	ZCuAl9Fe4Ni4Mn2	S	630	250	16	160
20	ZCuAl10Fe4Ni4	S	539	200	5	155
		J	588	235	5	166
21	ZCuAl10Fe3	S	490	180	13	100*
		J	540	200	15	110*
		Li、La	540	200	15	110*
22	ZCuAl10Fe3Mn2	S、R	490		15	110
		J	540		20	120
23	ZCuZn38	S	295	95	30	60
		J	295	95	30	70
24	ZCuZn21Al5Fe2Mn2	S	608	275	15	160

续表

序号	合金牌号	铸造方法	室温力学性能，不低于			
			抗拉强度 R_m/MPa	屈服强度 $R_{p0.2}$/MPa	伸长率 A /(%)	布氏硬度 (HBW)
25	ZCuZn25Al6Fe3Mn3	S	725	380	10	160*
		J	740	400	7	170*
		Li、La	740	400	7	170*
26	ZCuZn26Al4Fe3Mn3	S	600	300	18	120*
		J	600	300	18	130*
		Li、La	600	300	18	130*
27	ZCuZn31Al2	S、R	295		12	80
		J	390		15	90
28	ZCuZn35Al2Mn2Fe1	S	450	170	20	100*
		J	475	200	18	110*
		Li、La	475	200	18	110*
29	ZCuZn38Mn2Pb2	S	245		10	70
		J	345		18	80
30	ZCuZn40Mn2	S、R	345		20	80
		J	390		25	90
31	ZCuZn40Mn3Fe1	S、R	440		18	100
		J	490		15	110
32	ZCuZn33Pb2	S	180	70	12	50*
33	ZCuZn40Pb2	S、R	220		15	80*
		J	280	120	20	90*
34	ZCuZn16Si4	S、R	345	180	15	90
		J	390		20	100
35	ZCuNi10Fe1Mn1	S、J、Li、La	310	170	20	100
36	ZCuNi30Fe1Mn1	S、J、Li、La	415	220	20	140

注：1. 有“*”符号的数值为参考值。

2. 布氏硬度试验力的单位为牛顿。

3. Li——离心铸造；La—连续铸造。

1. 铸造青铜

铸造青铜习惯上分为铸造锡青铜和铸造无锡青铜。

1）铸造锡青铜

铸造锡青铜最重要的组元是锡，常加锌、铅、磷、镍等元素。此系合金的耐磨性及抗蚀性均良好。它们在凝固时表现出来的收缩比较小，故其铸造工艺较简便，易于铸造出复杂铸件；但易形成缩松，铸件气密性差。常用作耐蚀或耐磨件，如管配件、轴瓦、蜗轮。

2）铸造铅青铜

铸造铅青铜主要的组元是铅，大多加锡。此系合金的摩擦系数很小，耐磨性很好，而机械性能很差。常用作高负荷高滑速轴承等。

3）铸造铝青铜

铸造铝青铜最重要的组元是铝，常加铁、锰及镍等元素。此系合金有很高的机械性能；抗蚀性、耐磨性和气密性都较好。可用于要求高强度的零件，如齿轮、蜗轮等，并可部分取代锡青铜。

2. 铸造黄铜

铸造黄铜主要和重要组元都是锌，除二元黄铜外，还常含铝、锰、硅、铅等，称为铝黄铜、锰黄铜、硅黄铜、铅黄铜等。铝黄铜和锰黄铜还常含铁。它们有良好的机械性能和抗蚀性能（但在海水中有“脱锌腐蚀”），铸件有良好的气密性。黄铜熔点较青铜低，熔铸工艺都较简便，可作一般小结构件及耐蚀和耐磨件。

铸铜合金很少进行强化热处理，上述国标中没有标明热处理状态，而仅规定了铸造方法（实即冷却速度）对机械性能的影响。

3.2 铸造青铜

3.2.1 铸造二元锡青铜

Cu-Sn 二元相图（见图 3-1）中存在 α、β、γ、δ 等几个相，其中 α 相是固溶体，面心立方晶格，故保留纯铜的良好塑性。β 相是以 Cu_5Sn 为基的固溶体，体心立方晶格，高温时存在，降温过程中被分解。γ 相是以 CuSn 为基的固溶体，性能和 β 相相近。δ 相是以 $Cu_{31}Sn_8$ 为基的固溶体，复杂立方晶格，常温下存在，硬而脆。

在锡青铜的铸态不平衡组织中，α(Cu) 的枝晶有严重的晶内偏析，晶轴区含锡少，而枝晶边界区则富锡，金相组织两区呈黑白不同颜色（见图 3-2）。当 Sn 含量超过 6%后，铸态组织中还会出现 α+δ 共析体，如图 3-3 中带斑纹的不规则块状相。

Cu-Sn 二元合金的力学性能取决于组织中 α+δ 共析体所占的比例，即含锡量及冷却速度决定合金的力学性能。从图 3-4 中可知，含锡 7%～10%的合金具有最佳的综合力学性能。

锡青铜的结晶温度范围很宽，呈糊状凝固，枝晶发达，铸件容易发生热裂；锡青铜在凝固时会产生严重的晶内（枝晶）偏析，锡青铜的反偏析倾向较大。反偏析是锡青铜铸件中常见的缺陷，铸件表面会渗出灰白色颗粒状的富锡分泌物，俗称冒“锡汗”。出现反偏析的原因是锡青铜的结晶温度范围宽，枝晶发达，低熔点的富锡 δ 相被包围在 α 枝晶间隙中，此时氢的溶解度因温度下降而急剧降低，呈气泡形式析出，产生背压，把富锡熔体推向枝晶间隙中心。而在凝固后期，铸件从内到外仍存在着大量的显微通道，在氢气泡形成的背压和固态收缩力内外交攻下，迫使富锡熔体沿枝晶间的显微通道向铸件表面渗出，堆积在铸件表面。

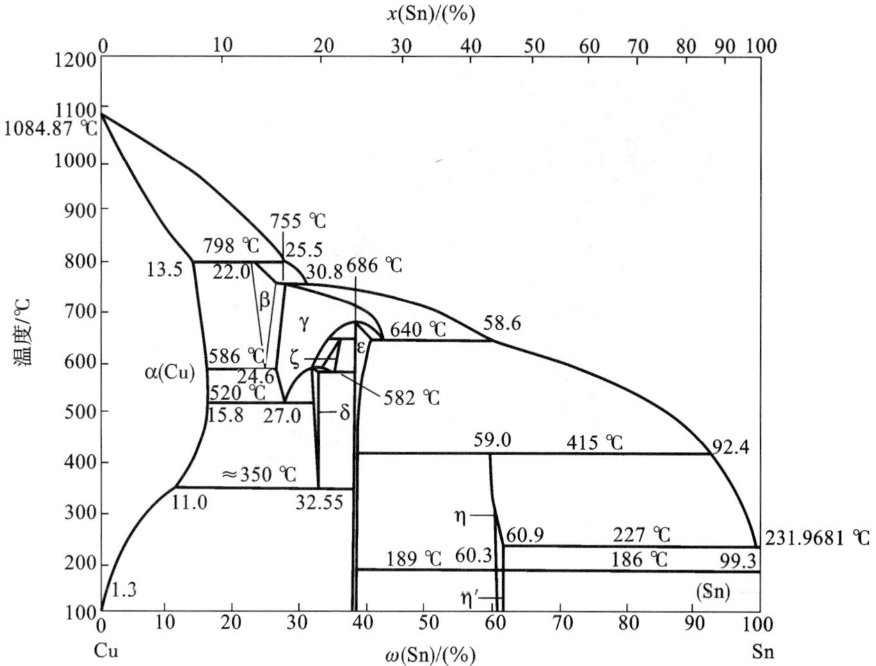

图 3-1　Cu-Sn 二元相图

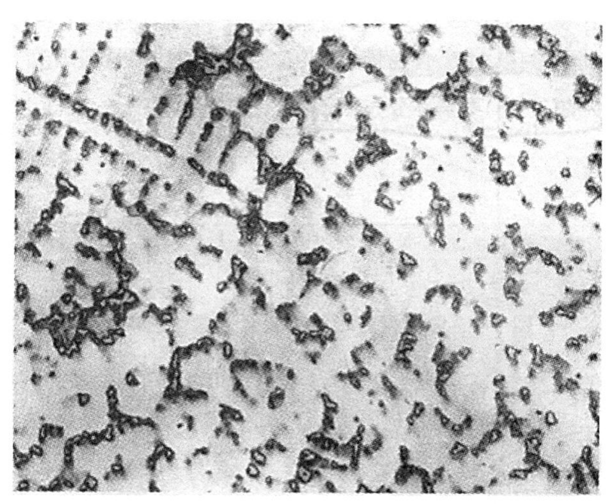

图 3-2　锡青铜(6%Sn)铸态金相组织

3.2.2　铸造铝青铜

在 Cu-Al 二元相图(见图 3-5)中，只存在 α、β、γ_2 三种相，α 相是固溶体，面心立方晶格，故保留纯铜的良好塑性。β 相是以 Cu_3Al 为基的固溶体，体心立方晶格，高温时存在，降温过程中被分解，具有较高的强度和塑性。在铸造条件下当铝含量大于 7%时，组织中在 α(Cu)枝晶间会出现 β→α+γ_2 共析体(见图 3-6)。γ_2 相是以 $Cu_{32}Al_{19}$ 为基的固溶体，复杂立方晶格，硬而脆，合金塑性下降。

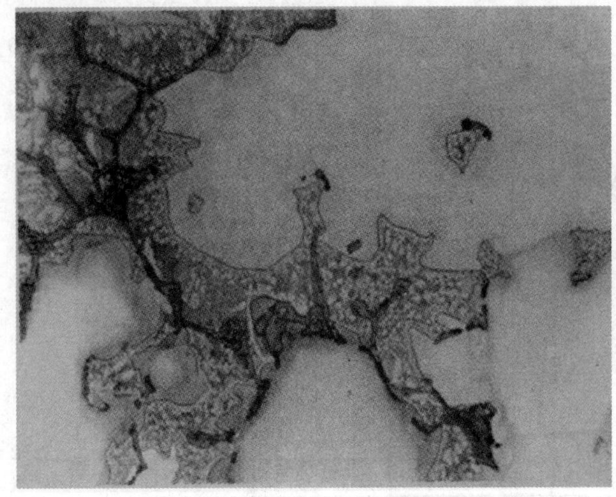

图 3-3　铸造锡青铜(10%Sn)铸态组织

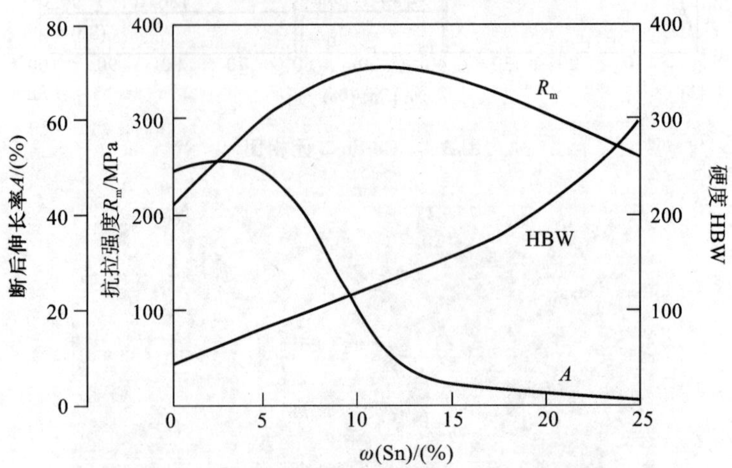

图 3-4　含锡量对锡青铜合金力学性能的影响

铝含量对铝青铜的性能影响很大。当铝含量较低时，随着铝含量的增加，合金强度和塑性上升。当铝含量大于 11%时，共析体量多到在晶界形成网状，塑性降至极低，使强度也显著下降。因此，铝青铜的含铝量一般控制在 9%～11%。

从图 3-5 可知，铝青铜的结晶温度范围很小，流动性好，铸件组织致密，壁厚效应小；凝固时的体收缩率较大，达 4.1%左右，容易形成集中性大缩孔；熔炼铝青铜时，易氧化产生 Al_2O_3，需除渣除气；铝青铜的线收缩率大，易产生裂纹。

3.2.3　铸造铅青铜

从 Cu-Pb 二元相图(见图 3-7)中可以看出，铅几乎不溶于铜中。含铅低于 36%，降温时，先析出 α 相。α 相可以看作纯铜，常温下的组织为树枝晶 α 及填满树枝晶间隙的 Pb，如图 3-8 所示，在铜的基体上均匀分布着的铅，有自润滑作用，摩擦系数很小，耐磨性能优良。

铅青铜耐磨性很好，摩擦系数小，疲劳性能较好，在冲击下不易开裂，可用作承受高压、高

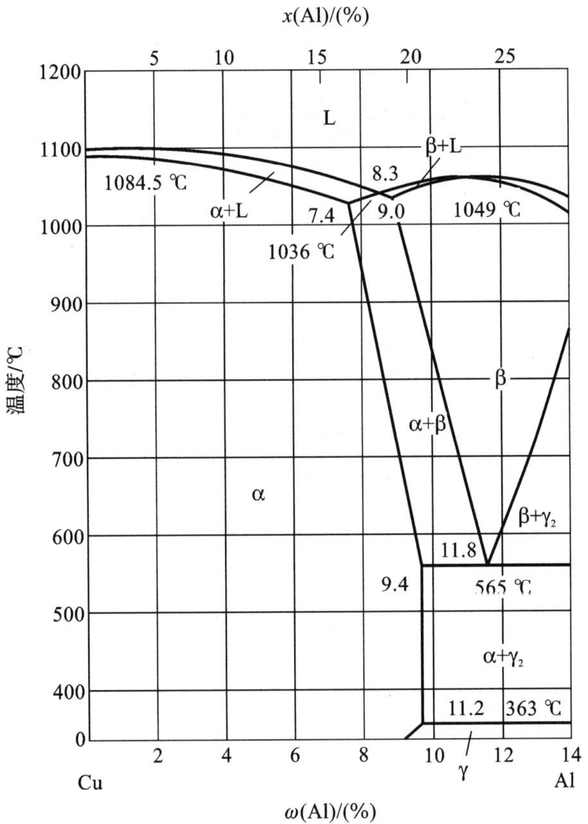

图 3-5 Cu-Al 二元相图

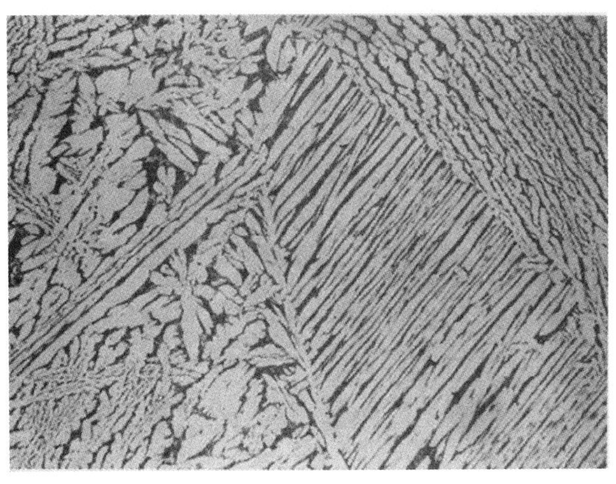

图 3-6 铝青铜(9%Al)铸态组织($\alpha+\gamma_2$,灰色)

转速并受冲击的重要轴套。导热性好,不易因摩擦发热而与轴颈黏结,工作温度允许达 300 ℃。铅青铜力学性能很低,不能作单体轴承,只能镶铸在钢套内壁上,制成双金属轴承;其次,容易比重偏析,浇注时必须采用水冷金属型,控制浇注速度。

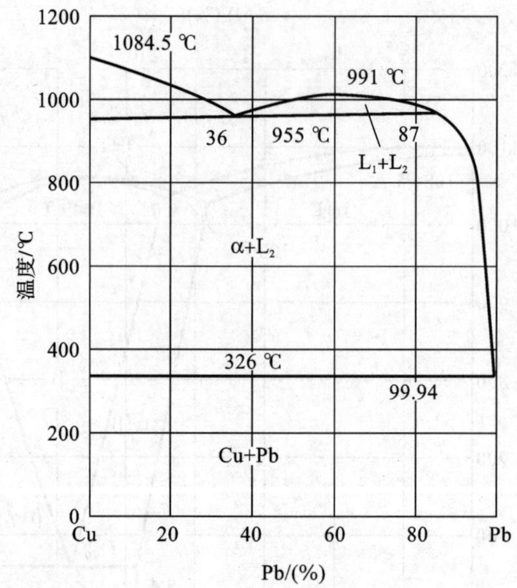

图 3-7　Cu-Pb 二元相图

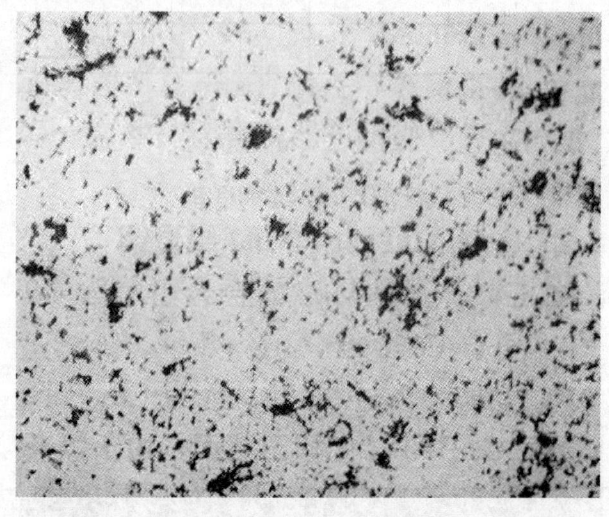

图 3-8　ZCuPb30 的显微组织

3.3　铸造黄铜

3.3.1　铸造黄铜的特点

铸造黄铜的铸造性能好，有自发的除气作用，成本较低且力学性能比锡青铜好得多。容易发生脱锌腐蚀，所谓脱锌腐蚀是指在流动海水等介质中，黄铜内的锌逐渐溶失，留下海绵状的铜。

3.3.2 Cu-Zn 二元合金

从 Cu-Zn 二元相图(见图 3-9)中可以看出,固溶体的相区很宽,在平衡相图中,锌在 α 相中的最大溶解度为 39%,但在铸造条件下,由于非平衡结晶,在相同的温度 456 ℃,锌的最大溶解度降为 32%左右。

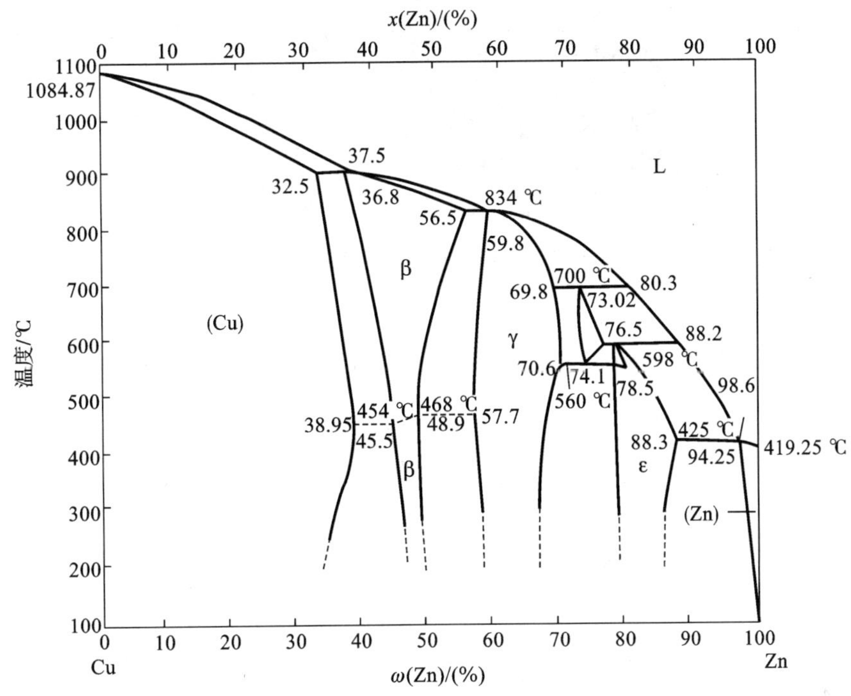

图 3-9 Cu-Zn 二元平衡相图

铸造黄铜基本上都是 α+β 两相组织(见图 3-10)。由于 Zn 在 α 中有较大的固溶度,因此,黄铜具有比青铜更高的抗拉强度。当含锌量达到 47%~50%时,组织为单相 β,如图 3-11 所示,强度可达最大值(R_m约为 380 MPa)。但随着含锌量的增加,组织中出现了 γ 相,使黄铜变得十分硬脆,塑性和强度较低,没有实用价值,因此,工业用黄铜的含 Zn 量一般低于 45%~47%。

Cu-Zn 二元合金的结晶温度范围很小,只有 30 ℃左右,流动性好,熔化温度比锡青铜低,但含 Zn 量为 40%的黄铜沸点只有 1050 ℃,往往低于熔炼温度,能带走铜液中的气体和夹杂物;锌本身是脱氧剂,因此不用脱氧,熔铸工艺比较简单,适宜用金属型铸造和压铸,能获得致密的铸件。黄铜的收缩率较大,容易生成集中缩孔,应按顺序凝固原则设计较大的冒口和冷铁相配合。

3.3.3 多元黄铜

1. ZCuZn16Si4(16-4 硅黄铜)

合金的成分为:Cu 含量 79%~81%,Si 含量 2.5%~4.5%,其余为 Zn。铸态组织由 α 固溶体和少量 α+γ 共析体组成(见图 3-12)。γ 相是以 Cu_5Zn_3 为基的固溶体,复杂立方晶格,室

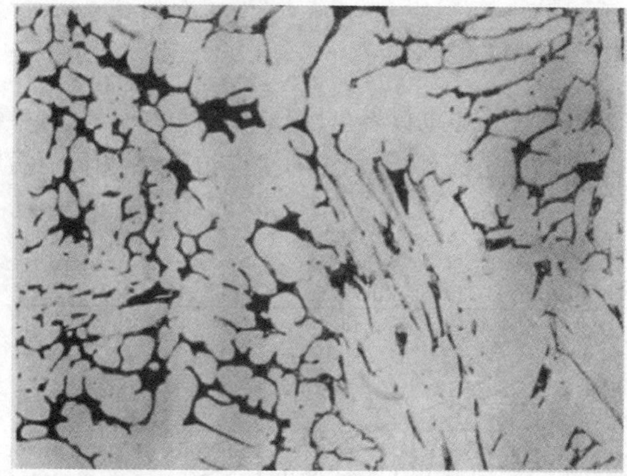

图 3-10　ZCuZn38 合金铸态显微组织

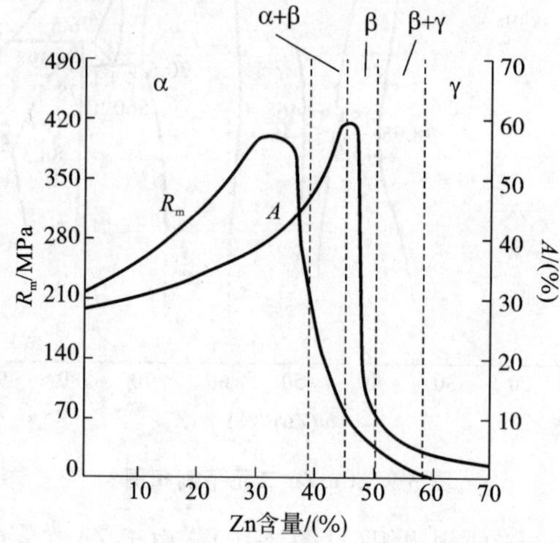

图 3-11　含锌量对铸造黄铜力学性能的影响

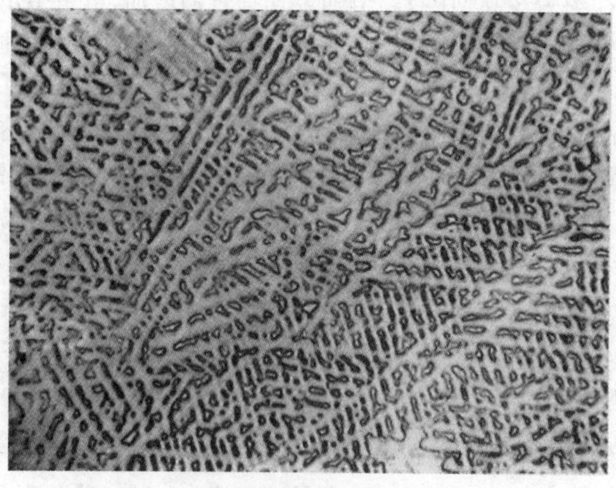

图 3-12　ZCuZn16Si4 合金铸态金相组织

温下硬而脆，溶入硅的 γ 相比例要小，过多时会使合金变脆。硅溶入 α 相中起固溶强化作用，在铸件表面形成一层黑色的致密保护膜 SiO_2，能提高抗蚀性，硅降低了熔点，明显缩小了结晶温度范围，其铸造性能是铸造黄铜中最好的，容易获得合格的铸件。金属型试块 $R_m \geqslant 390$ MPa，$A \geqslant 20\%$，适合金属型铸造或压铸。可用作复杂的船用泵壳、叶轮、水泵活塞、阀体等耐水压零件。

2. ZCuZn26Al4Fe3Mn3

该合金名称是 26-4-3-3 铝黄铜，成分：Cu 含量 60%～66%，Al 含量 2.5%～5%，Fe 含量 1.5%～4.0%，Mn 含量 1.5%～4.0%，其余为 Zn。铝、锰均能溶入 α 相、β 相中，强化合金，铁生成富铁 k 相，细化晶粒。合金的铸态金相组织见图 3-13。该合金力学性能很好，砂型试块 $R_m \geqslant 600$ MPa，$A \geqslant 18\%$。26-4-3-3 铝黄铜表面有一层致密的 Al_2O_3 保护膜，在大气、海水中有良好的抗蚀性，力学性能很好，因此常用作船、舰推进器。

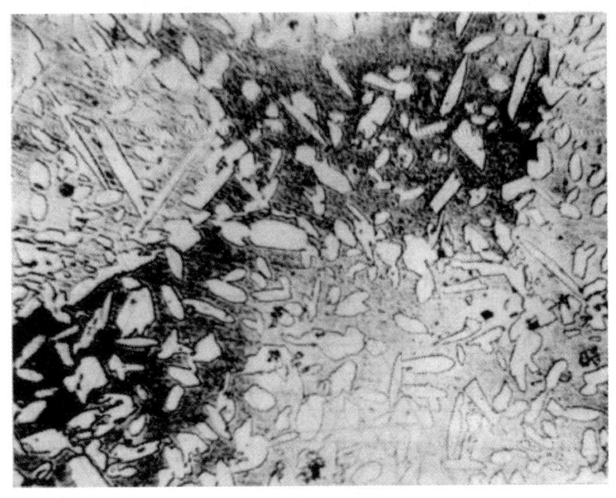

图 3-13　ZCuZn26Al4Fe3Mn3 合金铸态金相组织

思考题

1. 基本概念：脱锌腐蚀
2. 铸造锡青铜产生逆偏析的原因？

第 4 章 铸造钛合金和锌合金

4.1 铸造钛合金

钛在地壳中的储藏量极其丰富。在所有元素中，钛的储量占第九位；在常用金属元素中仅次于铝、铁和镁，居第四位。我国钛资源储量约占世界的 1/4。由于钛的活性高，分离提取困难，一直到 20 世纪 50 年代才成为具有工业意义的重要金属结构材料。我国海绵钛的生产能力居世界第五位。由于具有一系列优异特性，钛及其合金已广泛应用于航空、航天、航海、军械、石油化工、造纸、酸碱工业、体育器械以及医疗器械等领域。

钛在熔融状态下几乎能与所有的耐火材料起反应，导致钛的熔炼浇注工艺和造型工艺发展缓慢。第一个钛铸件是 1949 年由 Kroll 采用非自耗电极电弧炉熔炼并浇注出来的，但其设备和工艺方法不适合工业生产。1950 年由 Beal 等人在进行真空自耗电极电弧炉熔炼的试验时，发现大熔池能保持可供浇注铸件用的一定数量的熔融钛。于是，在 1956—1960 年间，美国矿业局研究出了真空电弧凝壳熔铸法，从 1964 年起，正式用于生产商业钛铸件。随着铸造钛合金材料和铸造工艺的研究以及设备的不断更新，钛及其合金铸件的生产获得了飞快发展，目前已能生产 700 kg 重的钛铸件，精密钛铸件的质量也达到了铸钢件的水平。但是，由于钛的提炼、熔铸和废料回收等工艺比较复杂，因此钛铸件的成本较高，推广应用受到一定的限制。

4.1.1 铸造钛合金的特性及分类

1. 十大特性

钛的密度小、强度高、韧性好、无磁性、熔点高、热膨胀系数低并具有优异的耐腐蚀和耐生物侵蚀的能力。总的来说，钛合金具有以下十大性能。

1）密度小、强度高、比强度大

钛的密度是 4.51 g/cm^3，为钢的 57%，钛比铝重不到两倍，强度比铝大三倍。钛合金的比强度是常用工业合金中最大的，钛合金的比强度是不锈钢的 3.5 倍；铝合金的 1.3 倍；镁合金的 1.7 倍，所以钛合金是宇航工业必不可少的结构材料。

2）耐蚀性能优异

钛的钝性取决于氧化膜的存在，它在氧化性介质中的耐蚀性比在还原介质中要好得多，在还原性介质中会发生高速率腐蚀。钛在一些腐蚀性介质中不被腐蚀，如海水、湿氯气、亚氯酸盐及次氯酸盐溶液、硝酸、铬酸、金属氯化物、硫化物以及有机酸等。

3）耐热性能好

通常铝在 150 ℃，不锈钢在 310 ℃即失去了原有性能，而钛合金在 500 ℃左右仍保持良好的力学性能。当飞机速度达到音速的 2.7 倍时，飞机结构表面温度达到 230 ℃，铝合金和镁合金已不能使用，而钛合金则能满足要求。钛的耐热性能好，它用于航空发动机压气机的叶盘和叶片以及飞机后机身的蒙皮。

4）低温性能好

某些钛合金（如 Ti-5Al-2.5SnELI）的强度随温度的降低而提高，但塑性降低得不多，在低温下仍有较好的延展性及韧性，适宜在超低温下使用。可以用于液氢液氧火箭发动机上，或在载人飞船上作超低温容器和贮箱使用。

5）无磁

钛无磁性，它用于潜艇壳体，不会引起水雷的爆炸。

6）热导率小

钛的热导率小，仅为钢的 1/5，铝的 1/13，铜的 l/25。导热性不好是钛的一个缺点。

7）弹性模量低

钛的弹性模量仅为钢的 55%，作为结构材料使用时，弹性模量低是个缺点。

8）抗拉强度与屈服强度很接近

Ti-6Al-4V 钛合金抗拉强度为 960 MPa，屈服强度为 892 MPa，两者之差只有 68 MPa。

9）钛在高温下容易被氧化

钛同氢氧的结合力强，要注意防止氧化和吸氢。钛材焊接要在氩气保护下进行，防止污染。钛管与薄板要在真空下热处理，钛锻件在进行热处理时要注意控制微氧化性气氛。

10）抗阻尼性能低

用钛及其他金属材料（铜，钢）制成形状和大小完全一样的钟，用同等的力把每个钟敲一下就会发现，用钛做的钟振荡起来声音持续的时间长，即通过敲击给予钟的能量不容易消失，所以，我们说钛的阻尼性能低。

2. 分类

钛及其合金按退火组织分为三类，国标 GB/T 6614—2014 和 GB/T 15073—2014 中有 12 个牌号（见表 4-1 和表 4-2），用 ZT 表示铸钛。

表 4-1　钛及钛合金铸件成分(GB/T 6614—2014)

铸造钛及钛合金		化学成分(质量分数)/(%)																
		主要成分									杂质,不大于							
牌号	代号	Ti	Al	Sn	Mo	V	Zr	Nb	Ni	Pd	Fe	Si	C	N	H	O	其他元素	
																	单个	总和
ZTi1	ZTA1	余量	—	—	—	—	—	—	—	—	0.25	0.10	0.10	0.03	0.015	0.25	0.10	0.40
ZTi2	ZTA2	余量	—	—	—	—	—	—	—	—	0.30	0.15	0.10	0.05	0.015	0.35	0.10	0.40
ZTi3	ZTA3	余量	—	—	—	—	—	—	—	—	0.40	0.15	0.10	0.05	0.015	0.40	0.10	0.40
ZTiAl4	ZTA5	余量	3.3～4.7	—	—	—	—	—	—	—	0.30	0.15	0.10	0.04	0.015	0.20	0.10	0.40
ZTiAl5Sn2.5	ZTA7	余量	4.0～6.0	2.0～3.0	—	—	—	—	—	—	0.50	0.15	0.10	0.05	0.015	0.20	0.10	0.40
ZTiPd0.2	ZTA9	余量	—	—	—	—	—	—	—	0.12～0.25	0.25	0.10	0.10	0.05	0.015	0.40	0.10	0.40
ZTiMo0.3Ni0.8	ZTA10	余量	—	—	0.2～0.4	—	—	—	0.6～0.9	—	0.30	0.10	0.10	0.05	0.015	0.25	0.10	0.40
ZTiAl6Zr2Mo1V1	ZTA15	余量	5.5～7.0	—	0.5～2.0	0.8～2.5	1.5～2.5	—	—	—	0.30	0.15	0.10	0.05	0.015	0.20	0.10	0.40
ZTiAl4V2	ZTA17	余量	3.5～4.5	—	—	1.5～3.0	—	—	—	—	0.25	0.15	0.10	0.05	0.015	0.20	0.10	0.40
ZTiMo32	ZTB32	余量	—	—	30.0～34.0	—	—	—	—	—	0.30	0.15	0.10	0.05	0.015	0.15	0.10	0.40
ZTiAl6V4	ZTC4	余量	5.50～6.75	—	—	3.5～4.5	—	—	—	—	0.40	0.15	0.10	0.05	0.015	0.25	0.10	0.40
ZTiAl6Sn4.5Nb2Mo1.5	ZTC21	余量	5.5～6.5	4.0～5.0	1.0～2.0	—	—	1.5～2.0	—	—	0.30	0.15	0.10	0.05	0.015	0.20	0.10	0.40

注:1. 其他元素是指钛及钛合金铸件生产过程中固有存在的微量元素,一般包括 Al、V、Sn、Mo、Cr、Mn、Zr、Ni、Cu、Si、Nb、Y 等(该牌号中含有的合金元素应除去)。

2. 其他元素单个含量和总量只有在需方有要求时才考虑分析。

表 4-2 钛及钛合金铸件成分及机械性能(GB/T 15073—2014)

代号	牌　号	抗拉强度 R_m/MPa 不小于	屈服强度 $R_{p0.2}$/MPa 不小于	伸长率 A/(%) 不小于	硬度(HBW) 不大于
ZTA1	ZTi1	345	275	20	210
ZTA2	ZTi2	440	370	13	235
ZTA3	ZTi3	540	470	12	245
ZTA5	ZTiAl4	590	490	10	270
ZTA7	ZTiAl5Sn2.5	795	725	8	335
ZTA9	ZTiPd0.2	450	380	12	235
ZTA10	ZTiMo0.3Ni0.8	483	345	8	235
ZTA15	ZTiAl6Zr2Mo1V1	885	785	5	—
ZTA17	ZTiAl4V2	740	660	5	—
ZTB32	ZTiMo32	795	—	2	260
ZTC4	ZTiAl6V4	835(895)	765(825)	5(6)	365
ZTC21	ZTiAl6Sn4.5Nb2Mo1.5	980	850	5	350

注:括号内的性能指标为氧含量控制较高时测得。

1)α 型钛合金

其退火组织为全 α 相,国标牌号以 ZTA 表示,其后数字仅为序号。合金高温下组织稳定性能好,是耐热钛合金的基础,但常温强度不高。工业纯钛也属 α 型钛合金。

2) α+β 型钛合金

其退火组织为 α+β 相,国标牌号以 ZTC 表示。可进行热处理强化,强度较高。在 400~450 ℃下有良好的耐热性。但温度更高时,组织稳定性及焊接性较 α 型钛合金差。

3) β 型钛合金

其退火组织是 β 相,国标牌号为 ZTB。经淬火回火可获得很高的机械性能。

4.1.2 α 型钛合金

1. 工业纯钛

工业纯钛分 ZTAl、ZTA2、ZTA3 三个牌号。其中 ZTAl 杂质含量少,故塑性高而强度低。ZTA3 则杂质多,故强度高而塑性低。此合金铸态组织全为 α 相,呈粗晶魏氏组织,退火后组织变成等轴晶。铸造性能接近纯金属,流动性良好,无缩松易形成集中缩孔,无热裂倾向。工业纯钛具有中等的强度、良好的塑性;铸造性能、抗蚀性、焊接性均良好;可在 300 ℃下长期工作。

2. ZTA7(ZTiAl5Sn2.5)合金

ZTA7 钛合金是一种中等强度的 α 型单相钛合金,含有 5%α 稳定元素铝和 2.5%中性元素锡,其特点是热强度较好,还具有很好的熔焊性能。该合金不能通过热处理强化,通常是在退火状态下使用。它的工艺塑性较低,板材成形应在加热状态进行。

ZTA7 钛合金可用于制造机匣壳体、壁板等零件。该合金长期工作温度可达 500 ℃，短时工作温度可达 800 ℃。

3. ZTA9(ZTiPd0.2)合金

ZTA9 钛合金是一种优良的耐蚀钛合金，是在工业纯钛中加入少量的贵金属钯而形成的 α 型钛合金。钯的加入不仅显著提高了合金在还原性介质中的耐蚀性，也改善了其在氧化性介质中的耐蚀性。在高温、高浓度的各种含氯化物介质中，TA9 合金的抗缝隙腐蚀能力是最佳的。ZTA9 还具有与工业纯钛各牌号相似的应用。由于 Pd 的加入提高了钛材的成本，因此，ZTA9 是在工业纯钛不能满足使用要求的条件下被选用。TA9 合金主要应用于稀盐酸、稀硫酸、稀磷酸环境，也广泛用于钛设备以防止缝隙腐蚀。如用作列管式换热器和纺织的喷丝头等部件。在乙醛生产装置中，ZTA9 大量用来制造钛设备法兰衬环等，在其他的装置中也用来制造法兰和接头等有缝隙的零部件。

4. ZTA10(ZTiMo0.3Ni0.8)合金

ZTA10 钛合金是一种耐蚀钛合金，是为了改善纯钛的缝隙腐蚀性能而研制的近 α 合金，该合金中含有 0.3%的 Mo 和 0.8%的 Ni，不仅强化了合金，而且对高温、低 pH 值氯化物或弱还原性酸具有良好的抗缝隙腐蚀性能，其耐蚀性显著优于纯钛而接近 ZTA9 合金。ZTA10 合金还具有良好的工艺塑性和焊接性能，在化工行业已经得到了广泛的应用。

5. ZTA15(ZTiAl6Zr2Mo1V1)合金

ZTA15 钛合金的 Al 含量为 6.58%，Mo 含量为 1.46%，属于高 Al 含量的近 α 型钛合金。它既具有 α 型钛合金良好的热强性和可焊性，又具有接近于 α+β 型钛合金的工艺塑性。该合金长时间(3000 h)工作温度可达 500 ℃，瞬时(不超过 5 min)可达 800 ℃。450 ℃下工作时，寿命可达 6000 h。主要用于制造 500 ℃以下长时间工作的结构零件和焊接承力零部件。它应用于发动机的各种叶片、机匣；飞机的各种钣金件、梁、接头、大型壁板、焊接承力框等以及焊接结构件和铸件。

6. ZTA17(ZTiAl4V2)合金

ZTA17 钛合金具有良好的室温、高温力学性能，优异的抗疲劳和抗裂纹扩展能力，抗冲击性能优异，在多种介质中具有优异的抗腐蚀性能，同时可焊接，可冷、热成形。ZTA17 钛合金用途甚多，可用来制作导弹上的压力容器、火箭发动机壳体；在飞机上用于发动机的压气机盘、叶片、隔套、防护板、蒙皮、肋、腹板、主翼、横梁、水平尾翼以及旋翼桨毂、起落架、支撑梁、机轮轮毂等。在舰船工业中，ZTAl7 合金可用于水翼、行进器以及军械等。ZTA17 合金还可用于制作蒸气涡轮机叶片、轴流式和径流式气体压缩机盘、耐蚀弹簧和内燃发动机连杆等。

4.1.3 α+β 型钛合金

1. ZTC4(ZTiAl6V4)

ZTC4 钛合金是世界上开发最早、应用最广的钛合金。它的产量占全世界各种钛合金半成品总产量的一半以上，在航空航天工业中超过 80%。Al 通过固溶强化 α 相提高合金的室温强度和热强性能，而 V 既提高强度又改善塑性。V 还能抑制 α_2 超结构相的形成，避免合金在长时间使用过程中出现合金脆化。ZTC4 钛合金的主要特点是具有优异的综合性能和良好的工艺特性。还具有优良的超塑性，适合于用各种压力加工方法进行成形，并采用各种方式进行焊接。ZTC4 钛合金的主要半成品形式是棒材、锻件、薄板、厚板、型材和丝材等。该合金主要在退火状态下使用，也可以采用固溶时效强化。

ZTC4 钛合金在航空航天中主要用于制造飞机结构中的各种梁、隔框、滑轨、起落架梁，航空发动机的风扇和压气机叶盘、叶片，航天火箭的壳体、压力容器以及各种类型的紧固件。用 ZTC4 钛合金代替 30CrMnSiA 结构钢，可以减轻零件重量约 30%。ZTC4 钛合金在民用行业中也获得了广泛应用。例如电力工业中的燃气轮机叶片、造船工业中的船舶推进器、海洋工程中的近海油田钻井平台、化学工业中的各种耐蚀泵、医学中的人工植入物、各种运动器材等。TC4 钛合金可用于制造汽车车架、曲柄轴、连杆、螺栓、进油阀和悬挂弹簧等。

2. ZTC21(ZTiAl6Sn4.5Nb2Mo1.5)

ZTC21 钛合金是我国近年开发的 α+β 型两相结构钛合金，具有自主知识产权。它的主要性能特点是高强、高韧、高损伤容限、可焊，可在 500 ℃以下长期工作。ZTC21 钛合金最适合于制造各类结构锻件及零部件，在航空航天工业和民用行业中可望获得广泛应用。其主要半成品是棒材、锻件、厚板等。

4.1.4 β 型钛合金

全 β 型 ZTB32(ZTiMo32)钛合金的主要特点是耐腐蚀能力极高，可用各种方式进行焊接，但不能进行热处理强化。由于合金中含有大量钼，给熔炼工艺带来困难，也导致其密度高达 5.69 g/cm^3 和弹性模量降低，在 500 ℃以上的空气中加热时氧化非常剧烈。因此，ZTB32 合金仅适用于制造耐强酸的泵和阀门一类的铸件。

4.1.5 钛合金的铸造性能

钛合金中添加合金元素会增大结晶温度范围，使流动性变差(见图 4-1)。但是随着铝含量的增加，结晶热有显著提高，从而改善了流动性。例如，在钛中加入质量分数为 10%的 Al，结晶热由 327J/g 提高到 435J/g。ZTB32 钛合金因含有质量分数为 31%～35%的 Mo，结晶温度范围较大，流动性差，不适用于铸造薄壁零件。

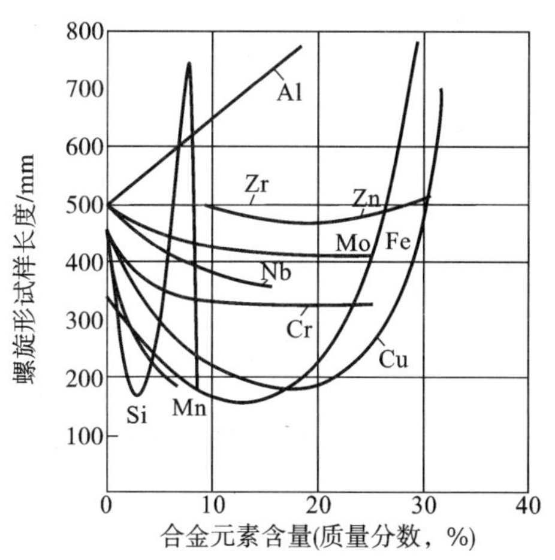

图 4-1 合金元素对流动性的影响

工业纯钛中的集中缩孔的体积分数为 1%左右，当添加元素质量分数达 10%时，集中缩孔的体积分数为 0.5%～1.5%。结晶温度范围宽的合金铸件的凝固过程中所形成的缩孔，通常被剩余液体中的气体填充而形成气缩孔。钛合金铸件形成气缩孔的倾向性较大。随着结晶温度范围的增大，合金中分散性缩松的体积也增大。钛合金的结晶温度范围对铸件缩松的影响见图 4-2。

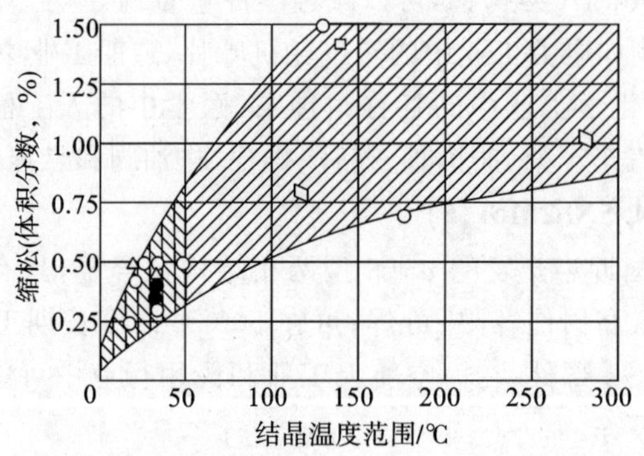

图 4-2　钛合金的结晶温度范围对铸件缩松的影响

○—Al　△—Zr　□—Fe　●—Si　◇—Cu

工业纯钛的线收缩率为 1.0%～1.1%。钛合金的线收缩率随铝含量的提高而增加。钛合金的弹性模量和线膨胀系数小，高温下的强度较高，因而抗热裂性好。铸件表面产生冷裂的原因与浇注过程中钛液和铸型互相反应或铸件表面和间隙中的气体杂质起反应形成“α 层”有关。铸件表面的“α 层”很脆，极易产生表面冷裂。

4.2　铸造锌合金

4.2.1　铸造锌合金的特性及分类

1. 特性

锌是六方晶型，密度为 7.14 g/cm³，熔点为 419.5 ℃。纯锌的强度、塑性都低，较硬而脆。合金化后机械性能、硬度和湿耐磨性都比较好；但伸长率、冲击韧性和耐热性仍较差。锌的化学活性较强，抗蚀性不好，不宜在酸、碱、海水等条件下工作。锌合金流动性好、浇注温度低，很适宜于压铸，制作各种壳体零件。同时，在润滑条件良好时，可以代替锡青铜和巴氏合金作一般机械设备的轴承、轴套、压板等。它的线膨胀较大，与轴承的配合间隙应略增大。

2. 合金牌号及分类

按照最新标准(GB/T 1175—2018)，铸造锌合金的牌号、名称、化学成分列于表 4-3 中，力学性能列于表 4-4 中。

表 4-3 铸造锌合金化学成分

序号	合金牌号	合金代号	合金元素/(%)			杂质元素/(%)不大于					
			Al	Cu	Mg	Zn	Fe	Pb	Cd	Sn	其他
1	ZZnAl4Cu1Mg	ZA4-1	3.9～4.3	0.7～1.1	0.03～0.06	余量	0.02	0.003	0.003	0.0015	Ni0.001
2	ZZnAl4Cu3Mg	ZA4-3	3.9～4.3	2.7～3.3	0.03～0.06	余量	0.02	0.003	0.003	0.0015	Ni0.001
3	ZZnAl6Cu1	ZA6-1	5.6～6.0	1.2～1.6	—	余量	0.02	0.003	0.003	0.001	Mg0.005 Si0.02 Ni0.001
4	ZZnAl8CulMg	ZA8-1	8.2～8.8	0.9～1.3	0.02～0.03	余量	0.035	0.005	0.005	0.002	Si0.02 Ni0.001
5	ZZnAl9Cu2Mg	ZA9-2	8.0～10.0	1.0～2.0	0.03～0.06	余量	0.05	0.005	0.005	0.002	Si0.05
6	ZZnAl11Cu1Mg	ZA11-1	10.8～11.5	0.5～1.2	0.02～0.03	余量	0.05	0.005	0.005	0.002	
7	ZZnAl11Cu5Mg	ZA11-5	10.0～12.0	4.0～5.5	0.03～0.06	余量	0.05	0.005	0.005	0.002	Si0.05
8	ZZnAl27Cu2Mg	ZA27-2	25.5～28.0	2.0～2.5	0.012～0.02	余量	0.07	0.005	0.005	0.002	

表 4-4 铸造锌合金的力学性能

序号	合金牌号	合金代号	铸造方法及状态	抗拉强度 R_m/MPa ≥	伸长率 A/(%) ≥	布氏硬度(HBW) ≥
1	ZZnAl4Cu1Mg	ZA4-1	JF	175	0.5	80
2	ZZnAl4Cu3Mg	ZA4-3	SF	220	0.5	90
			JF	240	1	100
3	ZZnAl6Cul	ZA6-1	SF	180	1	80
			JF	220	1.5	80
4	ZZnAl8Cu1Mg	ZA8-1	SF	250	1	80
			JF	225	1	85
5	ZZnAl9Cu2Mg	ZA9-2	SF	275	0.7	90
			JF	315	1.5	105

续表

序号	合金牌号	合金代号	铸造方法及状态	抗拉强度 R_m/MPa ≥	伸长率 A/(%) ≥	布氏硬度(HBW) ≥
6	ZZnAl11Cu1Mg	ZA11-1	SF	280	1	90
			JF	310	1	90
7	ZZnAl11Cu5Mg	ZA11-5	SF	275	0.5	80
			JF	295	1	100
8	ZZnAl27Cu2Mg	ZA27-2	SF	400	3	110
			ST3 *	310	8	90
			JF	420	1	110

注:ST3 * 工艺为加热到 320 ℃后保温 3 h,然后随炉冷却。

锌合金的主要组元是铝、铜、镁,根据铝量可分为以下三类。

(1) 亚共晶型:含铝 4%左右。强度低,铸造性能好,多用于压铸,作非承力壳体等零件。

(2) 过共晶型:含铝 10%左右。强度较高,作一般的轴承等耐磨件。

(3) 包晶型:含铝 27%左右。强度很高,耐磨性好,适于作低中速高载荷的耐磨件。

4.2.2 组元和杂质对锌合金组织、性能的影响

1. 铝

铝是锌合金最主要的合金元素。随着铝量增加,锌合金由共晶组织→过共晶组织→包晶组织;铝能够强化基体和减轻氧化倾向,同时提高抗蚀性,但有晶间腐蚀倾向。

2. 铜

铜能够强化合金,提高硬度和耐磨性,提高流动性,有显著防止晶间腐蚀的作用。

3. 镁

镁能够降低共析温度,抑制 β 相的分解;可减弱合金老化,降低晶间腐蚀倾向。

4. 杂质

常见杂质有铅、锡、镉等,这些杂质会降低合金的机械性能,引起晶间腐蚀。铁会降低机械性能和切削性能。硅有与铁类似的危害。

4.2.3 常用锌合金

1. ZA4-1

ZA4-1 属于亚共晶锌铝合金,其成分为:Al 含量 3.9%～4.3%、Cu 含量 0.7%～1.1%、Mg 含量 0.03%～0.06%,其余为 Zn。合金的铸态组织为:η 固溶体、二元共晶(η+β)及微量的三元共晶(η+β+ε)(见图 4-3)。合金的机械性能较差,流动性好,适用于压铸,可浇注壁厚 0.8 mm 的形状复杂的压铸件。

2. ZA11-5

ZA11-5 为过共晶锌铝合金,其成分为:Al 含量 10.0%～12.0%、Cu 含量 4.0%～5.5%、

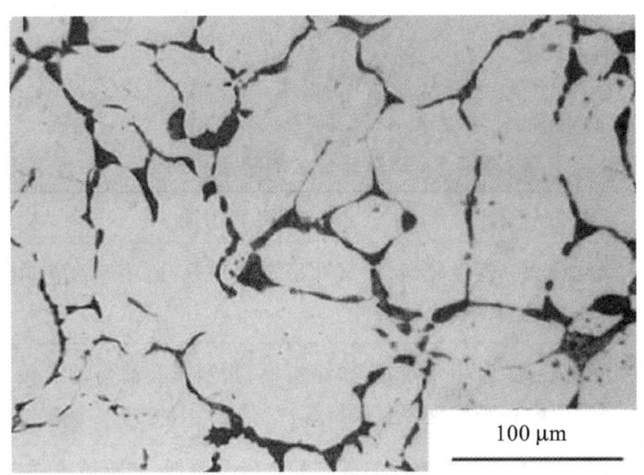

图 4-3　ZZnAl4-1 锌合金铸态金相组织

Mg 含量 0.03%～0.06%，其余为 Zn。合金的铸态组织为：固溶体、包共晶 L＋α(Al、Cu)→(β＋ε)及三元共晶体(β＋ε＋η)。合金的机械性能好，最低性能砂型试棒：R_m＝280 MPa、A＝0.5%、HBW＝80。多用于砂型、金属型铸造一般的轴承等耐磨件，工作温度不高于 80 ℃，这是很大的局限性。

3. ZA27-2

ZA27-2 作为一种高强度铸锌合金，其成分为：Al 含量 25.5%～28%、Cu 含量 2%～2.5%、Mg 含量 0.012%～0.02%，其余为 Zn。铸态组织为：固溶体树枝晶，其周围分布有富锌相和 ε 相(见图 4-4)。该合金强度、硬度高，塑性较好，耐磨性高。合金的流动性好，晶内和重力偏析倾向较大，有底部缩松倾向，吸气性较大，浇注温度高。我国锌资源丰富，因此高强度锌合金的应用前景十分广阔。

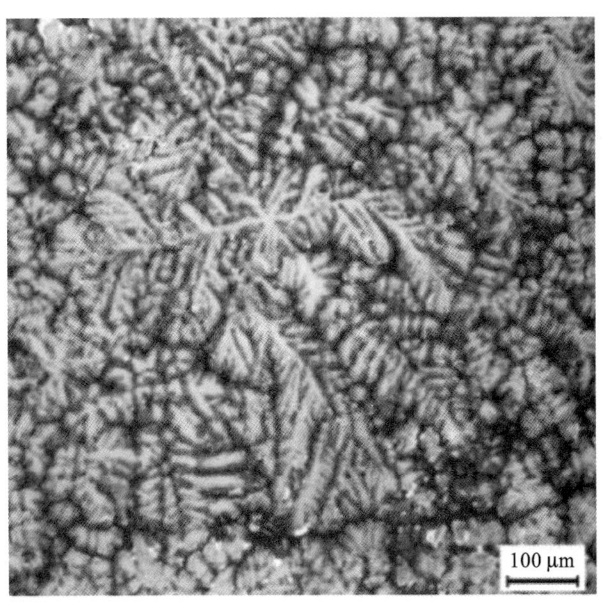

图 4-4　ZA27-2 锌合金铸态金相组织

4.2.4 特点和用途

典型铸造锌合金的特点及用途见表 4-5。

表 4-5 铸造锌合金的特点和用途

合金代号	特点和用途
ZA4-1	铸造性好、耐蚀性好、强度较高，但尺寸稳定性稍差，适用于汽车、电气等工业部门，不要求高精度的装饰性零配件及壳体铸件
ZA4-3	铸造性好、强度较高，常用做模具，如注塑模、吹塑模及简易冲压模具等。还可用于汽车及其他工业部门用的各种砂型及金属型铸件
ZA6-1	铸造性好，用于技术难度要求高的砂型和金属型铸件，如军械铸件、仪表铸件
ZA9-2 ZA11-5	铸造性好、强度较高、耐磨性较好，可用做锡青铜及低锡轴承合金的代用品，制造在 80 ℃以下工作的各种起重运输设备、机床、水泵、鼓风机等的轴承
ZA8-1	铸造性好，特别适合于金属型铸造，也可用热室压铸。可用于管接头、阀、电气开关和变压器铸件，以及工业用滑轮和带轮、客车和运输车辆零件、灌溉系统零件、小五金零件
ZA11-1	铸造性好，强度较高，耐磨性好，适合于金属型、砂型铸造，也可用于冷室压铸。可制造有润滑的轴承、轴套、抗擦伤的耐磨零件、气压及液压配件、工业设备及农机具零件、运输车辆和客车零件
ZA27-2	重量较轻、强度高、耐磨性好、工作温度可至 150 ℃。可用于砂型、金属型铸造，也可用冷室压铸。适合于制造高强度薄壁零件、抗擦伤的耐磨零件、轴套、气压及液压配件、工业设备及农机具零件、运输车辆和客车零件

思考题

1. 铸造锌合金按铝量可分为哪几类？
2. 钛合金按退火组织分为哪几类？

第 5 章 铸造高温合金

5.1 概　　述

5.1.1 航空发动机对高温合金的要求

高温合金又称耐热合金、热强合金或超合金，是在 20 世纪 40 年代随着航空涡轮发动机的出现而发展起来的一种重要金属材料，能在 600～1100 ℃，甚至更高的氧化气氛和燃气腐蚀条件下长时间承受较大的工作负荷，主要用于燃气轮机的热端部件，是航空、航天、舰船、发电、石油化工和交通运输工业的重要结构材料。在航空发动机上主要用于制作热端部件，如涡轮工作叶片、导向叶片、涡轮盘和燃烧室等部件。

涡轮工作叶片和导向叶片是发动机的最关键部件之一。为了提高发动机的效率，必须不断提高涡轮燃气进口温度。从 20 世纪 40 年代的 780 ℃已提高到 20 世纪 90 年代的 1370 ℃，将来可能达到 1650 ℃。同时材料除受高温氧化外，还有燃料，特别是含硫和其他杂质较高的低级燃料的热腐蚀。此外，温度的急剧变化也将引起对材料的热冲击。

综上所述，要求高温合金应具有一定特性：良好的高温抗氧化性能和抗燃气腐蚀能力；足够高的热强性和综合力学性能；高温长时间工作条件下的组织稳定性；良好的工艺性能，如铸造性能、热加工性和切削加工性等。

5.1.2 高温合金分类及牌号

高温合金按合金基体可分为镍基、铁基和钴基高温合金。按照合金的主要强化特征分为固熔强化型和时效强化型高温合金。按生产工艺可分为变形、铸造和粉末冶金高温合金。铸造高温合金是其中的重要分支，随着精密铸造工艺和冷却技术的发展，其用途越来越广泛。20 世纪 60 年代中期以来，又发展出一系列性能更高的定向凝固合金和单晶合金，至今已被广泛用作先进航空发动机和地面燃气涡轮机零件的高温材料。

我国高温合金牌号的表示方法如下：变形高温合金用“GH”作为前缀，后接四位阿拉伯数字。铸造高温合金用“K”作为前缀，后接三位阿拉伯数字。“GH”和“K”后第一位数字表示分类号，即 1 表示固溶强化型铁基合金；2 表示时效硬化型铁基合金；3 表示固溶强化型镍基合金；4 表示时效硬化型镍基合金；6 表示时效硬化型钴基合金。“GH”后第二、三、四位数字和“K”后第二、三位数字都表示合金编号。

我国的高温合金已自成体系，仅铸造高温合金就有 60 多种，本章只选入其中的一部分，列于表 5-1。

表 5-1　铸造高温合金牌号及其化学成分

等轴晶铸造高温合金化学成分(质量分数)/(%)

合金牌号	C	Cr	Ni	Co	W	Mo	Al	Ti	Fe
K403	0.11~0.18	10.00~12.00	余	4.50~6.00	4.80~5.50	3.80~4.50	5.30~5.90	2.30~2.90	≤2.00
K406	0.10~0.20	14.00~17.00	余	—	—	4.50~6.00	3.25~4.00	2.00~3.00	≤1.00
K406C	0.03~0.08	18.00~19.00	余	—	—	4.50~6.00	3.25~4.00	2.00~3.00	≤1.00
K211	0.10~0.20	19.50~20.50	45.00~47.00	—	7.50~8.50	—	—	—	余
K213	<0.10	14.00~16.00	34.00~38.00	—	4.00~7.00	—	1.50~2.00	3.00~4.00	余
K214	≤0.10	11.00~13.00	40.00~4500	—	6.50~8.00	—	1.80~2.40	4.20~5.00	余

合金牌号	B	Zr	Ce	Si	Mn	P	S	Cu
				不大于				
K403	0.012~0.022	0.030~0.080	0.010	0.50	0.50	0.020	0.010	—
K406	0.050~0.100	0.030~0.080	—	0.30	0.10	0.020	0.010	—
K406C	0.050~0.100	≤0.030	—	0.30	0.10	0.020	0.010	—
K211	0.030~0.050	—	—	0.40	0.50	0.040	0.040	—
K213	0.050~0.100	—	—	0.50	0.50	0.015	0.015	—
K214	0.100~0.150	—	—	0.50	0.50	0.015	0.015	—

等轴晶铸造高温合金化学成分(质量分数)/(%)

合金牌号	C	Cr	Ni	Co	W	Mo	Al	Ti	Fe	Nb	Ta
K417	0.13~0.22	8.50~9.50	余	14.00~16.00	—	2.50~3.50	4.80~5.70	4.50~5.00	≤1.00	—	—
K417G	0.13~0.22	8.50~9.50	余	9.00~11.00	—	2.50~3.50	4.80~5.70	4.10~4.70	≤1.00	—	—
K418	0.08~0.16	11.50~13.50	余	—	—	3.80~4.80	5.50~6.40	0.50~1.00	≤1.00	1.80~2.50	—

续表

合金牌号	C	Cr	Ni	Co	W	Mo	Al	Ti	Fe	Nb	Ta
K418B	0.03～0.07	11.00～13.00	余	≤1.00	—	3.80～5.20	5.50～6.50	0.40～1.00	≤0.50	1.50～2.50	—
合金牌号	Zr	B	Mg	V	Hf	Ce	Si	Mn	P	S	Cu
							不大于				
K417	0.050～0.090	0.012～0.022	—	0.600～0.900	—	—	0.50	0.50	0.015	0.010	—
K417G	0.050～0.090	0.012～0.024	—	0.600～0.900	—	—	0.20	0.20	0.015	0.010	—
K418	0.060～0.150	0.008～0.020	—	—	—	—	0.50	0.50	0.015	0.010	—
K418B	0.050～0.150	0.005～0.015	—	—	—	—	0.50	0.25	0.015	0.015	0.500

等轴晶铸造高温合金化学成分(质量分数)/(%)

合金牌号	C	Cr	Ni	Co	W	Mo	Al	Ti	Fe	Nb	Ta
K438	0.10～0.20	15.70～16.30	余	8.00～9.00	2.40～2.80	1.50～2.00	3.20～3.70	3.00～3.50	≤0.50	0.60～1.10	1.50～2.00
K438G	0.13～0.20	15.30～16.30	余	8.00～9.00	2.30～2.90	1.40～2.00	3.50～4.50	3.20～4.00	≤0.20	0.40～1.00	1.40～2.00
K480	0.15～0.19	13.70～14.30	余	9.00～10.00	3.70～4.30	3.70～4.30	2.80～3.20	4.80～5.20	≤0.35	≤0.10	≤0.10
K491	≤0.02	9.50～10.50	余	9.50～10.50	—	2.75～3.25	5.25～5.75	5.00～5.50	≤0.50	—	—
合金牌号	Hf	Mg	V	B	Zr	Ce	Si	Mn	P	S	Cu
								不大于			
K438	—	—	—	0.005～0.015	0.050～0.150	—	≤0.30	0.20	0.015	0.015	—
K438G	—	—	—	0.005～0.015	—	—	≤0.01	0.20	0.0005	0.010	0.100
K480	≤0.100	≤0.010	≤0.100	0.010～0.020	0.020～0.100	—	≤0.10	0.50	0.015	0.010	0.100
K491	—	≤0.005	—	0.080～0.120	≤0.040	—	≤0.10	0.10	0.010	0.010	—

续表

等轴晶铸造高温合金化学成分(质量分数)/(%)

合金牌号	C	Cr	Ni	Co	W	Mo	Al	Ti	Fe	Nb	Ta
K4169	0.02～0.08	17.00～21.00	50.00～55.00	≤1.00	—	2.80～3.30	0.30～0.70	0.65～1.15	余	4.40～5.40	≤0.10
合金牌号	Hf	Mg	V	B	Zr	Ce	Si	Mn	P	S	Cu
									不大于		
K4169	—	—	—	≤0.006	≤0.050	—	≤0.35	≤0.35	0.015	0.015	0.300

等轴晶铸造高温合金化学成分(质量分数)/(%)

合金牌号	C	Cr	Ni	Co	W	Mo	Al	Ti	Fe	Ta
K640	0.45～0.55	24.50～26.50	9.50～11.50	余	7.00～8.00	—	—	—	≤2.00	—
合金牌号	V			B	Zr	Ce	Si	Mn	P	S
									不大于	
K640	—			—	—	—	≤1.00	≤1.00	0.040	0.040

定向凝固柱晶高温合金化学成分(质量分数)/(%)

合金牌号	C	Cr	Ni	Co	W	Mo	Al	Ti	Fe	Nb	Ta	Hf
DZ4125	0.07～0.12	8.40～9.40	余	9.50～10.50	6.50～7.50	1.50～2.50	4.80～5.40	0.70～1.20	≤0.30	—	3.50～4.10	1.20～1.80
DZ404	0.10～0.16	9.00～10.00	余	5.50～6.50	5.10～5.80	3.50～4.20	5.60～6.40	1.60～2.20	≤1.00	—	—	—
DZ422	0.12～0.16	8.00～10.00	余	9.00～11.00	11.50～12.50	—	4.75～5.25	1.75～5.25	≤0.20	0.75～1.25	—	1.40～1.80
DZ417G	0.13～0.22	8.50～9.50	余	9.00～11.00	—	2.50～3.50	4.80～5.70	4.10～4.70	≤0.50	—	—	—
DZ438G	0.08～0.14	15.50～16.40	余	8.00～9.00	2.40～2.80	1.50～2.00	3.50～4.30	3.50～4.30	≤0.30	0.40～1.00	1.50～2.00	—

合金牌号	V	B	Zr	Si	Mn	P	S	Pb	Sb	As	Sn	Bi	Ag	Cu
				不大于										
DZ4125	—	0.010～0.020	≤0.080	0.150	0.150	0.010	0.010	0.0005	0.001	0.001	0.001	0.00005	0.0005	—

续表

合金牌号	V	B	Zr	Si	Mn	P	S	Pb	Sb	As	Sn	Bi	Ag	Cu
				不大于										
DZ404	—	0.012～0.025	≤0.020	0.500	0.500	0.020	0.010	0.010	0.010	0.005	0.002	0.0001	—	—
DZ422	—	0.010～0.020	≤0.050	0.150	0.200	0.010	0.015	0.0005	—	—	—	0.00005	—	0.100
DZ417G	0.600～0.900	0.012～0.024	—	0.200	0.200	0.005	0.008	0.0005	0.001	0.005	0.002	0.0001	—	—
DZ438G	—	0.005～0.015	—	0.150	0.150	0.0005	0.015	0.001	0.001	—	0.002	0.0001	—	—

单晶高温合金化学成分(质量分数)/(%)

合金牌号	C	Cr	Ni	Co	W	Mo	Al	Ti	Fe	Nb	Ta	Hf	Re
DD402	≤0.006	7.00～8.20	余	4.30～4.90	7.60～8.40	0.30～0.70	5.45～5.75	0.80～1.20	≤0.20	≤0.15	5.80～6.20	≤0.0075	—
DD403	≤0.010	9.00～10.00	余	4.50～5.50	5.00～6.00	3.50～4.50	5.50～6.20	1.70～2.40	≤0.50	—	—	—	—
合金牌号	Ga	Tl	Te	Se	Yb	Cu	Zn	Mg	[N]	[H]	[O]	B	Zr
	不大于												
DD402	0.002	0.00003	0.00003	0.0001	0.100	0.050	0.0005	0.008	0.0012	—	0.0010	0.003	0.0075
DD403	—	—	—	—	—	0.100	—	0.003	0.0012	—	0.0010	0.005	0.0075
合金牌号	Si	Mn	P	S	Pb		Sb	As		Sn		Bi	Ag
	不大于												
DD402	0.040	0.020	0.005	0.002	0.0002		0.0005	0.0005		0.0015		0.00003	0.0005
DD403	0.200	0.200	0.010	0.002	0.0005		0.0010	0.0010		0.0010		0.00005	0.0005

5.1.3 高温合金的高温力学性能

1. 高温瞬时拉伸性能

高温瞬时拉伸试验与室温拉伸试验相似，只是试样被加热到规定温度经保温(通常为10～30 min)后拉断试样。高温瞬时拉伸试验给出材料规定温度的下列性能：弹性模量、瞬时抗拉强度、屈服强度、断后伸长率、断面收缩率和冲击韧度等。

2. 高温持久强度 $\sigma_{\varepsilon t}^{\theta}$

高温持久试验是在专用的试验机上进行，需要该机能对试样提供稳定的高温和恒定的拉伸载荷。试验测定材料在给定的温度与时间内试样拉伸断裂时所能承受的初始应力。这个应力即高温持久强度，通常用$\sigma_{\varepsilon t}^{\theta}$表示，$\theta$为试验温度(℃)，$t$为试验持续时间(h)。

3. 高温蠕变强度极限

金属材料在一定的温度和长时间受力条件下，即使其应力小于屈服强度，也会随着时间的增加缓慢地产生塑性变形，这种现象叫作蠕变。蠕变试验要在专门的蠕变试验机上进行。试验测定在恒温恒载下受拉伸试验的应变-时间关系曲线，称为工程蠕变曲线。

合金抵抗蠕变强度的能力应是低的稳态蠕变速率或高的蠕变强度，常称蠕变极限。它表示在某一温度和恒定载荷下，试样在规定时间内产生某一蠕变应变的应力；或产生一定值的最小蠕变速率的应力。此应力用σ后上下带两组数字表示，上角为试验温度，下角表示应变量和时间或最小蠕变速率。

5.2　高温合金的组成相

铸造高温合金通常由十多种元素组成，因此在高温合金的组织中，除了基体γ相外，还有多种第二相。高温合金常见的第二相可分为两类：一类是过渡金属元素与碳、氮、硼形成的间隙相，包括各种碳化物、氮化物、硼化物或复杂碳氮化物等，其共同特点是具有高熔点、高硬度和高脆性；另一类是过渡金属元素之间形成的金属间化合物，按晶体结构可分为几何密排GCP相和拓扑密排TCP相。

1. γ相

γ相是合金的基体，是溶解了大量金属元素(Ni、Cr、Co、W、Ta等)的固溶体。依成分不同，其含量占合金质量的40%～80%。这种相极其稳定，直到合金熔化才溶解。

2. γ′相

γ′相是镍基和铁-镍基高温合金的主要强化相，其组成为$Nb_3(Al,M)$，其中M为Ti、Nb、Hf、W等，其强化作用首先与本身的性质密切相关。γ′为面心立方有序结构，与基体相同，点阵常数相近。γ′相的形态有两种：一种是细小颗粒状，尺寸为0.1～2 μm，弥散地密布于整个基体中(见图5-1)，在1230 ℃左右全部溶入基体，又在随后的冷却过程中再次析出为更细小的颗粒；另一种是大块的共晶相(见图5-2)，其尺寸和数量与合金的成分和凝固条件有关，由几十微米至几百微米，数量占合金体积的0.5%～10%，主要分布在枝晶间和晶界上。随着固溶温度的提高，γ′相逐渐溶解，到1260～1300 ℃时全部溶解完。

γ′相具有一定的塑性。γ′相在－196～800 ℃屈服强度随温度的升高而增加。γ′相具有较高的高温稳定性，在高温长时间作用下，粗化和聚集现象较小。γ′相，如Ni_3Al，具有较大的溶解度，也可以进行合金化。合金元素对γ′相本身有如下影响：提高了γ′的强度和固溶温度；降低了γ′的长大速度；增加了γ′的体积分数。γ′相对合金性能的影响取决于：γ′相的数量、大小、分布和形态；γ′相本身的强化程度；γ′相与基体的点阵错配度。

3. 碳化物

在普通熔模精密铸造镍基高温合金中碳化物的量占合金质量的1%～2%，而在钴基合金中则为3%～5%。有几种类型：MC型碳化物是从液态凝固析出的，呈块状或骨架状，多出现在晶内枝晶间，在高温下可逐渐分解转变成M_6C型碳化物或$M_{23}C_6$型碳化物。M_6C型碳化物

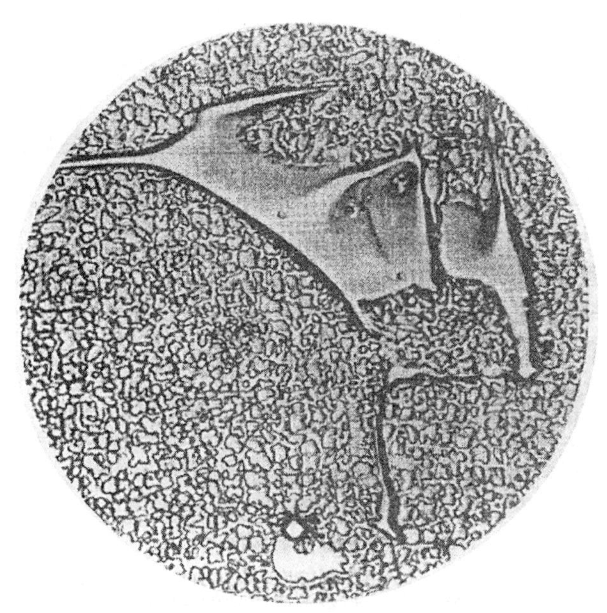

图 5-1 铸造镍基高温合金的 γ′相和碳化物

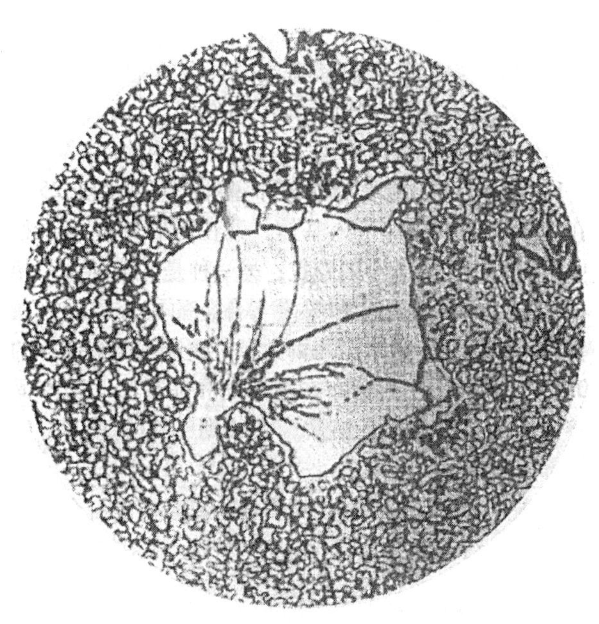

图 5-2 铸造镍基高温合金的 γ/γ′共晶相

主要由 C 与 W、Mo、Ni、Co 结合而成，多出现在 W、Mo 含量较高的合金中，呈针状或颗粒状，形成温度为 850～1210 ℃，当其以颗粒状分布于晶界时，可显著提高热强性。$M_{23}C_6$ 型碳化物常出现在晶界上，呈细小颗粒状、小条状和胞状，形成温度为 750～1080 ℃。对于以碳化物强化的合金，MC 是主要的强化相，如 M_7C_3 型碳化物是钴基高温合金的主要强化相，呈骨架状，分布在枝晶间和晶界上（见图 5-3），大约在 1230 ℃溶解。对于 γ′相强化的合金，MC 是一种有害相，其硬而脆，有利于裂纹的萌生和扩展。

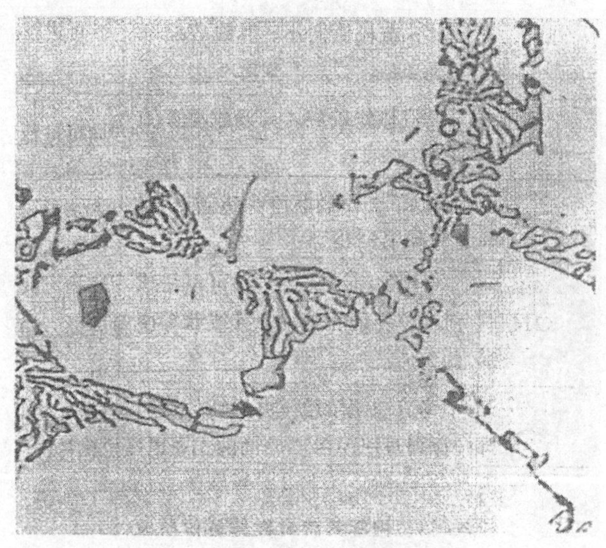

图 5-3　铸造钴基高温合金的碳化物

4. TCP 相

镍基高温合金中最常见的 TCP 相是 σ 相和 μ 相。在 Fe 基、Co 基、Ni 基合金中均可出现 σ 相，其典型成分为 FeCr，在镍基合金中常是 $(Cr、Mo)_x(Ni、Co)_y$。Cr、Mo 是形成 σ 相的主要元素，Al、Ti 可促使 σ 相的形成。σ 相一般呈针状（见图 5-4），其对合金的性能影响很大。σ 硬而脆，且容易长大，是引起合金脆性的根源之一。针状的 σ 是裂纹萌生和传播的通道，常引起沿晶界断裂，降低冲击韧性和高温性能。

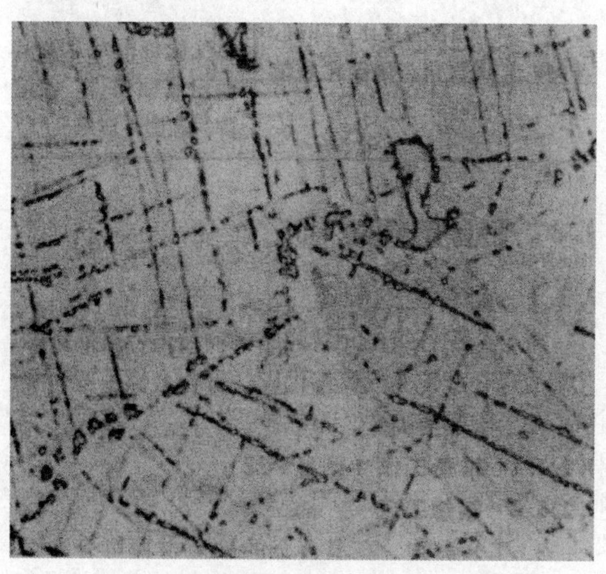

图 5-4　铸造镍基高温合金的 σ 相

5.3 高温合金的强化原理

除了传统的固溶强化和时效强化外，高温合金还可以进行晶界强化。低温下，晶界是位错运动的阻碍，起强化作用，细化晶粒是一种重要的强化手段。当温度升高时，晶界对位错运动的阻碍作用易被恢复，晶界区的塞积位错容易与晶界的缺陷产生交互作用而消失，并产生晶界滑动与迁移，这样高温下晶界就成为薄弱环节。如图 5-5 所示，随温度升高，在一定温度时，晶界和晶内强度相等，这一温度就是“等强温度”，一般是一个温度区间。高温合金的使用温度往往高于等强温度，故高温合金的断裂往往是沿晶断裂，因此强化晶界是提高热强性的重要手段之一。

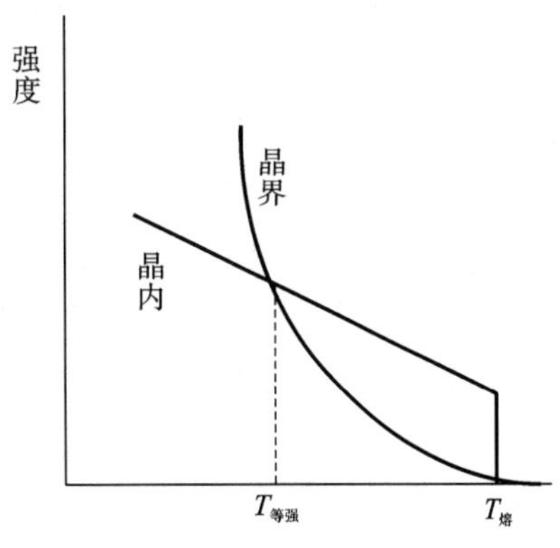

图 5-5 等强温度示意图

5.3.1 晶界强化的定义及方法

1. 定义

晶界强化是指在高温合金中加入适量的 B、Zr 和 RE 等元素，使其富集于晶界，改变晶界状况，提高晶界性能，强化晶界的方法。通过晶界强化可以显著提高高温合金的热强性。

2. 晶界强化的方法

1）纯净化

有些晶界偏聚的元素是低熔点的，并与基体生成低熔点的化合物或共晶体。它们使合金的热加工性及高温力学性能显著降低。应该严格控制气体（N_2、O_2、H_2）含量和有害元素的含量，最主要的是铋、锑、硒、铅等。

2）微合金化

把一定含量范围内能够改善高温合金某些重要性能的那些微量元素，如 C、B、Zr、Hf、稀土元素等称为有益的微量元素。这些有益的微量元素具有如下作用。

（1）有益的微量元素偏聚到晶界提高晶界结合力。

偏聚到晶界的有益微量元素的原子，改变晶界原子间键合状态，增加晶界结合力，强化晶界，从而提高合金的高温强度。而晶界附近被阻挡的位错，达到一定密度后可能诱发晶内位错的产生和多滑移系的开动，以协调各晶粒之间的变形而不使相邻晶粒分离，从而改善合金的断裂塑性。

（2）有益微量元素偏聚到晶界抑制有害杂质及其化合物在晶界偏聚和析出，改变晶界沉淀相的形态。

在高温合金中加入微量有益元素，可以阻止有害杂质，如 S、Pb 等在晶界偏析，以及有害杂质形成的低熔点化合物或共晶在晶界产生，提高晶界抵抗孔洞和裂纹的形成能力。同时，由于有益元素在晶界偏聚，改变相界面能，有利于沿晶界沉淀相的聚集、球化，阻止和消除晶界片状、胞状相的析出。从而提高合金的持久寿命和塑性，降低蠕变速率，改善缺口敏感性。

(3) 有益微量元素作为晶界净化剂消除或减轻有害杂质的影响。

有益微量元素与高温合金液中的有害杂质结合，形成高熔点化合物从渣中去除，从而避免或减轻有害杂质在晶界偏聚而造成的有害影响。如稀土元素对氧和硫就具有较高的亲和力，利用稀土元素也可以更充分脱氧和脱硫。同时，稀土元素还可与 Sb、Sn、As 等有害杂质形成高熔点化合物，有效地消除或降低它们的有害作用，从而提高晶界强度，改善晶界塑性。

(4) 有益微量元素的晶界沉淀相使晶界强度和塑性同时改善。

有益微量元素高温偏析引起晶界富集，而低温热处理则得到晶界沉淀相。晶界沉淀相通过以下几方面的机理，对晶界强度和塑性产生明显的影响。

①阻止晶界滑动，起钉扎作用；或者减缓滑动速度，延长滑动孕育期。

②限制空穴在沉淀相之间，使之难以聚集长大，从而延长持久断裂时间。

③产生晶界贫乏区，提高晶界两侧区域位错滑移能力，改善晶界塑性，消除缺口敏感性。

3) 晶界控制

晶粒大小及其与部件厚度比对力学性能有重要影响。大晶粒一般有较高的持久强度与蠕变强度，较小的蠕变速率；小晶粒材料却表现出较高的抗拉强度与疲劳强度。在高温静态下工作的材料晶粒可以控制度大一些，对于中温动态下工作的材料则应小些。晶粒大小的选择是十分重要的合金设计内容。

晶界的平直与弯曲对蠕变性能有重要的影响。通过一些特殊途径获得弯曲晶界是一种强化晶界的有效方法。大量实验证明，许多奥氏体铁基高温合金和镍基高温合金都可以得到弯曲的晶界组织。弯曲晶界有效地降低蠕变变形，同时弯曲晶界也有利于提高高温瞬时性能。晶界弯曲阻碍晶界滑动及楔形晶界裂纹的形成，同时阻止沿晶裂纹(孔洞)的连接。如果弯曲晶界的处理工艺不当引起第二相粗化，将使高温强度降低，但仍起显著提高塑性的作用。

消除横向(与应力垂直的方向)晶界能非常有效地提高高温强度。横向晶界，甚至树枝晶界，总是裂纹优先形核与扩展的地点。所以消灭横向晶界将会推迟蠕变裂纹的形成与扩展。进一步消灭晶界得到单晶合金，则性能会得到进一步提高。

4) 中间热处理

通过热处理控制析出相的类型、大小和分布也可以改善晶界性能。

5.3.2 晶界强化元素及其作用

高温合金中加入有益的微量元素，如 C、B、Zr、Hf、Mg 和稀土等进行合金化，称之为微合金化。微合金化对高温合金力学性能和抗氧化性能等的改善具有非常重要的作用。

1. 硼

硼是高温合金中应用最广泛的微合金化元素。绝大多数变形高温合金和铸造高温合金中都加有微量硼。硼对高温合金的持久、蠕变性能影响最明显，通常都有一最佳含量范围。硼的有益作用是由于 B 原子在晶界富集，增加晶界结合力；硼化物在晶界以颗粒状或块状形式分布，阻止晶界滑移并抑制晶界空洞的连接与扩展；消除有害相在晶界析出，减少有害元素在晶界上的含量。

2. 碳

碳作为晶界强化元素几乎被加到所有的高温合金中，只有一些单晶合金不用碳强化晶界是例外。熔入液态合金中的碳，可以提高流动性，改善铸造性能，因此，铸造高温合金的含碳量通常比变形合金要高。

3. 镁

镁在高温合金中的作用及其机理可归纳如下。

(1) 高温合金用镁微合金化，镁原子偏聚于晶界，这种偏聚属平衡偏聚。镁偏聚于晶界提高晶界结合力，增加晶界强度。

(2) 镁的平衡偏聚特点，使镁在长期时效或长期使用过程中，晶界偏析程度增加，长期时效或使用后，力学性能优于无镁合金。

(3) 微量镁在晶界偏聚降低晶界能和相界能，改善和细化晶界碳化物及其他晶界析出相的形态。

(4) 镁与硫等有害杂质形成高熔点的化合物 MgS 等，净化晶界，使晶界的 S、O、P 等杂质元素的浓度明显降低，减少 S、O、P 等杂质的有害作用。

(5) 微量镁提高持久时间和塑性，改善蠕变性能和高温拉伸塑性，增加冲击韧性和疲劳强度，对有些合金还可改善热加工性能，提高收得率。

4. 锆

很多高温合金中都加有微量锆，元素锆偏聚到晶界，减少晶界缺陷，提高晶界结合力，降低晶界扩散速率，从而减缓位错攀移，强化晶界。同时，锆偏聚于晶界，降低界面能，改变晶界相的形态，减小晶界相的尺寸，有效阻止晶粒沿晶界滑动，从而提高持久寿命，改善持久塑性，消除缺口敏感性。此外，Zr 还可以作为一种净化剂，与 C 和 S 结合形成一次硫化物或硫碳化物，这使合金中 S 和 C 含量降低。

5. 铪

Hf 在铸造高温合金中通过产生弯曲晶界和去除硫对晶界的有害作用，使合金强韧化。

6. 稀土元素

稀土元素 Y、Ce、La 等加入高温合金中，主要有三种有益作用：(1)作为净化剂具有脱氧和脱硫作用，降低氧和硫在晶界的有害影响；(2)作为微合金化元素偏聚于晶界，起强化晶界的作用；(3)作为活性元素改善合金的抗氧化性能，提高表面稳定性。

5.4 各类铸造高温合金

5.4.1 铁基高温合金

铁基高温合金是在奥氏体耐热钢的基础上发展起来的，主要用于 750 ℃以下的中温耐热零件，少数合金的使用温度可达 900 ℃。

K214 是以金属间化合物 γ' 相强化的铁镍基铸造高温合金，适于制作 900 ℃以下燃气涡轮导向叶片及其他高温零件。

合金铸态组织为：$\gamma+\gamma'+MC+\eta+M_3B$；$\gamma'$呈颗粒粗大的立方形，且分布不均匀，主要集中在晶界、枝晶间，还有少量由液态析出的γ'相。固溶处理＋时效后：$\gamma+\gamma'$＋少量η＋微量Fe_2W。沉淀析出的γ'呈细小球形均匀分布在基体上，液态析出的$\gamma+\gamma'$相和η略有减少。

K214 的中温强度较好，但高温强度较差。流动性良好，疏松热裂倾向小，在非真空处理时，易产生氧化夹杂。

5.4.2 镍基高温合金

镍基高温合金在整个高温合金系统中占有十分重要的地位，它广泛地用来制造航空发动机、工业燃气轮机的最热端部件，如涡轮部分的工作叶片、导向叶片、涡轮盘和燃烧室等。

1. 特点

镍基高温合金的工作温度高，组织稳定，有害相少，抗氧化、抗腐蚀性能好。镍基高温合金的特点与镍本身的特性有关：镍为面心立方结构，从室温到高温不发生同素异形转化，这对基体材料是十分重要的；镍具有高的化学稳定性，500 ℃以下不氧化，常温下也不受湿气、水及某些盐类水溶液的作用；镍有很大的合金化能力，添加十多种元素也不出现有害相；纯镍的强度虽不高，但塑性很好。

2. 镍基合金的合金化原理

镍基合金的合金化元素有：Ni、Cr、Co、Al、Ti、W、Mg、Mo、Nb、Ta、C、B、Zr、Ce 等。

1）铬

在镍基合金中，铬最主要的作用是增加抗氧化及抗腐蚀能力。当铬量达到一定值后，能在合金表面形成一层致密的含 Cr_2O_3 的薄膜起保护作用。

2）钴

钴属于固溶强化元素，能够降低γ'的长大速度，提高组织稳定性；改善疲劳性能、塑性和热加工性。因此钴在高强度镍基合金中是重要的合金元素，但钴的资源缺乏，价格昂贵，所以在我国高温合金中应尽量少用钴。

3）铝、钛

这两种元素是形成γ'相的主要元素。

4）钨、钼、铌

它们是重要的固溶强化元素，同时可增加γ'相的数量，提高热强性。

碳、硼、锆、铈、镁等这几种微量元素主要用来强化晶界。

3. 主要的铸造镍基高温合金

1）K403——时效强化镍基高温合金

K403 是 20 世纪 60 年代初我国研制成功的铸造镍基高温合金。K403 合金的铸态组织：$\gamma+\gamma'+(\gamma+\gamma')_{共}+Mc+M_3B_2$（见图 5-6）。$\gamma'$呈粗大颗粒状分布在基体上，少量$(\gamma+\gamma')$共晶为周界圆滑的块状分布在晶界和枝晶间，MC 呈棱角明显的条状、块状，分布在晶界和晶内。固溶处理后组织：$\gamma+\gamma'+(\gamma+\gamma')_{共}+Mc+M_6C+M_3B_2$（见图 5-7）。$\gamma'$呈细小的立方形均匀分布在基体上；$(\gamma+\gamma')$共晶略有减少；MC 部分溶解。

K403 合金组织稳定、热强性高，流动性良好，但晶粒易粗大，容易产生缩松。

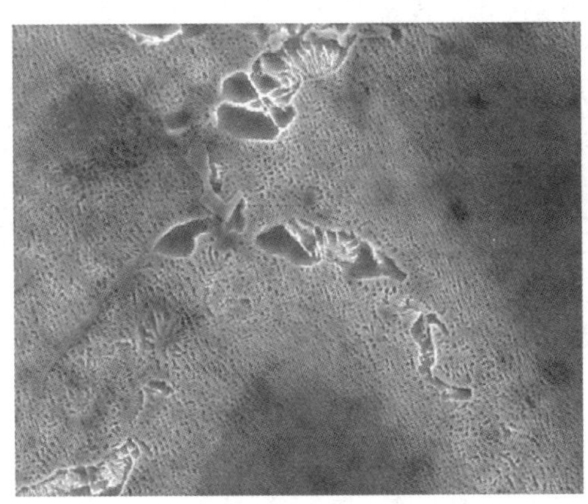

图 5-6 K403 合金的铸态组织

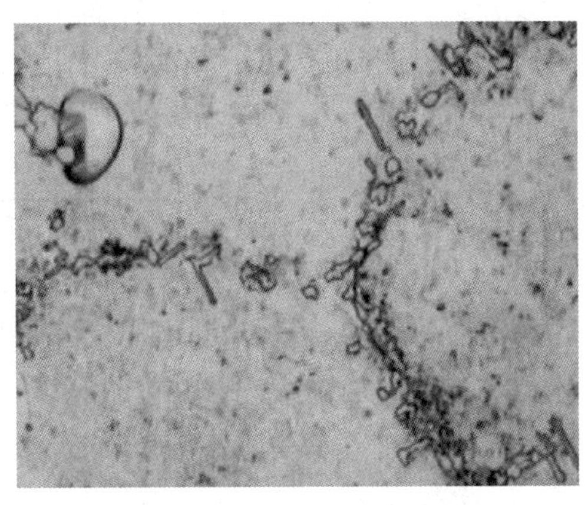

图 5-7 K403 合金的固溶状态组织

2）K417——时效强化镍基高温合金

K417 是一种复杂合金化的高性能的铸造镍基高温合金。K417 具有很高的高温性能，在 950 ℃、210 MP 时的持久寿命大于 100 h，适合于制作工作条件在 950 ℃以下的空心涡轮叶片和导向叶片。

5.4.3 钴基高温合金

钴基高温合金一般是指含 40%～70%的 Co 的合金，由于钴的价格昂贵，在我国很少应用。

5.5 高温合金的定向凝固和单晶铸造

从高温合金的合金化原理出发，一系列研究指出，用 γ' 相强化的铸造高温合金已经达到了相当高的水平。再想通过改进合金化来提高合金的热强性是很难的。

高温合金涡轮叶片的使用情况表明，大多数高温合金高温蠕变断裂的裂纹产生于晶界上，且主要发生在与零件主应力方向相垂直的横向晶界上。显然，尽可能减少或消除横向晶界，即可提高合金的高温力学性能。

当高温合金在铸造成形时，可以通过控制热流使结晶生长方向与零件的主应力方向平行，尽可能减少垂直于主应力方向的横向晶界而生长为柱状晶，或者完全消除晶界而生长为单晶，这就是定向凝固和单晶铸造。

5.5.1 定向凝固的基本原理

1. 实现定向凝固的条件

（1）铸件在整个凝固过程中的热流必须垂直于晶体生长中的固-液界面向单一方向流动（见图 5-8）。

（2）晶体生长前方的液体中没有稳定的结晶核心，因此必须维持正向温度梯度。

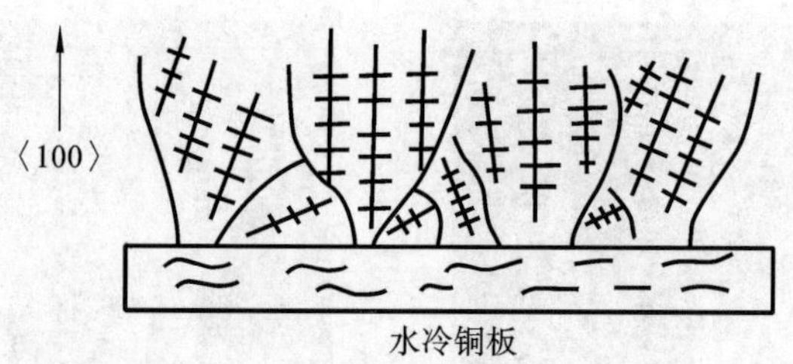

图 5-8　定向凝固时晶粒择优长大

2. 凝固条件对组织的影响

图 5-9 示出了定向凝固条件对组织的影响。对于高温合金，凝固界面形态受下式控制：

$$\frac{G}{R}-\frac{\Delta T_{m}}{D} \tag{5-1}$$

式中：G——温度梯度；

R——凝固速率；

$\triangle T_{m}$——合金的凝固范围；

D——溶质在液相中的扩散系数。

如果上式为正值，凝固界面为平面；若为负值，界面为胞状；如果负值很大，界面为树枝状。

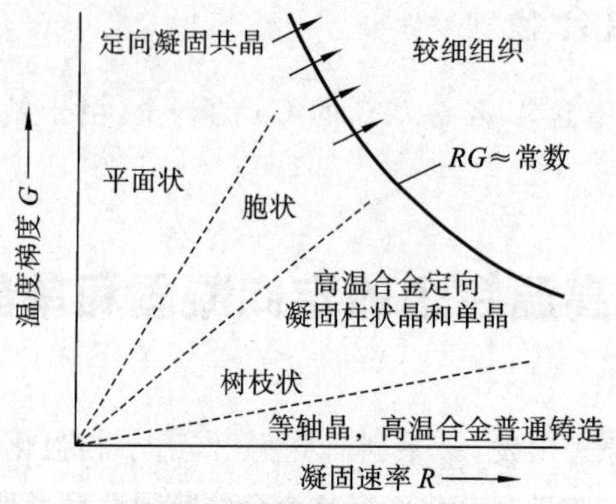

图 5-9　凝固速率和热梯度对晶粒类型和细化显微组织影响的示意图

5.5.2　定向凝固方法

定向凝固工艺方法主要有三种：功率降低法、高速凝固法和液态金属冷却法。

1. 功率降低法(PD 法)

将一个底部开口的壳型放在水冷铜结晶底盘上，装在配有石墨感应加热器的感应圈内，感应圈分上下两个区域。加热模壳时，感应圈全区通电，使模壳加热到预定温度(1520 ℃左右)，然后浇入过热的合金液(约 1520 ℃)。此时，感应圈的下区停电，使模壳内建立起轴向温度梯度(7～20 ℃/cm)。通过调节输入感应圈上区的功率使合金液定向凝固。合金液的热量主要靠水冷底盘以热传导的方式散失。

2. 高速凝固法(HRS 法)

将一个底部开口的壳型置于水冷铜结晶底盘上，并送入石墨感应加热器内。待加热到预定温度(1520 ℃左右)后,浇入过热的合金液(约 1520 ℃),然后以预定速度(4～10 mm/min)从加热器移出浇满合金液的壳型。在移动过程中实现定向凝固。合金液的热量,除底盘的热传导散失外,还靠热辐射传热散失,所以凝固速度较大。该法是目前高温合金精密铸造定向凝固技术中应用最广泛的一种,可大量生产涡轮叶片和导向叶片。图 5-10 示出了一种高速凝固法定向凝固炉的结构简图。图 5-11 示出了定向凝固高温合金零件的晶粒。

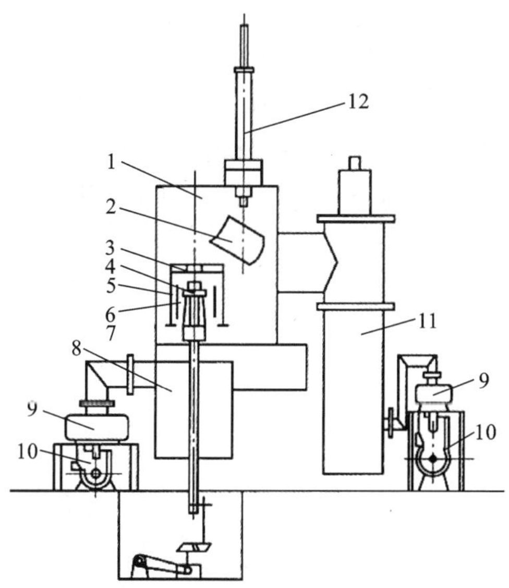

图 5-10 定向凝固炉结构简图

1—熔炼室;2—坩埚;3—浇盘;4—铸型;5—石墨加热器;6—热电偶;7—结晶器;8—铸型室;9—罗茨泵;10—机械泵;11—扩散泵;12—加料杆

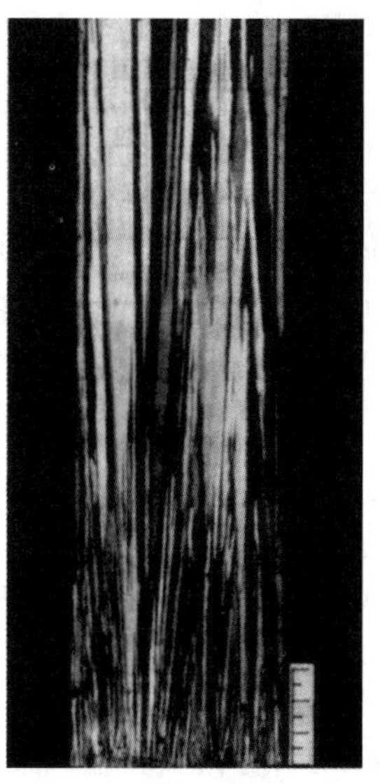

图 5-11 定向凝固高温合金零件的晶粒(腐蚀显露)

3. 液态金属冷却法(LMC 法)

与快速凝固法一样,浇满过热合金液的壳型以预定速度向下移动,逐渐进入保持一定温度的低熔点金属(如锡)液中,可以获得大的温度梯度和生长速度。此法传热快而稳定,凝固速度也快,但设备较复杂,还可能带来低熔点金属对铸件的污染。

4. 单晶法

从热流控制角度来看,上述定向凝固工艺均可用来制得单晶。单晶工艺主要是在型壳设计上有所不同,即增设了单晶选择通道,使一定数量的晶粒进入单晶选择通道底部,只有一个晶粒从选择通道顶部露出并充满整个型腔。单晶选择通道一般采用小直径向上角度的螺旋体或几个直角转弯的通道,典型的螺旋体直径为 0.3～0.5 cm。与定向凝固过程相同,该方法先在水冷铜板上形成许多任意取向的小晶粒;在择优生长的原则下,＜100＞取向的晶粒有更快的生长速度,有 2～6 个＜100＞或＜110＞取向的晶粒进入单晶选择通道;经过单晶选择通道后,只有一个＜100＞晶粒出现在型腔底部并生长,从而制得单晶叶片。单晶叶片型壳设计特点及合金熔体在选择通道内的凝固过程示意如图 5-12 所示。图 5-13 示出了带有螺旋式晶粒选择器的单晶叶片铸件。

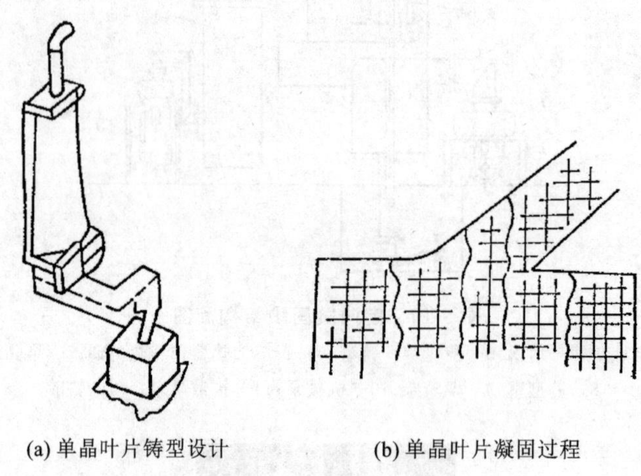

(a) 单晶叶片铸型设计　　(b) 单晶叶片凝固过程

图 5-12　单晶法示意图

5.5.3　定向凝固的性能

与普通铸造相比,定向柱晶和单晶提高了合金的抗拉强度,并大大改善了塑性。定向凝固可大幅度地提高合金的中温持久寿命,高温性能也明显得到提高。定向凝固合金还具有极好的热疲劳性能。

定向凝固合金具有上述优点的原因如下:高温下持久和蠕变断裂多半是沿垂直于零件主应力的横向晶界,而定向组织中则没有或很少有横向晶界,从而明显提高了合金的寿命;定向凝固合金的组织,基体 γ 和强化相 γ' 都是沿＜100＞方向择优生长,且平行于主应力轴,通常＜100＞方向的形变抗力较大。

5.5.4　定向凝固合金和单晶合金

我国研制的定向凝固合金主要为 DZ22,成分为:9.0Cr-10.0Co-12.0W-5.0Al-2.0Ti-0.14C-0.015B-1.5Hf-1.0Nb,其余为 Ni 基;研制的单晶合金主要为 DD3,成分为:9.5Cr-5.0Co-5.5W-4.0Mo-5.9Al-2.2Ti,其余为 Ni 基。

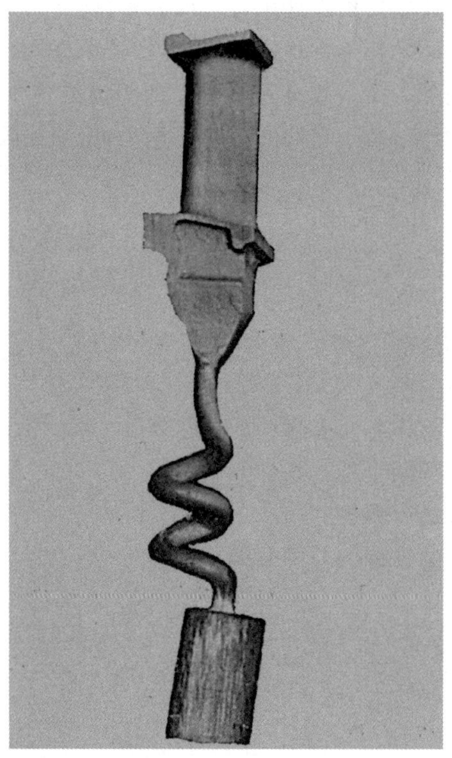

图 5-13 带有螺旋式晶粒选择器的单晶叶片铸件(经腐蚀显露晶粒)

单晶高温合金成分特点是不含有晶界强化元素;最大限度地提高了细小 γ'相的体积分数以提高固溶处理温度和初熔温度;含有一定数量的 Ta,其作用是固溶强化并提高合金的抗氧化抗腐蚀性能;有的合金中含有 Re,起固溶强化和细化第二相的作用。

5.6 铸造高温合金的热工艺性能特点

5.6.1 铸造性能

由于钛、铝氧化产生的非金属夹杂物多,严重降低高温合金的流动性。绝大多数铸造镍基和铁基高温合金都必须在真空下熔炼和铸造。由于高温合金结晶温度间隔宽,因此其缩松较严重。由于高温合金的结晶温度范围大,线收缩大,因此其热裂倾向较大。晶粒度对高温合金力学性能影响复杂。一般来说,细晶粒组织,在室温或较低温度下,具有较高的机械强度及良好的疲劳性能;而在较高温度下,粗晶粒组织对持久和蠕变强度有利。

5.6.2 热处理工艺特点

通常,铸造高温合金比较复杂,其塑性比变形合金差。多数情况下,热处理会降低塑性。因此通过热处理来提高高温合金强度的可能性受到限制。铸造高温合金的工作温度比较高,在较低温度下的时效处理所获得组织在使用过程中不稳定。

对于铸造形状复杂的空心叶片不宜快冷，否则在叶片内会产生很大的热应力，有时还会出现裂纹。铸造高温合金热处理方式一般有固溶处理和固溶处理＋时效处理，有的可直接使用铸态；对于定向凝固和单晶合金，由于它们的冷却速率小，组织比较粗大，因此热处理是必不可少的。

思考题

1. 解释基本概念：等强温度。
2. 说出高温合金的分类方法。
3. 高温合金晶界强化的常用方法有哪些？
4. 定向凝固需同时满足哪两个基本条件？
5. 高温合金定向凝固方法有哪些？
6. 定向凝固提高高温合金性能的原因有哪些？

第二篇　非铁合金的熔炼

第 6 章 非铁合金熔炼设备

6.1 概　　述

6.1.1 熔铸的基本任务和要求

1. 基本任务

熔炼与铸锭生产是金属压力加工生产中首要的环节，也是必不可少的组成部分。它不仅供给加工部门所必需的原料和铸锭，而且在很大程度上影响着以后加工制品的质量和工艺性能。因此，熔炼与铸锭生产就是提供符合压力加工生产要求的优质铸锭。熔铸的任务主要有如下六个方面。

(1) 获得化学成分均匀的金属。从冶炼厂提供的纯金属，因冶炼操作技术条件有差异，生产的小锭块成分和质量不会绝对相同，必须经过一次冶炼过程，将品质各异的纯金属小锭块熔成大量的品质均匀的金属，才能形成适合压力加工的原料。

(2) 配制所需的各种合金。因为大多数纯金属存在力学性能等方面的缺陷，在实际生产生活中往往需要使用以纯金属为基体的合金材料。因此，必须通过熔炼过程，才能有效地将各种所需的合金配料，如铜、镁、锰等元素加入铝中制成铝合金；将锌、锡、铝等元素加入铜中制成铜合金。

(3) 精炼获得质量优异的金属。金属及合金中存在的气体及氧化物夹杂物会严重损害金属及合金的使用性能。因此需要通过熔炼过程，除去各炉料中气体、氧化物及其他夹杂物，提高金属的纯净度。

(4) 铸成适于压力加工的形状和尺寸的铸锭。不同加工成形方法所需要的铸锭形状、尺寸都不相同。例如，用以制造板带材者多为长方形扁锭，用于制造管、棒、型、线材者多为圆形铸锭或空心圆锭。因此，熔铸的基本任务之一就是根据加工实际需要浇注各种满足形状和尺寸要求的铸锭。

(5) 控制铸锭的结晶组织、形态及分布。铸锭不同的结晶组织和晶粒形态与分布对压力加工工艺性能有着很大的影响。在浇注过程中，通过适当的工艺措施控制铸锭的结晶组织、晶粒形态及分布可以获得加工工艺性能良好的铸锭组织。

(6) 重熔回收各种废料。回收废料混杂，通过重熔可以获得明确的化学成分，并铸成适于再次入炉的锭块。熔铸车间最后的产品是铸锭，无论铸锭的形状、尺寸及用途如何不同，但对质量的要求是相同的。

2. 熔铸的基本要求

熔铸的基本要求包括如下几点。

(1) 化学成分必须符合规定。规定的化学成分包括主要成分范围及杂质最大允许量。化学成分不符合规定的标准范围,就会使制品力学性能失去控制。杂质成分如果超出规定标准不仅会影响铸锭的力学性能,而且更影响加工工艺性能。即使铸锭中个别元素或微量杂质超出国家标准,也是不能允许的。为使化学成分符合规定,必须严格控制合金元素及杂质含量。除了合理地选用炉料及正确地进行配料计算外,还需根据合金的使用性能和加工性能、炉料性状、氧化和挥发熔损、加料顺序、熔炼温度及时间等情况,综合考虑来确定计算成分。对于炉衬、熔剂及操作工具等污染情况,应做出估计,并在熔炼后期进行炉前分析以便确定进行补料或冲淡与否。有时合金成分及杂质量均在国标范围以内,但铸锭中有少量针状或粗大金属间化合物,或易生冷热裂纹、区域偏析等缺陷。为此,有必要借助相图,了解溶质元素的溶解度变化、溶质的平衡分配系数、形成多元化合物或非平衡共晶的可能性,只有找出了产生上述缺陷的内因,才可在国标范围内调整某些元素的含量,辅以某些工艺参数的调配或加入变质剂以细化晶粒,改善化合物夹杂的形态及低熔点相的分布状况以达到消除缺陷的目的。

(2) 铸锭内部无气孔、裂纹等组织缺陷。铸锭内部不能存在气孔、气眼、疏松、夹杂物、裂纹等组织缺陷。缺陷的存在使压力加工成品率降低,而且使压力加工工艺性能下降。铸锭易于产生气孔和疏松,一般是与熔体中的含气量有关,但关键是由于在铸锭固液区内气体溶解度变化较大之故。因为凝固速度小且固液区宽时,溶解度变化大的气体来得及在固-液界面上析出,界面处金属凝固收缩所形成的缩松也利于气体的析出;气体析出于缩松中长大为气泡,阻碍缩松的补缩,促进缩松的扩展。熔体中气体的主要来源是炉料本身的含气量,尤其是电解阴极金属及含油、水的碎屑废料,还与炉气组成及性质、熔炼温度及时间、熔剂及操作工具的干净程度、去气和去渣精炼好坏等有关。此外,合金元素也有影响。一些能分解水及氧化膜吸附水分强的元素,或与基体金属形成共晶及降低气体溶解度的元素,均有增强熔体含气量及促进产生气孔的倾向。熔体在转注过程中还可与流槽、漏斗、涂料及润滑油作用而吸收气体。易挥发金属的蒸气,也能使铸锭产生皮下及表面气孔。控制熔体含气量的关键,主要是做好精炼去气,并防止在转注时吸收或裹入气体。

缩松是青铜及轻合金铸锭中最常见的缺陷之一。凡结晶温度范围或凝固过渡带较大的合金,或凝固收缩率大,热容较大,结晶潜热大,在冷却强度不够大时,铸锭中部常易形成缩松。含气量和夹杂较多的轻合金,形成缩松的倾向更大。成分较复杂且导热性较低的锡锌铅青铜等,即使加大冷却强度,铸锭中部也难免形成缩松。只有在液穴浅平,以轴向顺序结晶的铸锭条件下,才能较有效地降低铸锭中部产生缩松的倾向。缩松是铸造致密大锭坯的难题之一。

裂纹是强度较高的复杂黄铜、青铜及硬铝系合金半连续铸锭时常见的缺陷之一。合金成分复杂,一般其导热性较小,铸锭断面温度梯度和热应力较大,加上某些非平衡易熔共晶分布晶间,降低合金的高温强度和塑性,在三态收缩应力大于铸锭局部区域当时的强度,或收缩率及变形量大于当时的伸长率时都会形成晶间热裂纹。晶间裂纹沿晶面扩展可导致整个铸锭热裂。半连续铸锭中部、平模铸锭表面、立模铸锭表面及头部浇口附近,均易出现大量晶间裂纹。紫铜及纯铝锭,在表面冷却强度较大时由于收缩速率大和模壁有摩擦阻力,也常产生表面晶间微裂纹。控制热裂的主要措施是注意控制那些易于形成非平衡共晶的元素量。其次是调整铸锭工艺和冷却强度,还要注意对熔体的保护,防止二次氧化生渣。

冷裂多见于强度或弹性高而塑性较差的合金大锭。在铸锭冷却不匀且冷却强度大时,因合金导热性较低,铸锭断面温度梯度及收缩率较大,故热应力较大;当平衡这种热应力时也可突然断裂。半连续铸造的硬铝扁锭，最易产生冷裂，甚至在吊运和存放过程中也会崩裂。也有可能是先热裂而后冷裂的综合性劈裂。半连铸的复杂铝黄铜及 LC4 圆锭，都是从中心热裂纹开始，而后沿径向发展为劈裂。硬铝扁锭的四个棱一旦产生热裂，往往易于扩展为横向张开式冷裂纹。总之，不管是热裂还是冷裂，都必须从合金成分及铸锭条件两方面去控制。因为合金的强度、弹性模量、收缩系数、塑性、导热性及铸锭断面的温度梯度主要取决于合金成分及杂质限量；而热应力或收缩阻力的大小，则与铸锭的冷却强度、均匀性及收缩速率、浇速、锭模涂料、二次氧化渣等密切相关。

熔体中的夹杂主要来源于炉料表面的氧化膜，熔体的残渣、尘埃、炉气中的烟灰、炉衬碎屑、熔剂元素间相互作用形成的化合物夹杂等。它们在熔体中的分布状态则与其密度、尺寸、形态及是否为熔体所润湿等有关。如 Al_2O_3 多成薄膜状，常悬浮于熔体面上；搅拌成碎片时可混入熔体内部。MgO 及 ZnO 等多为疏松块粒状，虽可浮于熔体表面但无保护作用。CuO 可溶解于 Cu 熔体中，氧化熔体中氧位更低的其他合金元素，易生成分散度高且不溶解的氧化夹杂。这些夹杂留在金属中就成为板带材起皮、分层及起泡的根源之一，降低塑性并损伤模具。因此，近年来在精炼阶段着重注意去渣。对于轻合金来说，炉内去渣效果很有限，现已研究出多种炉外熔体过滤法。

(3) 铸锭表面光洁。铸锭表面要求光洁，无冷隔、重叠、结瘤及表面裂纹等缺陷。尽管表面缺陷可通过铣面工序加以消除，但如果缺陷太深，铣面也不能消除。刨削太深会使金属损失过多。

(4) 铸锭内部化学成分无偏析现象。化学成分偏析容易引起铸锭表面结瘤、性能不均匀及易造成热脆性。固、液相线间水平距离大的合金，其平衡分配系数大于或小于 1 的元素，一般易于偏析。溶解度小且密度差大的元素，元素间相互作用形成密度不同的化合物初晶，常易造成偏析。结晶温度范围大或固液区宽的合金，易形成枝晶较发达的柱状晶；在铸锭凝壳与锭模间形成气隙后锭面温度回升，体收缩系数较大的合金，有利于反偏析瘤发展。在合金一定时，冷却强度和结晶速度对各类偏析起决定性作用。过渡带大小、固液两相的流动、元素的扩散系数及平衡分配系数等也有着重要影响。

(5) 铸锭结晶组织细密均匀。粗大或分布不均匀的结晶组织降低了金属的塑性，在压力加工时容易造成破裂，如轧制时易发生裂纹、裂边等缺陷。

6.1.2 对熔炼设备的基本要求

非铁合金熔炼的突出问题是元素容易氧化、合金液容易吸气。为了获得含气量低、夹杂物少、化学成分均匀的高质量合金液，实现优质、高产、低耗地生产铝、铜、镁、锌、钛等非铁合金铸件的目的，对熔炼设备的基本要求如下：有利于金属炉料的快速熔化和升温，熔炼时间短，元素烧损和吸气少，合金液纯净；燃料、电能消耗低，热效率和生产率高，坩埚、炉衬寿命长；操作简便，炉温便于调节和控制，劳动卫生条件好，对环境污染小，便于生产组织及管理。

6.1.3 熔炼设备的分类和选用

非铁合金熔炼设备分为燃料炉和电炉两大类。燃料炉用煤、焦炭、煤气、天然气、燃油等作为燃料，燃料炉有坩埚炉和反射炉两种。按电能转变为热能的方法不同，电炉分为电阻炉、感应炉和电弧炉等。电阻化炉又可细分为坩埚电阻炉、反射电阻炉和箱式电阻炉；感应炉又可细分为有芯感应炉与无芯感应炉两种，而按频率高低又可细分为工频炉、中频炉和高频炉三种；电弧炉可分为非自耗炉和自耗炉两种。

6.2 电阻熔炼炉

电阻熔炼炉简称为电阻炉。常用的电阻熔炼炉可以分为坩埚电阻炉、反射电阻炉和箱式电阻炉三大类。电阻炉可以熔炼低熔点的非铁金属及其合金。

6.2.1 坩埚电阻炉

坩埚电阻炉供熔炼如铝、锌、镁等低熔点的非铁金属和合金。坩埚电阻炉是利用电流通过电加热元件而发热以熔化金属的炉子，容量一般为 30～200 kg。电加热元件有金属（镍铬合金或铁铬铝合金）和非金属（碳化硅或硅钼元件）两种。

坩埚电阻炉又分为回转式和固定式两种。坩埚电阻炉的结构紧凑，电气配套设备简单、价廉。与工频感应熔炼炉相比，设备投资少，更适用于很小容量的非铁金属及其合金的熔炼。这种炉子的最大缺点是熔炼时间长，如熔炼 150～200 kg 铝液时，第一炉需要 5～5.5 h，耗电较多，生产效率低。由于铝液在高温下长时间停留，会引起吸气等不良后果。从发展趋势来看，较大容量的坩埚电阻炉将被工频感应炉代替。

图 6-1 所示为固定式坩埚电阻炉。因为坩埚和炉体回转会造成电阻丝的移动、变形甚至断裂等，从而降低了电阻丝的使用寿命，所以一般为固定式的。浇注中、小型铸件用手提浇包直接自坩埚中舀取金属液；浇注较大的铸件时，可吊出铸铁坩埚进行浇注。

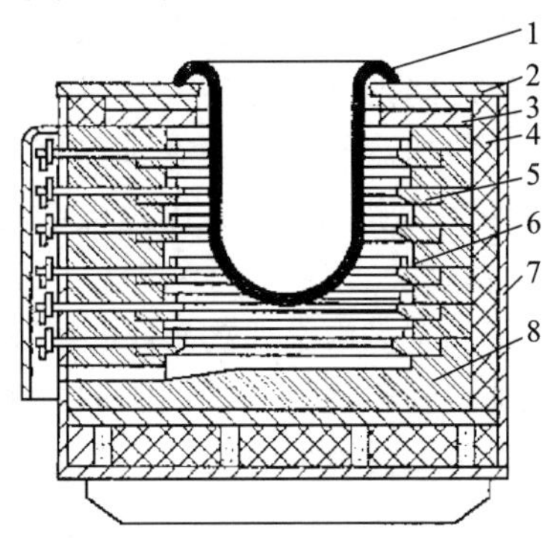

图 6-1 固定式坩埚电阻炉

1—坩埚；2—坩埚托板；3—耐热铸铁板；4—石棉板；5—电阻丝托砖；6—电阻丝；7—炉壳；8—耐火砖

坩埚炉熔炼中所使用的坩埚主要有非金属坩埚和金属坩埚两大类。非金属坩埚有碳质坩埚、石墨坩埚和黏土坩埚等，主要用于熔炼铜合金、铝合金等。金属坩埚常用于熔炼铝合金、镁合金等熔点较低的合金。大多工厂使用自制的铸铁坩埚。由于铸铁有高温生长现象，坩埚经加热后尺寸会变大，因此在炉膛与坩埚壁之间须留有足够的空隙，以防卡住坩埚，不能从炉中取出。普通铸铁坩埚寿命较短，正常熔炼条件下只能使用 10～30 炉次。球墨铸铁坩埚能熔炼 40～60 炉次。

6.2.2 反射电阻炉

反射电阻炉主要用来熔炼铝、镁及其合金。图 6-2 所示为可倾式电阻反射炉，金属的加热是靠悬挂在炉顶上的电热体的辐射传热。这种炉子用于熔化铝合金。铝锭是由加料口装入熔化室下部向熔池倾斜的炉台上，熔化后的铝液沿炉台流入位于炉子中部的熔池，大量的氧化皮留在炉台上，极易清理。

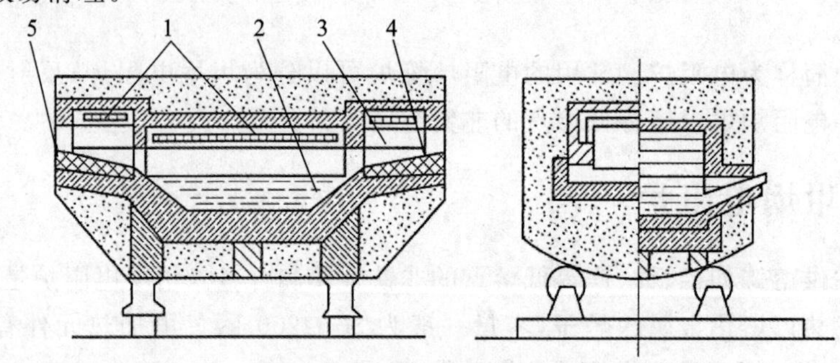

图 6-2 可倾式电阻反射炉

1—电阻丝；2—熔池；3—熔化室；4—炉台；5—加料口

这种炉子的优点是炉气稳定，氧化吸气小，铝液干净，容量大(1～10 t)，劳动条件好，适用于生产大型铝铸件和大批生产的铸铝车间。电阻反射炉不能使用熔剂，不能在炉内进行精炼、变质，以免产生的氯化物蒸气损坏裸露的电热体。电阻反射炉的最大缺点是熔化时间长，生产效率低，耗电量大。从发展趋势看，反射电阻炉正逐步被工频感应炉取代。

6.2.3 箱式电阻炉

箱式熔铝(保温)电阻炉的炉壳是由型钢及钢板焊接成长方形结构，内有高铝质耐火材料砖砌成的加热室。在加热室与炉壳之间砌有保温砖并用其他高性能保温材料填满，以减少热损失。由高电阻合金加工成螺旋状的加热元件布置在加热室上部的搁丝管上，通过引出棒与外线路的电源接通。炉壁一侧有两个出铝液孔，一孔为正常生产用，另一偏低孔为检修出液孔，可将炉内铝液流尽。

在电炉上端两侧各装有保护罩壳，罩壳内系加热元件的接线装置，供 380 V 电源接入。电炉两端设有两个灵活启闭的炉门，供加料及扒渣用。炉门上的联锁装置在炉门打开时能自动切断电源，以保证操作安全。电炉的功率可由控制柜切换为三挡功率加热，其外形如图 6-3 所示。

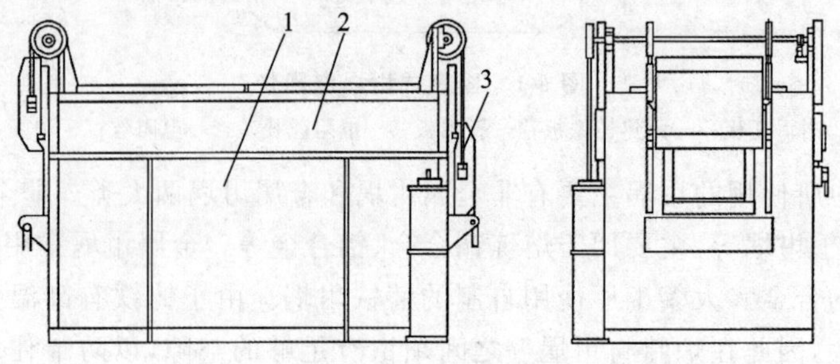

图 6-3 箱式熔铝(保温)电阻炉外形图

1—加热室；2—加热元件安装处；3—炉门

6.3 感应熔炼炉

感应炉熔炼是利用交流电感应的作用，使金属炉料本身发出热量，来加热和熔化金属的一种熔炼方法。从感应炉的加热、熔炼原理来看，它很少限制被熔金属的种类或形状，没有像燃料炉那样的排烟问题，因此有助于防止公害，并具有熔炼质量好、金属损失少、功率控制方便、易于实现机械化自动化、劳动条件好等一系列优点，已在冶金工业、机械工业以及其他许多工业部门中得到日益广泛的应用。

从结构上来看，感应炉分为有芯感应熔炼炉和无芯感应熔炼炉两类。无芯感应熔炼炉分为直接使用工业频率(50Hz)的工频无芯熔炼炉和配备变频装置的有更高频率的中高频感应熔炼炉。也就是说，可以分为工频无芯感应熔炼炉、中高频无芯感应熔炼炉和中高频有芯感应熔炼炉三种。

6.3.1 工频无芯感应熔炼炉

工频无芯感应熔炼炉又叫坩埚感应熔炼炉，用于熔炼铜、铝及其合金。

工频无芯感应熔炼炉的最大特点之一是坩埚内的金属液受电磁搅拌作用产生激烈的流动。对一定容量的炉子来说，输入的功率越大，频率越低，电磁效应越显著，所以在工频炉里金属液的运动激烈，对促使金属液成分均匀化、合金化及温度均匀化很有利；反之，也会由于过度搅拌而将氧气卷入金属液内，使金属氧化，造成金属损失。考虑到上述情况，在设计非铁金属用的工频炉时，必须认真选择合适的输入功率和能抑制金属液流动的感应线圈的高度。在熔炼过程中，为了能连续地将冷料装到规定的液面高度，应尽量实现低温熔炼。

工频无芯感应熔炼炉主要由电炉本体、电气配套设备以及相应的机械传动和保护装置组成。工频无芯感应熔炼炉的炉体主要由炉架、感应线圈和坩埚组成，其基本结构如图6-4所示。工频无芯感应熔炼炉不仅用途广泛，而且炉子容量、供电频率、炉体的结构方式以及热工特点等差异很大。

6.3.2 工频有芯感应熔炼炉

工频有芯感应熔炼炉有一个用硅钢片叠成的闭合铁芯。这种电炉按变压器原理工作，采用工频电源，不需要特殊的变频设备。

现在的有芯感应熔炼炉几乎都做成暗沟式，即熔沟是暗藏的，埋在熔融金属里，如图6-5所示。这种电炉最早出现在1915年，不久就在铜、青铜、黄铜、锌、铝等熔点较低的金属和合金的熔炼和保温方面得到广泛应用。据估计，全世界有90%以上的黄铜是在这种电炉中熔炼的。

有芯感应熔炼炉主要由电炉本体和电气配套设备两大部分组成。电炉本体主要由炉室、感应线圈、熔沟和铁芯四部分构成，能够倾倒的电炉还应有倾炉装置。工频有芯感应熔炼炉已成为非铁金属的熔炼和保温用的基本炉种。这种电炉由于在开始熔炼和浇注时都需要有液态金属填满熔沟，以此形成通电回路，所以只适宜于单种金属的大批量熔炼或保温。

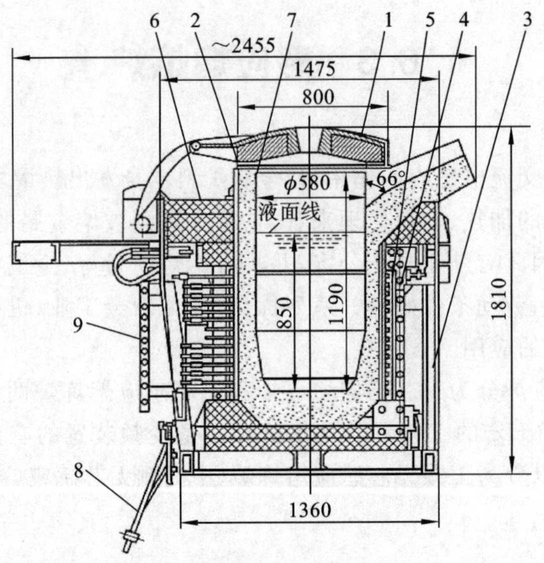

图 6-4　工频无芯感应熔炼炉

1—炉盖；2—坩埚；3—炉架；4—玻璃丝绝缘布；5—感应器；
6—耐火砖；7—坩埚模；8—可绕汇流排；9—冷却水系统

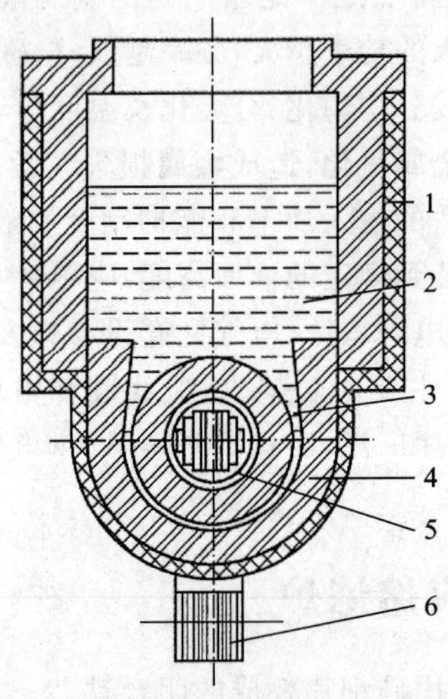

图 6-5　暗沟式有芯感应熔炼炉示意图

1—保温层；2—炉室；3—熔沟；4—耐火层；5—感应线圈；6—铁芯

6.3.3　中频无芯感应熔炼炉

中频无芯感应熔炼炉主要用于钢铁、非铁金属及其合金的熔炼。这种电炉主要由电炉本体、电气配套设备等组成。无芯感应熔炼炉的炉体结构如图 6-6 所示。炉体主要由炉架、感应线圈、倾炉机构、炉衬等部分组成。在电气配套上采用中频发电机组或晶闸管变频器作为电源。电炉所需要的补偿电容器相当多，所以一般都配有独立的补偿电容器架，另外还有中频熔炼控制柜或控制台等。较大电炉的电气配套设备也较多。为了提高电气配套设备的利用率，常采用一套电气设备配用两个炉体的布局方式。

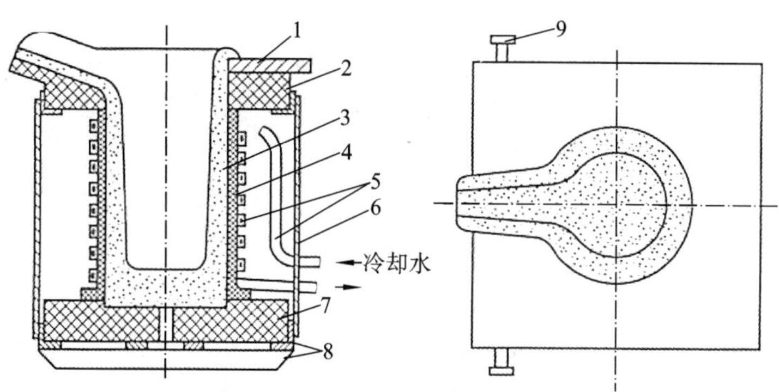

图 6-6　无芯感应熔炼炉的炉体结构

1—水泥石棉盖板；2—耐火砖上框；3—捣制坩埚；4—玻璃丝绝缘布；
5—感应线圈；6—水泥石棉防护板；7—耐火砖底座；8—铝制边框；9—转轴

中频电源设备在很长一段时间内几乎都采用中频发电机组。近年来，随着晶闸管技术的发展，出现了用晶闸管变频器的中频电源设备。由于晶闸管变频器具有很多优点，所以除了一些特殊情况如要求电源频率严格固定者外，中频发电机组有可能会被晶闸管变频器代替。

中频无芯感应熔炼炉具有加热快、金属消耗少、使用灵活方便的特点。另外，中频炉也不需要工频炉那样多的电容器。因此，如果今后中频电源设备能得到进一步的发展，其价格会进一步降低，有可能在相当大的范围内取代工频炉。

6.4　真空熔炼炉

真空熔炼与真空技术的发展紧密相关。早在1905年Bolton就利用自耗电极和水冷铜结晶器，在低压氩气保护下熔炼钽获得成功。人们了解在真空状态下，熔炼金属可以防止大气污染，有利于熔体除气和除杂质，但是由于当时缺乏大型真空装备，真空技术尚属落后，所以真空熔炼迟迟得不到发展。20世纪50年代以后，随着真空技术的进步，大功率、高效真空泵的出现，保证了将真空熔炼过程中金属反应所析出的气体迅速抽出，并且成功地解决了真空容器、密封材料、真空检测仪表和远距离控制等问题，使真空熔炼技术的发展有了保证。

20世纪50年代钛及钛合金的出现和应用，使现代工业规模的真空自耗电弧炉得到应用，并迅速向大容量发展。接着用真空电弧炉重熔钢和镍基合金，使之可以制造燃气轮机涡轮盘、轴和机壳的锻件，其质量和性能大大优于在大气中熔炼的相应材料。

近代，由于高新技术的发展，在物理学、电子学、半导体材料、火箭技术、回转加速器、航空技术及原子能工业等领域，需要多种高纯金属及合金、耐热材料、磁性及超导材料，进一步推进了真空熔炼的发展。现在，不仅有真空感应熔炼炉、真空电弧炉，还出现了电子束炉、等离子炉等。出现了100t容量的真空感应炉，以及能熔炼重达50t、直径1.5 m铸锭的真空电弧炉。真空熔炼已成为现代金属材料生产的一个重要手段。真空熔炼主要用于熔炼钨、钼、钽、铌、锆等稀有金属及耐热合金、磁性材料、电工材料、核材料及高强度钢等。

真空熔炼具有以下特点。

(1) 在真空或惰性气体保护下,采用水冷铜结晶器,可防止活性金属受大气和耐火材料的污染。

(2) 由于有真空净化和提纯作用,可以获得含气量低、夹杂少、偏析小、力学性能优、加工性能好的高级金属及合金材料。可以认为,真空熔炼是所有已知的冶金生产方法中,能获得高纯度、高质量材料的最好方法。

(3) 真空电弧炉可获得 2000 ℃以上的高温,保证了高熔点金属熔炼所需要的温度。

6.4.1 真空感应熔炼炉

真空感应熔炼炉是一种无铁芯感应熔炼炉,其结构如图 6-7 所示。这种电炉的坩埚装在一个真空室里面,熔炼时真空室被抽成真空,炉料在真空或惰性气氛下熔炼和浇注。真空感应炉具有用耐火材料做成的坩埚,所以不能用来熔炼能与坩埚起作用的活泼金属,如钛、锆等纯金属及其合金,也不能熔炼高熔点的难熔金属,如钨、钼等。

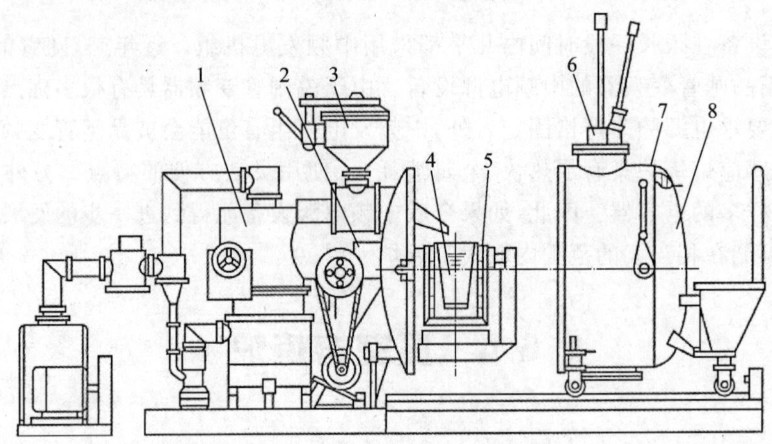

图 6-7 真空感应熔炼炉结构简图

1—真空系统;2—转轴;3—加料装置;4—坩埚;5—感应器;
6—取样和捣料装置;7—测温装置;8—可动炉壳

真空感应熔炼主要用来熔炼耐热合金、磁性材料、电工材料、原子能反应堆材料,也可为真空电弧炉等提供重熔锭坯。同真空电弧炉熔炼和电子束炉熔炼相比,用真空感应炉进行熔炼,炉温、真空度、熔炼时间等控制比较容易,合金元素的添加量可以控制得很准确,所以真空感应熔炼适合于熔炼含铝、钛等元素的耐热合金。

真空感应熔炼具有如下优缺点。

1. 优点

(1) 可以去除材料中的大部分气体和非金属夹杂物,提高材料的性能。

(2) 大大减少元素的氧化损失。

(3) 操作过程简便,能比较容易地控制炉温、真空度、熔炼时间和合金的化学成分。

2. 缺点

(1) 会出现合金元素挥发损失。

(2) 由于坩埚反应,使坩埚寿命短。

真空熔炼过程中会发生坩埚反应——在真空熔炼中,熔融金属与坩埚材料之间发生化学反应。产生原因:在真空下,坩埚材料易分解,气体原子进入真空室内。因此,真空感应电炉通常采用 MgO 坩埚,其原因是 MgO 稳定、难熔,以及镁的蒸气压高。

6.4.2 真空电弧熔炼炉

真空电弧炉熔炼,是指在真空条件下,通过低电压、强电流来形成电弧熔炼金属或合金,构成铸锭的生产过程。产生电弧的电极可以是损耗(自耗)的,也可以是不损耗(非自耗)的。工业上用的真空电弧炉绝大多数是自耗炉。

1. 真空自耗电弧炉

真空自耗电弧炉的结构如图 6-8 所示。真空自耗电弧炉主要由炉体、真空系统、直流电源、电极升降和控制系统、坩埚系统、冷却系统、观测系统等部分组成。无论炉子大小,结构都相似。近十年来,我国国有大型企业大多引进国外先进真空自耗电弧炉,而且大多为 10 t 左右的大型炉子。民营中、小型企业几乎都是采用国产炉子,1～3 t 的炉型较多。近些年来,国产炉子的设计和制造水平有了很大的提高,与国外的先进水平差距大大缩小。目前,真空电弧

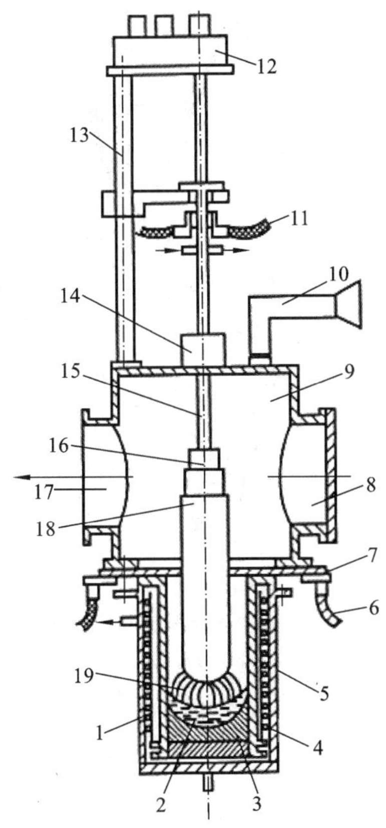

图 6-8 真空自耗电弧炉示意图

1—坩埚;2—熔池;3—铸锭;4—稳弧线圈;5—水套;6—阳极电缆;7—进电法兰;8—人孔;9—炉体;10—光学观察装置;11—阴极电缆;12—复式差动齿轮;13—电极升降机构;14—动密封盒;15—电极杆;16—电极夹头;17—自耗电极;18—排气口;19—电弧

重熔已经得到相当广泛的应用，不仅用来生产活泼金属（如钛）和难熔金属（如钨、钼、钒、锆等），而且也用来生产镍基合金。

真空自耗电弧炉熔炼原理是在无渣和低压的环境下，或者是在惰性气体保护下，自耗电极受低电压、高电流直流电弧的高温作用，将金属迅速地熔化并且在水冷铜结晶器内进行再凝固。液态金属以熔滴的形式通过近 4700 ℃的电弧区域向结晶器过渡以及在结晶器中保持和凝固的过程中，发生一系列物理化学反应，使金属得到精炼，从而达到净化金属，改善结晶结构，提高性能的目的。

2. 真空电弧凝壳炉

真空电弧凝壳炉在工业上主要用来熔炼钛、锆及其他合金。这种电炉的结构如图 6-9 所示。电炉的坩埚呈半球形，由被熔炼的材料本身做成，外面通水冷却，所以这种坩埚实际上是一层凝固了的被熔金属的壳体，故称之为凝壳炉。凝壳的存在使金属液不直接与水冷铜坩埚接触，可完全避免来自坩埚的污染。这种电炉通过加料装置把炉料加到水冷坩埚里。炉内设有铸型，金属熔化后倒入铸型中。

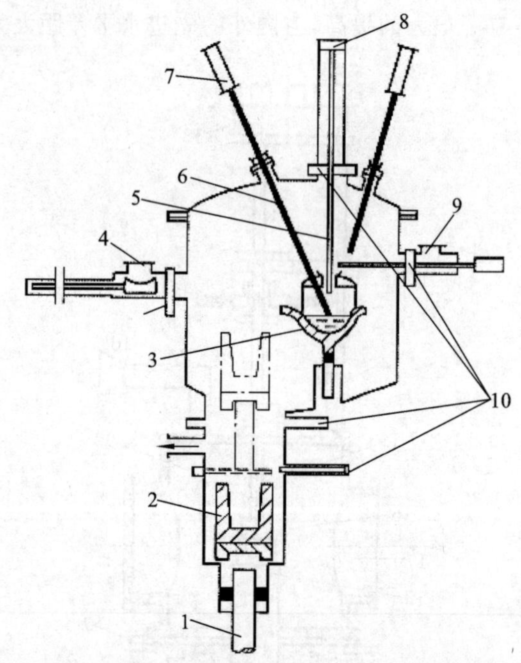

图 6-9　真空自耗电极电弧凝壳炉

1—液压缸活塞；2—铸型；3—凝壳式水冷坩埚；4—装料室；5—自耗电极；
6—非自耗电极；7—电极控制装置；8—自耗电极进给机构；9—合金料添加口；10—真空闸阀

第 7 章

铸造铝合金熔炼

7.1 铝合金熔炼的物理化学特性

铝铸件质量常受熔炼工艺的影响，如最常见的缺陷针孔及氧化夹渣主要由熔炼不当而来。因此，应力求拟订出最完善和最合理的熔炼工艺。

7.1.1 铝-氧反应

铝与氧的亲和力很大，极易氧化，$4Al+3O_2=2Al_2O_3$。表面生成氧化铝膜，可阻止继续氧化。熔炼时当温度超过 900 ℃而至 1000 ℃时，将发生 $\gamma\text{-}Al_2O_3 \rightarrow \alpha\text{-}Al_2O_3$ 转变，密度由 3.47 g/cm^3 增至 3.97 g/cm^3，体积收缩 14.3%，使氧化膜不连续，从而失去保护作用。

合金元素对铝的氧化有一定的影响，加入硅、锰、锌、铜、镍、铬等元素时，对合金氧化性影响极小，而加入镁、钠、钙时，影响较大，但在这类合金中加入少量的铍(0.03%～0.07%)后，可使氧化膜致密，故能提高其抗氧化性。

铝在熔炼温度下 $\gamma\text{-}Al_2O_3$ 膜常会含 1%～2%的 H_2O，熔炼时若氧化皮被搅入铝液，即起 $Al\text{-}H_2O$ 反应。

大多数铝合金具有致密的表面膜，所以在熔炼时可直接在大气中进行，不需要采用专门的防护措施。而熔炼铝镁类合金时，却必须采用熔剂覆盖，最好还应加入少量铍以提高在液态时抗氧化能力。当温度超过 900 ℃时，$\gamma\text{-}Al_2O_3$ 开始转变为 $\alpha\text{-}Al_2O_3$，当大部分转变完成时，即不能在铝液表面形成一层连续的致密膜。此时合金液由于氧化剧烈增加而变稠，使氧化夹杂物含量显著增加。为此，为了防止铝-氧反应，大多数铝合金的熔炼温度应控制在 750 ℃以下。

7.1.2 铝-水汽反应及铝-有机物反应

1. 铝-水汽反应

低于 250 ℃时，铝和空气的水汽(潮湿大气)接触，产生下列反应：

$$2Al+6H_2O \rightarrow 2Al(OH)_3+3H_2\uparrow \tag{7-1}$$

$Al(OH)_3$ 是一种白色粉末，没有防氧化作用且易吸潮，称为"铝锈"。这种带 $Al(OH)_3$ 腐蚀层的铝在温度高于 400 ℃的条件下将进一步发生下列反应：

$$2Al(OH)_3 \rightarrow Al_2O_3+3H_2O \tag{7-2}$$

$$2Al+3H_2O \rightarrow Al_2O_3+6[H] \tag{7-3}$$

在熔炼时，这种 Al_2O_3 即成为氧化夹杂物。氢则溶于铝液，增加铝液中的气体含量。尤其铝液遇水反应极为剧烈，即使在大气中仅存在少量水汽，也足以和铝液发生反应。反应产生的原子态氢则溶于铝液。

升高温度时，铝-水汽反应速度显著加快，使得铝液中的含氢量急剧增加。因为温度升高，铝液中氢的溶解度也会增加。这说明了限制熔炼温度和浇注温度的必要性，这一点对于铝镁合金尤为重要。

2. 水汽来源

水汽来源于炉料、熔剂、精炼变质剂、炉气（大气）及熔炼浇注工具。

3. 铝-有机物反应

铝-有机物反应是熔炼中最有可能发生的反应。有机物是被油脂沾污的炉料工具，油类的基本组成是 C 和 H 构成的烃类，与铝液会发生下列反应：

$$\frac{4m}{3}\mathrm{Al}+\mathrm{C}_m\mathrm{H}_n \rightarrow \frac{m}{3}\mathrm{Al}_4\mathrm{C}_3+n[\mathrm{H}] \tag{7-4}$$

7.1.3 铝合金中的气体及氧化物夹杂

1. 气体

溶解于铝合金的气体主要是氢（其余是少量的 CO 等），氢主要来自铝-水汽反应，在熔炼中由于 Al-H_2O 反应不可避免地将氢带入铝液，虽然在熔炼中经精炼除氢，但仍会残留一部分，在铸件凝固过程中析出，呈针孔状。按照 JB/T 7946.3—2017，在生产实践中把针孔分成五级（见图 7-1）。

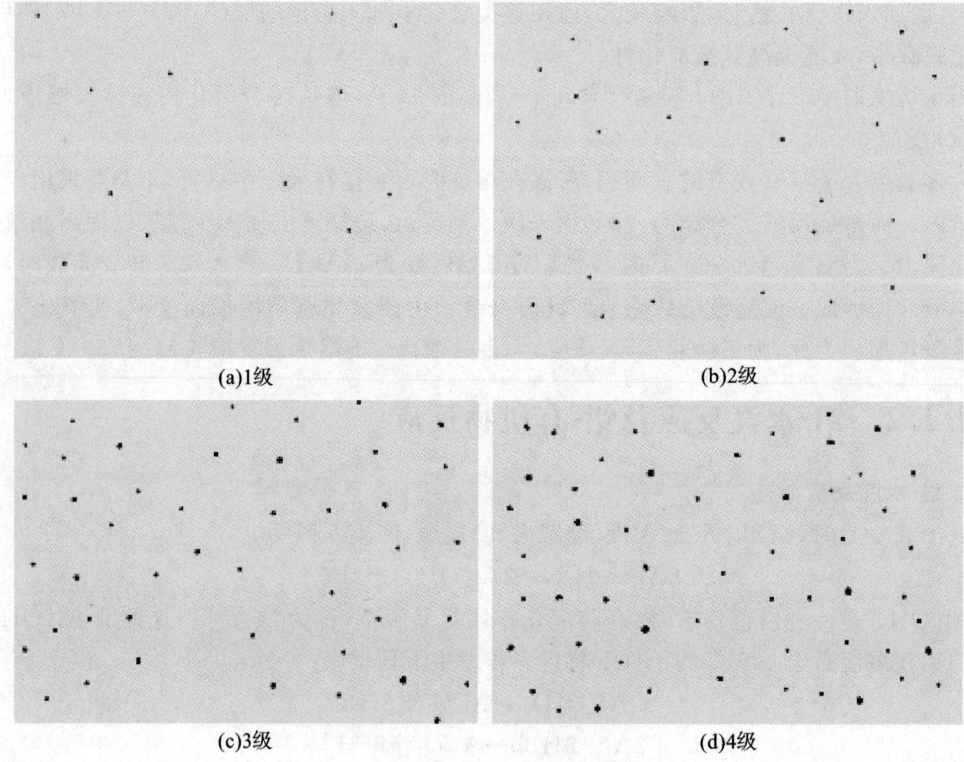

(a)1级 (b)2级

(c)3级 (d)4级

图 7-1 铝合金铸件针孔低倍等级图片

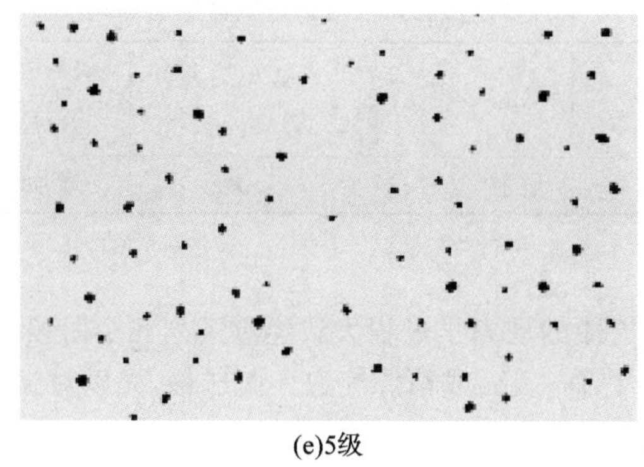

(e)5级

续图 7-1

2. 氧化夹杂物

在熔铸过程中，如将表面氧化膜或空气搅入铝液，或将吸附的 H_2O 带入铝液，均将在其中产生 γ-Al_2O_3 夹杂物，悬浮在铝液中，而在浇注的铸件中形成氧化夹杂物。铝中主要的夹杂物是氧化铝，此外还有氮化物和碳化物。

3. 气体与夹杂物的关系

实践证明，铝液中氧化夹杂物越多，则含氢量也越高。并且氧化夹杂物提供了气泡成核的现成界面，促使铸件针孔的形成。所以，铝液中 Al_2O_3 和氢之间有着十分密切的关系。

7.2 铝合金熔炼工艺原理和技术

熔炼的目的在于获得符合规定组分、气体及氧化夹杂物的含量少，并保证铸件得到细密组织的高质量合金液。

7.2.1 铝合金的净化(精炼)原理

1. 除氢热力学

根据物理化学中气体溶解度的西华特定律，双原子气体分子氢在铝液中的溶解度[H]与液面上氢分压 P_{H_2} 成下列关系：

$$[H]=K_H\sqrt{P_{H_2}} \tag{7-5}$$

$$K_H=-A/T+B \tag{7-6}$$

式中：K_H 为氢的溶解度系数；T 为热力学温度；A、B 为常数，对铝合金而言，不同的合金类和不同的成分，其数值各不相同。

由上两式可知炉气中氢分压低以及熔炼温度低时，则合金中氢的溶解度低。故应尽量降低铝液表面上的氢分压，为此可以采用真空处理，或向铝液中吹入气体，以在其内形成氢分压起始为零的气泡来降低含氢量。这种气体应不玷污且不溶于铝液，至于温度的降低是有限的。

合金元素对铝中氢含量有不同影响，如表 7-1 所示。

表 7-1　合金元素对铝中氢含量的影响

元素	Zn(含量) ＜18%	Mg	Si	Cu(含量) ＜20%	Ti	Mn(含量) ＜0.1%	Ni
铝中氢量变化	增加	增加	减少	减少	增加	无影响	增加

2. 去气动力学

除去溶解在铝液中的气体的动力学过程大致经过下列几个阶段：

(1) 气体原子从铝液内部向表面或精炼气泡界面迁移，先以对流方式向界面区传质，再通过界面层扩散到界面上；

(2) 气体原子从溶解状态转变为吸附状态；

(3) 在吸附层中的气体原子生成气体分子；

(4) 气体分子从界面上脱附；

(5) 气体分子扩散进入大气或精炼气泡内，精炼气泡上浮到铝液表面进入大气(见图 7-2)。

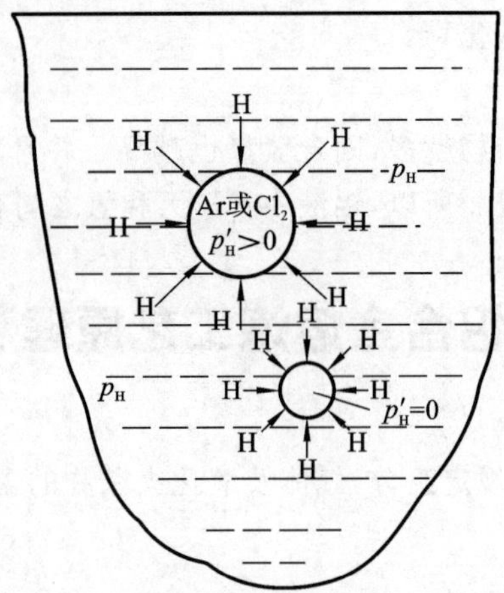

图 7-2　铝液中氢向惰性气泡或活性气泡中迁移示意图

至于精炼温度，从热力学角度应低些为好；从动力学角度讲希望高些，以降低熔体黏度。铝液的黏度一般较小，故以降低精炼温度为宜。

3. 除夹杂的热力学与动力学

1) 气体除夹杂的热力学

气泡在铝液中与固体夹杂相遇时会发生能量变化。根据热力学第二定律，系统自发变化的条件是能量必须降低，故夹杂被气泡自动吸附应满足$\triangle F<0$，即：

$$S\sigma_{s-g}-(S\sigma_{l-g}+S\sigma_{l-s})<0 \tag{7-7}$$

化简成

$$\sigma_{l-g}+\sigma_{l-s}>\sigma_{s-g} \tag{7-8}$$

式中：σ_{s-g}——气泡-Al_2O_3夹杂之间的表面张力；

σ_{l-g}——铝液-气泡之间的表面张力；

σ_{l-s}——铝液-Al_2O_3夹杂之间的表面张力。

由于Al_2O_3夹杂与铝液不润湿，故其接触角$\theta>90°$，固液气三相平衡时(见图 7-3)有如下关系：

$$\sigma_{s-g}+\sigma_{l-g}\cos(180°-\theta)=\sigma_{l-s} \tag{7-9}$$

即：

$$\sigma_{s-g}-\sigma_{l-g}\cos\theta=\sigma_{l-s} \tag{7-10}$$

∵ $\theta>90°$

∴

$$\cos\theta=\frac{\sigma_{s-g}-\sigma_{l-s}}{\sigma_{l-g}}<0 \tag{7-11}$$

又 ∵ σ_{l-g}永为正值

∴ $\sigma_{l-g}+\sigma_{l-s}>\sigma_{s-g}$恒成立

所以铝液中的 Al_2O_3 夹杂能自动吸附在气泡上，而被带出液面。

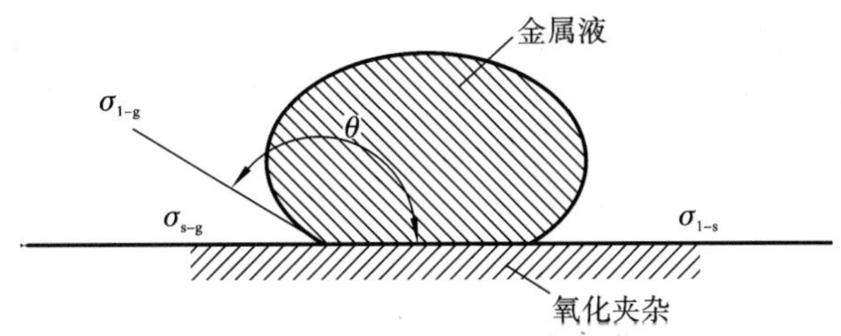

图 7-3 氧化夹杂、金属液、炉气三相之间的表面张力示意图

2）气体除夹杂的动力学

根据流体运动学原理，流体是按流线流动的，气泡上浮与铝液产生相对流动。由于流线的存在，只有小气泡才能有效地捕获小质点。对较大的夹杂可能因惯性碰撞被气泡俘获；对较小的夹杂则顺流线运动，在气泡周围相切，根据热力学可知只要夹杂与气泡一接触就能被俘获。相切俘获系数为：

$$E=\left(1+\frac{2a}{r}\right)^2-1 \tag{7-12}$$

式中：r——气泡半径；

$2a$——夹杂直径。

由上式可知，当 $2a\ll r$ 时，俘获效率很小。因此要尽量减小气泡直径增大夹杂尺寸，以提高清除夹杂的效率。

3）过滤除夹杂原理

当熔体中氧化物夹杂分离得不够干净，遗留一些微小的夹杂常给有色加工材料的质量带来不良影响，所以近代采用了过滤除渣的方法，获得良好的效果。

过滤装置种类很多，从过滤方式的除渣机理来看，大致可分为机械除渣和物理化学除渣两种，机械除渣主要是靠过滤介质的阻挡作用、摩擦力或流体的压力使杂质沉降及堵滞，从而净化熔体；物理化学除渣主要是利用介质表面的吸附和范德华力的作用。不论是哪种作用，熔体通过一定厚度的过滤介质时，由于流速的变化、冲击或者反流作用，杂质较容易被分离掉。通常，过滤介质的空隙越小，厚度越大，金属熔体流速越低，过滤效果越好。

7.2.2 铸造铝合金净化(精炼)技术

1. 精炼方法概述

铝合金熔炼质量的关键是熔体的净化，习惯上称为精炼。目前研究使用的精炼方法很多，概括归纳可分为物理方法和物理化学方法两类。

物理方法：吹惰性气体，用单管或多孔透气吹头；过滤，包括颗粒、刚质陶瓷、泡沫陶瓷过滤器；真空处理，包括静态和动态处理；氢气的电萃取，通直流电使原子态氢结合成分子后逸出；超声处理。

物理化学方法：加气化熔剂，在铝液中生成 $AlCl_3$ 或本身气化，常用 C_2Cl_6、$ZnCl_2$ 等；吹活性气体，用 Cl_2 或 F_{12}（CCl_2F_2）；加活性熔剂，用碱金属的氯、氟盐；喷吹活性熔剂；加稀土金属，与溶解氢形成化合物，将氢固定。

2. 吸附净化

1）浮游法精炼

在铝液中吹入气体或产生气体，都有利用气泡在铝液中的浮升，将氢及夹杂排出液面，可总称为浮游法精炼，其原理见图 7-2。浮游法精炼包括氯盐精炼、硝酸盐精炼、吹惰性或活性气体精炼等。

(1) 惰性气体吹洗。

向熔体中吹入惰性气体之所以能除渣，是因为吹入的惰性气体与熔融铝及溶解的氢不起化学反应，又不溶解于铝液。通常使用的惰性气体是氮气或氩气。

根据吸附除渣原理，氮气被吹入铝液后，形成许多细小的气泡。气泡从熔体中通过时与熔体中的氧化物夹杂相遇，夹杂被吸附在气泡的表面并随气泡上浮到熔体表面，如图 7-4 所示。由于惰性气体泡吸附熔体中的氧化夹杂物后，能使系统的总表面自由能下降，因而这种吸附作用可以自动发生。惰性气体和夹杂物之间的表面张力越小，而熔体和惰性气体之间的表面张力以及熔体和夹杂物之间的界面张力越大，则这种惰性气体的除渣能力越强。采用惰性气体精炼时，应该在液面均匀撒上熔剂。这是因为，惰性气体泡把夹杂物带出液面后，如果此时液面有熔剂层，则夹杂物进入熔剂中成为熔渣，便于扒出。否则，密度较大的夹杂将重新落入铝液，而密度较小的夹杂物在液面形成浮渣，与铝液很难分离，将这些浮渣扒出时将带出很多金属液而增大金属损失。

向熔体中吹入惰性气体除气的依据是分压差脱气原理，如图 7-5 所示。当吹入熔体的氮气泡中开始没有氢气时，其氢分压为零，而气泡附近熔体中的氢分压远大于零，因此在气泡内外存在着一个氢分压差，熔体中的氢原子在这个分压差的作用下，向气泡界面扩散，并在界面上复合为分子进入气泡。这一过程一直要进行到氢在气泡内外的分压相等时才会停止。进入气泡的氢气随着气泡上浮而逸入大气。此外，气泡在上浮过程中，还可以通过浮选作用将悬浮在熔体中的微小分子氢气泡和夹杂中的气体一并带出液面，从而达到除气的目的。

(2) 活性气体冲洗。

氯气为化学活性气体，向铝液中通入氯气可以较有效地起精炼作用。氯气通入铝液即发生剧烈的化学反应：

$$2Al+3Cl_2 \rightarrow 2AlCl_3\uparrow \qquad \Delta H=-1591.8\ kJ \tag{7-13}$$

$$H_2+Cl_2 \rightarrow 2HCl\uparrow \qquad \Delta H=-184.2\ kJ \tag{7-14}$$

反应生成物 HCl 和 $AlCl_3$（沸点 183 ℃）都是气态，不溶于铝液，和未参加反应的氯气一样都具有精炼作用（见图 7-6），因此氯的精炼效果在浮游法中是最好的。但是，氯是剧毒气体，对人体健康有害，而且设备复杂，有腐蚀性，铝合金晶粒易粗大。因此，近年来已改用 Na 加一定数量氟利昂除气，效果接近或等于氯气的除气效果。此外，通过对处理时排放的废气进行分

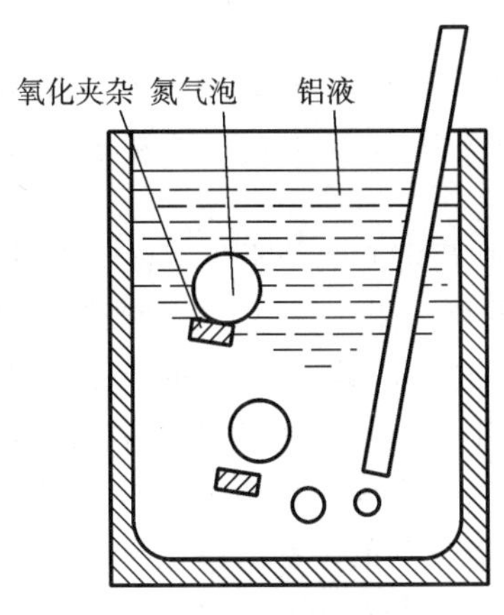

图 7-4 通氮精炼原理图

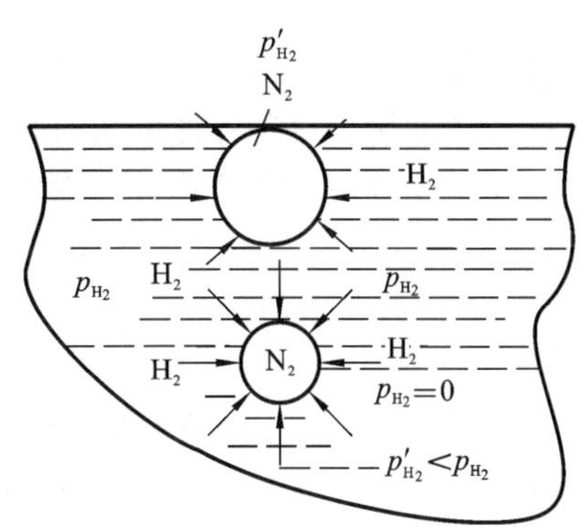

图 7-5 通氮除气原理图

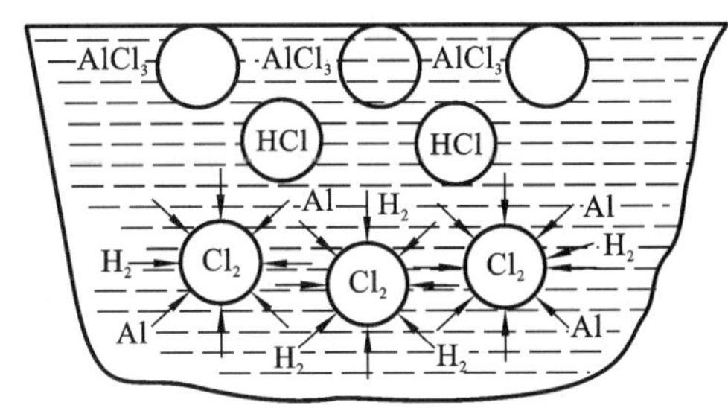

图 7-6 吹氯精炼示意图

析，结果表明有害发散物含量显著降低，其中氯利昂和氯气含量不超过 0.1%。

具体操作工艺为：铝液温度 680～700 ℃，通氯压力 0.02 MPa，时间约 10 min，通氯速度以沸腾而不飞溅为原则，管口离坩埚底 100～150 mm，气体消耗量一般为铝液质量的 0.3%～1.0%。通氯后铝液需静置 10 min，以利于气体及夹杂物充分排出。

(3) 气化熔剂-氯盐精炼。

常用的气化熔剂精炼有氯盐 $ZnCl_2$、$MnCl_2$、C_2Cl_6 等，还有 $NaNO_3$ 为基的所谓无毒精炼剂。

①$ZnCl_2$ 和 $MnCl_2$。

两者的基体性质、作用是相似的，在铝液中发生下列反应：

$$3ZnCl_2+2Al \rightarrow 3Zn+2AlCl_3\uparrow \tag{7-15}$$

$$3MnCl_2+2Al \rightarrow Mn+2AlCl_3\uparrow \tag{7-16}$$

反应产物在铝液中形成大量无氢气泡，起精炼作用。

②六氯乙烷精炼。

六氯乙烷为白色晶体，密度为 2.09 g/cm³，185.5 ℃升华，不吸湿且无毒。六氯乙烷加入铝液后，发生下列反应：

$$3C_2Cl_6+2Al \rightarrow 3C_2Cl_4\uparrow+2AlCl_3\uparrow \tag{7-17}$$

反应生成物 C_2Cl_4 和 $AlCl_3$ 都是气态，在熔体上浮时起着除气、除渣的作用。六氯乙烷的用量及精炼温度与合金成分有关。不含镁的铝合金加入量为 0.2%～0.5%(占铝液量)，精炼温度为 700～720 ℃；含镁的合金用量为 0.3%～0.75%，精炼温度为 730～750 ℃。

2）熔剂法精炼

铝合金熔炼用熔剂分两类：一是覆盖熔剂，只起隔离保护作用；二是覆盖精炼熔炼剂，兼有保护和精炼作用。铝合金的熔剂种类繁多，一般由碱金属及碱土金属卤素盐类混合组成，NaCl 和 KCl 的混合盐是各种熔剂的基础。

熔剂的精炼作用主要是靠其吸附和溶解氧化夹杂。因为氧化夹杂是不被铝液润湿的，两者间的界面张力很大；而熔剂对氧化夹杂是润湿的，两者间的界面张力较小。熔剂吸附熔体中的氧化夹杂后，能使系统的表面自由能降低，因此，熔剂具有自动吸附氧化夹杂的能力，这种能力称为熔剂的精炼性。这种吸附作用是熔剂除渣的主要原因。显然，熔剂和非金属夹杂物的界面张力越小，而熔剂和铝液的界面张力及铝液和非金属夹杂物之间的界面张力越大，则熔剂的吸附性越好，除渣作用越强。熔剂对氧化物的溶解作用是由熔剂的本性所决定的。通常，当熔剂的分子结构与某些氧化物的分子结构相近时或化学性质相近时，在一定温度下可以产生互溶。

熔剂的除气作用主要表现在三个方面：一是随络合物 $\gamma\text{-}Al_2O_3 \cdot xH$ 的除去而除去被氧化夹杂所吸收的部分络合氢；二是熔剂产生分解或与熔体相互作用时形成气态产物，进行扩散除氢；三是熔体表面氧化膜被溶解而使得溶解的原子氢向大气扩散变得容易。但是，需要指出的是熔剂的除气作用是有限的。

熔剂精炼的操作：先将熔化时的旧熔剂清除，再向液面均匀撒精炼熔剂，搅拌几分钟，将其压入铝液深部，静置约 10 min 后除熔渣。

3. 非吸附净化

依靠其他物理作用达到精炼目的的精炼方法，统称非吸附精炼。它对全部铝液有精炼作用，因此效果比较好。

1）超声波处理

超声波精炼的原理是：向铝液通入弹性波时，弹性振荡经过液体介质（熔液）传播产生空穴现象，使液相连续性破坏，在铝液内部产生了无数显微“空穴”，溶入铝中的氢逸入这些空穴中成为气泡核心，继续长大成为气泡，逸出铝液，达到精炼目的。用超声波处理结晶过程中的铝液时，在超声波的作用下，枝晶振碎成为结晶核心，因而能够细化晶粒。

2）直流电精炼

根据氢在金属中可能处于离子状态的假说，提出了电流除去液态金属中气体的处理工艺，对一系列纯铝和铝硅合金依次用直流电处理 20～30 s，在某些合金中能得到很好的除气效果。但在某些合金中未能得到预期的效果。

3）真空精炼

真空精炼是将盛有铝液的坩埚置于密闭的真空室内，在一定温度下镇静一段时间使溶入铝液中的气体及非金属夹杂物析出，上浮至表面，然后加以排除。真空处理有静态真空处理和动态真空处理两种形式。

真空精炼的基本原理是：一方面在真空中，铝液吸气的倾向趋于零；另一方面，根据氢在液体金属中的溶解度公式，当熔液上方气压降低时熔体内氢的溶解度急剧下降，溶入铝液中的氢有强烈的析出倾向，由此氢吸附在固体非金属夹杂物上，随之上浮至熔液表面。真空处理可从熔液中除氢和夹杂物，比常用的吸附方法更有效，可使针孔率显著下降，一般可降至二级左右，力学性能明显提高。

4. 熔体过滤

铝熔体通过用中性或活性材料制造的过滤器，以分离悬浮在熔体中的固态夹杂物的净化方法叫作过滤。

按过滤性质，铝合金熔体的过滤方法可分为表面过滤和深过滤两类；按过滤材质，可分为网状材料过滤（如玻璃丝布、金属网）、块状材料过滤（如松散颗粒填充床、陶瓷过滤器、泡沫陶瓷过滤器）和液体层过滤（如熔剂层过滤、电熔剂精炼）三类。目前，我国使用最广泛的是玻璃丝布过滤、泡沫陶瓷过滤和刚玉质陶瓷管过滤。

7.2.3 精炼效果的检验

铝合金精炼后的效果应进行检验，检验分为气体含量和夹杂含量的检测。

1. 气体含量的检验

气体含量的检测方法主要有：观察针孔度法；观察减压凝固试样法；气相色谱法；真空测气仪法。

2. 夹杂含量的检测

铝中夹杂含量的测定要比测定气体困难，一般不能实现炉前检验。Al_2O_3等氧化物夹杂常用溴-甲醇法的化学方法测定。

7.3 铸造铝合金的组织控制

前面我们已阐明，细化基体晶粒、第二相及杂质相，对提高机械性能和铸造性能有重大的作用。为此对液态合金进行处理，以改善凝固组织。此种液态处理有物理的和化学的方法。前者如用振动及超声波处理以细化组织；后者即直接或间接加入合金元素来改善组织，这是最常规的方法。

7.3.1 晶粒的细化处理(孕育处理)

铝合金基体晶粒的细化元素常用 Ti、B、Zr，细化剂则为它们与铝的中间合金，而用上述元素的盐类作细化剂效果更好，常用的盐类有 K_2TiF_6、KBF_4、K_2ZrF_6、$ZrCl_4$、BCl_3等。细化机理主要是上述元素能与铝液形成包晶相，或者可以说是上述元素与铝液形成各种高温稳定的化合物质点，与 α(Al)相存在着良好的共格对应关系，成为异质晶核。

7.3.2 铝硅合金中共晶硅的变质处理

在各种铝硅合金中都存在共晶硅晶体，从变质观点看，共晶与亚共晶型中的共晶硅都是一样的。

1. 钠变质

钠是最早而最有效的共晶硅变质元素，加入方式有纯钠、钠盐及钠碱三种。

1）纯钠

纯钠是强变质剂，但钠的性质极活泼，与空气、水反应激烈，需保存在煤油或真空中，纯钠变质易造成重力偏析。目前生产中已经不再使用。

2）钠盐

生产中广泛应用的变质剂是含 NaF 的卤盐混合物。加入铝液后发生反应：

$$6NaF + Al \rightarrow Na_3AlF_6 + 3Na \tag{7-18}$$

表 7-2 列出常用变质剂。由于 NaF 熔点高（986 ℃），加入 KCl、NaCl 降低熔点，使在熔炼温度下成液态，利于反应的进行和覆盖液面。Na_3AlF_6 能吸收氧化物，加它后具有变质精炼作用，称为多用变质剂，用于重要铸件的变质。

表 7-2　铝硅合金常用变质剂成分及变质温度

变质剂名称	成分/（%）				熔点/℃	变质温度/℃	适用浇注温度/℃
	NaF	NaCl	KCl	Na_3AlF_6			
二元变质剂	67	33	—	—	740～750	800～820	780～800
三元变质剂（1）	45～47.5	40	15～12.5	—	730	740～760	约 750
三元变质剂（2）	25	62.5	12.5	—	606	725～740	约 700
通用一号	60	25	—	15	750	800～820	770～790
通用二号	40	45	—	15	700	760～780	740～760
通用三号	30	50	10	10	650	720～750	700～730

一般是根据铸件要求的浇注温度来选择变质剂的熔点和成分。变质处理多在精炼后浇注前进行，变质温度应稍高于浇注温度，这时变质剂应处于液态，变质完毕即可浇注。变质温度不宜过高，否则会增加铝液的氧化、吸气和吸铁，并且钠也容易挥发、氧化，使变质效果变坏。变质温度过低，则变质反应慢，时间长。变质剂的用量一般为铝液的 1%～3%。操作时将粉状变质剂撒在铝液面上，覆盖 10～15 min 后，将已结壳的变质剂切碎压入铝液 2～3 min，扒渣后即可浇注。变质剂用量很重要：过少，显然硅相会细化不足，变成亚变质组织；过多，硅相又逐渐变粗，局部 α(Al) 间出现较粗大的金属间化合物 $NaAlSi_4$，形成过变质带。无论是亚变质或过变质组织都会恶化合金的机械性能。

3）钠碱

采用碳酸钠作变质剂，它在高温下与镁反应还原出钠起变质作用。反应如下：

$$Na_2CO_3 + 3Mg \rightarrow 2Na + 3MgO + C \tag{7-19}$$

此变质剂用 Na_2CO_3、镁粉和耐火砖屑（载体）压成块，压入铝液内反应。

2. 其他变质

1）锶变质

锶变质已获得工业上的应用，加入量为 0.02%～0.06%，砂型铸造取上限，金属型铸造取下限。通常以 Al-Sr 中间合金形式加入。变质后不能用氯盐精炼，以免生成 $SrCl_2$，失去变质作用，只能通氩精炼。锶不易烧损，砂型铸造的变质有效时间可达 6～8 h，故称为长效变质剂。锶变质会使得铝液针孔倾向增大。

2）锑变质

锑变质只适用于亚共晶 Al-Si 合金，变质效果对冷却速度很敏感，故常用于金属型铸造。变质后共晶硅呈短杆状，需辅以热处理，使共晶硅进一步熔断、粒化，方能明显提高力学性能。必须以 Al-Sb 中间合金的形式加入，锑的加入量约为 0.2%。经锑变质的铝液流动性好，充型能力强，能获得致密的铸件；锑不易烧损，经多次重熔后仍有相同的变质效果，称为“永久变质剂”，适用于需长时间浇注的场合。

3）混合稀土元素变质

混合稀土中铈含量较高，占 40%以上，其余为 La、Nd、Sm 等，容易氧化。通常以 Al-RE 中间合金加入铝液，也可包在铝皮中经预热后直接加入铝液中，轻轻搅拌，使其逐渐熔清，不沉到坩埚底部形成冷冻块。混合稀土的变质作用对冷速敏感，适用于金属型铸件，获得的组织属亚变组织，随后的热处理使共晶硅熔断、粒化，合金的力学性能明显提高。

7.3.3 铝硅合金中初生硅的变质处理

磷是过共晶铝硅合金钢中的初生硅最有效最常用的变质元素。最早用的细化剂是赤磷。赤磷虽有较好的细化作用，但由于其燃点低，细化处理时，燃烧激烈，产生大量有毒烟雾；污染环境，使铝液严重吸气；另外，赤磷不能加热干燥，储运也不安全，因此已逐渐被淘汰。含铜的活塞合金，常用磷铜合金变质，一般磷铜合金的成分为：P 含量 8%～10%，其余为 Cu，熔点为 720～800 ℃，低于变质温度，能很快溶入铝液中，磷的收得率高，加入量占合金质量的 1%左右。为了防止磷铜表面氧化，加入铝液后生成氧化夹杂，通常将磷铜破碎后当场使用。由于磷铜合金中含铜量高达 90%以上，对于不含铜或含铜量低的活塞合金只能采用含赤磷粉的多元变质剂。

7.3.4 影响变质处理效果的几个普遍问题

1. 冷却(凝固)速度对变质效果的影响

实践表明，凝固速度或称冷却速度对变质作用具有很大的影响。许多微量元素都能使共晶硅晶体变质，随着冷却速度的增大变质能力将加强。

2. 变质潜伏期问题

实践中发现许多变质元素加入铝液后，必须保持某一确定时间才能得到最大的变质作用，此保持时间称为潜伏期。据报道锶、钡、钙的潜伏期分别为 2 h、1 h、0.5 h。稀土为 40 min，锑变质若全用新炉料也要 15～20 min，而钠没有潜伏期，这是它的优点之一。潜伏期会降低生产效率和增加能量消耗。

3. 变质合金中元素的相互作用

变质剂种类多，回炉料(废旧零件)的混用难以避免，易造成不同变质元素的共存，会发生相互影响，包括变质作用相互叠加或促进和变质作用相互干扰抵消。如钠和锶的变质作用相同，能改变硅的生长方式和形貌，因此变质作用可以叠加。

7.3.5 变质效果的检验

变质效果最好在浇注前进行检验，以保证铸件质量。

1. 断口检验

这是生产中常用的简便方法。用砂型浇注(ϕ15～ϕ20)×200 mm 的圆棒，凝固冷却后击断，观察断口。

2. 热分析法

各变质元素对 Al-Si 合金凝固特性的影响不同，可用热分析曲线来判别。

7.4 铸造铝合金配料计算

7.4.1 炉料的组成

炉料一般为新金属、回炉料、二次合金锭、中间合金和金属化合物等。

1. 新金属

所有新金属都按其纯度和用途列入了国家标准。新金属通常用来降低炉料中总的杂质含量，保证合金的质量。由于新金属价格比回炉料贵，在能保证铸件质量的条件下应尽量少用新金属，以降低成本。

2. 中间合金

中间合金是预先制备好的，以便在熔炼合金时带入某些元素而加入炉内的合金半成品，有时也叫“母合金”。

3. 回炉料

通常在铸造、机械加工、压力加工等生产过程中，会出现相当数量的金属废料，根据铸造的观点可把它们按质量分成三类。

(1) 第一类废料包括成分合格的报废铸件、浇冒口等。大量生产时，为了便于炉料管理和配料计算，可将这类废料重熔成相同成分的再生合金锭。

(2) 第二类废料是含有较多的杂质和气体的小块金属料，如毛边、浇口杯中剩余金属、冲压车间的边角料等。

(3) 第三类废料是指需经复杂的冶炼处理后方能应用的废料，如清理铸件时的锯屑、金属液表面扒出的浮渣、炉底剩渣以及化学成分不合格但又无法更正的废金属，这类废料通常由专门的冶金工厂进行处理和重炼并铸成再生合金锭。

回炉料用量占炉料总量的比例不超过 85%，铸造重要件则应在不超过 60%，三级回炉料不超过 15%。

7.4.2 配料计算

配料计算的任务是按照指定的合金牌号，计算出每一炉次的炉料组成及各种熔剂的用量。计算的依据是，已知新金属料、回炉料、中间合金的化学成分和杂质含量，各元素的烧损率，每一炉次的投料量等。下面介绍计算方法。

1. 按投料量计算

先计算包括烧损量在内的各元素的需要量，再计算各种中间合金的数量，最后计算应补加的新金属料及合格的回炉料量。用这种方法计算简单易行，但算得的补加新金属料量不可能是铝锭质量的整数倍，需切割铝锭，以满足要求。

2. 按铝锭质量计算

这种算法能以现有铝锭质量直接投料，不必切割铝锭，可节省工时，计算公式如下：

$$X = \frac{A + A_1(1 - \sum \frac{E}{B} - \sum F)}{1 - \sum \frac{C}{B} - \sum D} \tag{7-20}$$

$$X' = \frac{A}{1 - \sum \frac{C}{B} - \sum D} \tag{7-20$'$}$$

$$Y = \frac{XC - A_1 E}{B} \tag{7-21}$$

$$Y' = \frac{XC}{B} \tag{7-21$'$}$$

$$Z = XD - A_1 F \tag{7-22}$$

$$Z' = XD \tag{7-22$'$}$$

式中：A 为已知铝锭的总质量，kg；B 为各种中间合金内所含合金元素的百分数（不带百分号）；C 为以中间合金形式加入的合金牌号所要求的合金元素百分数（不带百分号）；D 为牌号要求的以纯金属形式加入的合金元素百分数（带百分号）；A_1 为初步确定的回炉料质量，kg；E 为回炉料成分中以中间合金形式加入的合金元素的百分数（带百分号）；F 为回炉料中以纯金属形式加入的合金元素的百分数（带百分号）；X、X' 为每一炉次投料总量，kg；Y、Y' 为各种中间合金配料量，kg；Z、Z' 为以纯金属形式加入的合金元素质量，kg。

式(7-20)、式(7-21)、式(7-22)用于有回炉料时的炉料计算，式(7-20′)、式(7-21′)、式(7-22′)用于无回炉料时的炉料计算。

3. 计算举例

已知 ZL106 合金的目标成分为 8%Si、1.5%Cu、0.4%Mn、0.55%Mg。中间合金成分别为 Al-20%Si、Al-48.8%Cu、Al-8%Mn。铝锭重 16.6 kg。

1）没有回炉料时的计算法

将已知数值分别代入式(7-20′)、式(7-21′)、式(7-22′)中后得：

$$\text{总量：} X' = \frac{16.6}{1 - (\frac{8}{20} + \frac{1.5}{48.8} + \frac{0.4}{8})} \text{ kg} = 31.92 \text{ kg}$$

$$\text{Al-Si：} Y'_1 = \frac{31.92 \times 8}{20} \text{ kg} = 12.768 \text{ kg}$$

$$\text{Al-Cu：} Y'_2 = \frac{31.92 \times 1.5}{48.8} \text{ kg} = 0.981 \text{ kg}$$

$$\text{Al-Mn：} Y'_3 = \frac{31.92 \times 0.4}{8} \text{ kg} = 1.596 \text{ kg}$$

$$\text{Mg：} Z' = 31.92 \times 0.0055 \text{ kg} = 0.176 \text{ kg}$$

2）有回炉料时的计算法

回炉料成分为 7.6%Si、1.6%Cu、0.42%Mn、0.4%Mg，初步确定使用 5kg 回炉料，分别代入式(7-20)、式(7-21)、式(7-22)中得：

$$总量：X=\frac{16.6+5\times(1-\frac{7.6}{20}-\frac{1.6}{48.8}-\frac{0.42}{8}-0.4\%)}{1-(\frac{8}{20}+\frac{1.5}{48.8}+\frac{0.4}{8})-0.55\%}\ \text{kg}=37.42\ \text{kg}$$

$$\text{Al-Si}：Y_1=\frac{37.42\times8-5\times7.6}{20}\ \text{kg}=13.068\ \text{kg}$$

$$\text{Al-Cu}：Y_2=\frac{37.42\times1.5-5\times7.6}{20}\ \text{kg}=0.9065\ \text{kg}$$

$$\text{Al-Mn}：Y_3=\frac{37.42\times0.4-5\times0.42}{8}\ \text{kg}=1.6085\ \text{kg}$$

$$\text{Mn}：Z=(37.42\times0.0055-5\times0.004)\ \text{kg}=0.1858\ \text{kg}$$

7.5 铸造铝合金熔炼工艺

7.5.1 熔炼炉

熔炼炉主要使用坩埚炉，采用电阻加热，也用煤气或重油加热，熔铝用坩埚一般用铸铁铸成，也可用石墨坩埚，另外可采用无铁芯工频感应电炉。

7.5.2 铸造铝合金典型熔炼工艺

1. ZL104 合金的熔炼工艺

铝合金熔炼的工艺过程，由于牌号多，其具体熔炼工艺各有不同，但基本原理和基本过程却是相同的。下面以 ZL104 合金在电阻式坩埚中熔化为例，介绍其熔炼工艺。

1）准备

配料计算时考虑总烧损约 5%，熔炼过程中硅、锰量通常没什么变化。但镁一般烧损 20%～30%。在配料计算完毕后应对炉料中含铁量进行验算，由于熔炼过程中坩埚工具中的铁还会溶入铝液，因此炉中铁量一般应比标准规定的允许量低许多。炉料表面应无油污、黏砂，坩埚壁及工具上的杂物应消除干净。将坩埚及熔炼工具预热至约 200 ℃，在坩埚内表面及工具上喷或刷涂料。

2）加料熔化

坩埚加热至暗红色（400～500 ℃），装入经预热的炉料。先加入回炉料、铝硅合金锭和纯铝锭。熔化后升温至 690～710 ℃，再加经预热的铝锰中间合金，同时轻轻地搅动铝液（防止把表面氧化膜及空气搅入铝液中去）以加速溶解，并使铝液成分比较均匀。然后在 680～700 ℃将纯镁块迅速压入熔池。

3）精炼

炉料全部熔化后，于 730～740 ℃用 C_2Cl_6 精炼，扒去液面熔渣，静置约 10 min。同时浇注含气量及炉前光谱分析试样。炉前检验含气量一般采用在石墨型中浇注的饼状试样。如含气量过多，应重新精炼。炉前光谱分析是检查含镁量，如镁量不足则应补加。

4）变质

精炼后升温至 730～760 ℃，在液面撒上占铝液重量 2%的三元变质剂，保持 15 min，再搅拌 2 min，扒去液面熔渣。浇注断口试样，在砂型中铸出 $\phi15\times200$ 圆棒。弯折时断裂角小于 90°，断口呈银白色的均匀细晶粒，即为变质良好，如断裂角很大，断口晶粒过粗大，呈暗灰色有闪亮小点，则变质不良，应重新进行变质处理。

5）浇注

在 740～750 ℃进行浇注，砂型在 30 min 内浇注完毕，金属型为 45 min。在浇注铸件的同时，应浇注拉伸试棒、金相试样和炉后化学（或光谱）分析试样和炉后的气孔试祥。

镁量微小变化对机械性能影响很大，在熔炼中极易损耗，如因含气量过大延长精炼时间或增加精炼次数时，应增加镁量。为了限制合金中的铁杂质：最重要的是限制炉料中含铁量；其次是杜绝回炉料带入铁质（如过滤网）、铁锈，保持坩埚及熔化工具有良好的涂料层，防止铝液过热及尽量缩短熔炼时间等。

2. ZL201 合金的熔炼工艺

熔制 ZL201 合金的关键是：严格控制合金的化学成分和杂质含量，防止冶炼过程中产生钛偏析，回炉料加入量不大于 60%，配料时要验算 Fe、Si 含量。

熔炼设备最好采用感应炉，但也可在电阻坩埚炉或煤气（柴油）坩埚炉中熔炼。因为 ZL201 合金对杂质 Fe 比较敏感，最好用石墨坩埚。

铜、锰、钛分别以 Al-Cu、Al-Mn、Al-Ti 中间合金的形式加入。为了获得成分准确、冶金质量高的合金，一般采用二次熔炼，即先熔制成合金锭，再用预制合金熔炼成工作合金，进行浇注。

1）预制合金的熔炼

先配料，清除炉料表面脏物，在 300～500 ℃烘烤 1～2 h，把坩埚加热到暗红色，然后依次加入 2/3 铝锭、全部 Al-Mn 中间合金、2/3Al-Ti 中间合金，熔化后加入余下的 1/3 铝锭和全部 Al-Cu 中间合金，升温至 740～750 ℃，加入余下的 Al-Ti 中间合金，缓慢、均匀地搅拌 3～5 min，直至 Al-Ti 中间合金全部熔化，边搅拌边降温至 710～720 ℃，精炼 5～10 min，再静置 5～10 min，除渣后搅拌 1～2 min，在 690～720 ℃取炉前工艺试样，观察断口，如没有大块夹杂或 $TiAl_3$ 偏析，断口呈银白色，即可出炉浇锭。于 690～710 ℃浇注铸锭，浇注至一半时还需再搅拌 1 min 防止偏析，从开始熔化到浇注完毕，整个熔炼时间不得超过 3 h，熔炼温度不超过 750 ℃。

2）工作合金的熔炼

先把预制合金及补加的纯铝和各种中间合金及回炉料的表面脏物清除干净，在 300～500 ℃预热 1～2 h，加热坩埚至暗红色，然后一次加入全部预制合金锭和回炉料，熔化后加入补加的纯铝和中间合金，升温至 730～740 ℃，加入补加的 Al-Cu 或 A1-Ti 中间合金，缓慢、均匀地搅拌 3～5 min，在此温度下精炼 5～10 min，扒渣后搅拌 3 min，静置 5～10 min，进行炉前断口检查，在 690～710 ℃浇注力学性能试棒，浇注时间应小于 1.5 h，如超时则应进行二次精炼，配料时应考虑到每精炼一次，锰增加 0.05%。

3. ZL301 合金的熔炼工艺

由于 ZL301 合金容易氧化，熔炼设备应选用中性炉气的电阻坩埚炉。ZL301 合金中 Fe、Si 含量对力学性能影响很大，限制其含量均小于 0.3%，选择炉料时必须验算 Fe、Si 含量。

因 ZL301 合金不能过热，熔炼温度应低于 700 ℃，一般不能在焦炭坩埚炉内熔炼，因为不容易控制炉温。也不宜在感应炉内熔炼，因为剧烈的翻滚会使铝液大量氧化。熔炼 ZL301 合金最好采用铸铁或铸钢坩埚，为了防止渗铁，坩埚内壁应涂上一层涂料。

熔炼开始时，先在红热(500～600 ℃)的坩埚中加入占炉料重量5%～6%的覆盖熔剂。覆盖剂熔化后，加热至 600～650 ℃，然后加入经预热的回炉料及纯铝锭，全部熔化后，把合金液升温至 660～680 ℃，此时可加入经预热的 Al-Be、Al-Ti 中间合金，小心搅拌，尽量不要破坏覆盖层的完整性。如有合金液面露出，则应在裸露处撒上覆盖剂，中间合金全部熔化后，在670～690 ℃用钟罩将经预热的纯镁锭压入熔池深处，钟罩在熔池中慢慢移动，以加速镁的熔化。熔化后小心地搅拌合金液，在 670～680 ℃，用 0.2%～0.3%C_2Cl_6进行除气处理，然后在熔剂层上均匀撒入占熔剂重量 15%～20%的粉状 CaF_2 或占炉料重量 3%的 Na_2SiF_6，以增加熔剂吸附氧化夹杂的能力，并使其变稠而易于扒渣。保持 3～5 min 后，用钟罩把 CaF_2 或 Na_2SiF_6 压入铝液中，然后把浮渣撇在一旁，直接用坩埚或浇包浇注。浇注时，撇去浇包中的全部浮渣，并将表面一层铝液倒入锭模中，再在裸露的液面上撒上 50%硫黄粉＋50%硼酸的混合物，以防氧化。薄壁复杂铸件浇注温度不高于 690 ℃，厚壁铸件则不高于 660 ℃，整个熔炼过程中温度不应超过 700 ℃，熔炼过程越快越好。

对力学性能要求较高时，应采用二次熔炼，先熔成预制合金，然后再熔化成工作合金进行浇注，熔制预制合金的工序与上述的熔炼工序相同。重新熔化制成工作合金时只对含镁量略做调整。二次熔炼能更精确地控制合金中的含镁量，能在较低温度、较短时间内完成，而且能再一次去除合金中的气体和夹杂，提高合金的冶金质量。由于浇回炉锭，使晶粒细化，工作合金的组织也较细些。但二次熔炼会增加燃料、工时的消耗和金属的烧损，故是否采用应具体分析。

4. ZL401 合金的熔炼工艺

由于这种合金含有 1.5%～2.1%的 Mg，因此最好在电阻炉或感应炉中熔炼。炉料组成：铝锭、镁锭、锌锭，Al-Mn、Al-Ti 中间合金，以及一定比例的回炉料。

装料次序：坩埚底部先撒上覆盖剂，再装入铝锭、回炉料，熔清后加入全部 Al-Mn、Al-Ti 中间合金，待全部熔化后，液面上再撒一层覆盖剂。680～700 ℃时，在熔剂覆盖下加入镁块、锌块，加热至 730～740 ℃，然后精炼。为了提高合金的力学性能和可焊性，加入 0.2%Zr。

思考题

1. 解释基本概念：变质潜伏期、孕育衰退、炉料遗传性。
2. 铝液中氧化夹杂与针孔有何关系？原因何在？
3. 铝合金中的气体主要是什么？它是如何产生的？对铸件性能有什么影响？
4. 铝合金精炼的目的是什么，主要方法有哪些？
5. 简述浮游法精炼的基本原理和方法。气泡大小对精炼效果有什么影响？
6. 简述铸造铝合金熔炼用熔剂的分类和作用。
7. 合金精炼后为什么要静置一段时间？
8. 简述精炼效果检验的内容和方法。
9. 铝硅合金液态处理控制组织包括哪些方面，方法如何？
10. 影响变质处理效果的因素有哪些？

第 8 章

铸造镁合金熔炼

8.1 铸镁熔炼的物理化学及工艺特性

8.1.1 镁合金熔炼时的物理化学特性

1. 镁-氧反应

镁与氧的化学亲和力很大，而且生成的氧化膜是疏松的($\alpha=0.79$)。温度高于 500 ℃时氧化加速，超过熔点后(650 ℃)，其氧化速度激增，会发生剧烈氧化而燃烧，放出大量的热量，甚至可达 2850 ℃，引起镁的大量汽化，燃烧加剧而爆炸。根据镁易氧化的特点，熔化时必须采取防止氧化、燃烧的措施，如采用熔剂覆盖或用防护性气氛。

2. 镁-水反应

室温下固态镁遇水即发生下列两个放热反应，其反应方程为：

$$Mg+H_2O \rightarrow MgO+H_2 \tag{8-1}$$

$$Mg+2H_2O \rightarrow Mg(OH)_2+H_2 \tag{8-2}$$

室温下，反应均很缓慢。温度升高时反应速度就逐渐加快，并引起后一反应中生成的 $Mg(OH)_2$ 分解为 MgO 和 H_2O。当熔融的镁液与水接触时，不仅由于上述反应而放出大量的热，而且还因反应出的氢与大气中的氧迅速反应以及液态的水受热而迅速汽化，因而导致猛烈的爆炸，引起镁液的剧烈飞溅燃烧。

3. 镁与其他物质间的反应

(1) 镁与氮发生反应：$3Mg+N_2 \rightarrow Mg_3N_2$，生成 Mg_3N_2 的膜，此膜是多孔的。

(2) 镁与 CO_2 在高温下发生反应：$2Mg+CO_2 \rightarrow MgO+C$(无定形)。镁与 CO_2 反应生成的表面膜具有一定防护作用。

(3) 镁液与硫相遇时，硫即蒸发(硫的沸点为 444.6 ℃)，并在镁液表面形成致密的 MgS 膜。

$$Mg+S \rightarrow MgS \tag{8-3}$$

(4) 硫蒸气遇氧后即生成 SO_2，SO_2 与镁液相遇时，即发生下列放热反应：

$$3Mg+SO_2 \rightarrow 2MgO+MgS \tag{8-4}$$

$$2Mg+SO_2 \rightarrow 2MgO+S \tag{8-5}$$

生成的 $2MgO \cdot MgS$ 复合表面膜近似致密，具有阻缓镁液氧化的作用。但如温度高于 750 ℃时，此膜将不再能起保护作用，SO_2 将与镁液发生剧烈反应而生成大量硫化物夹杂。

(5) 硼酸(H_3BO_3)受热后即脱水变成硼酐(B_2O_3)，B_2O_3 遇镁液及其表面上生成的 MgO

即发生下列反应：

$$B_2O_3+3Mg \rightarrow 3MgO+2B \tag{8-6}$$

$$B_2O_3+MgO \rightarrow MgO \cdot B_2O_3 \tag{8-7}$$

还原出的硼即与镁液反应生成致密的 Mg_3B_2 膜，后一反应中生成的 $MgO \cdot B_2O_3$ 也能在镁液表面上形成严密的釉质保护膜。

$$3Mg+2B \rightarrow Mg_3B_2 \tag{8-8}$$

8.1.2　铸镁合金熔炼的工艺特性

1. 概述

镁液很容易与大气中的氧、水汽、氮反应而生成不溶于镁液的、难熔的 MgO、Mg_3N_2 等化合物，它们混入铸型后即成为“氧化夹杂”。

由于熔镁时使用熔剂，操作不当时，熔剂随同镁液混入铸型即成为“熔剂夹杂”。因熔剂中的 $MgCl_2$ 吸湿性很强，露出铸件表面的熔剂夹杂很容易吸收大气中的水分发生反应：

$$MgCl_2+2H_2O \rightarrow Mg(OH)_2+2HCl \tag{8-9}$$

$$Mg+2HCl \rightarrow MgCl_2+H_2\uparrow \tag{8-10}$$

镁不断被腐蚀而变成白色的 $Mg(OH)_2$，大大降低了铸件的抗蚀性。

镁合金熔炼过程中另一重要工序是孕育处理，它对合金的晶粒大小和机械性能有很大影响，且对镁液中的氧化夹杂亦有一定的影响。镁液很容易与氧、水汽等作用而发生燃烧，甚至发生爆炸，因此熔镁过程中的安全也是一个很突出的问题。

2. 铸镁合金的精炼特点

1）精炼方法

镁液的精炼属于内部熔剂法，即依靠熔剂在金属液内部吸附夹杂。精炼时将镁液掀动使其作上下循环流动，使熔剂在镁液中经多次循环，增加与氧化夹杂的接触而下沉。

2）精炼温度

精炼时镁液表面与大气接触的机会大大增多，故精炼温度尽可能低以减少镁液的氧化，一般为 710～740 ℃。

3）精炼静置

精炼以后应静置 10～15 min，使镁液中的熔渣能较充分地沉淀下来。

4）二次精炼

精炼分成两次，第一次精炼在孕育之前，它去除镁液中的大部分氧化物，并使成分均匀。第二次精炼在孕育后，时间较短，仅起去除孕育时可能产生的氧化夹杂的辅助作用。

3. 铸镁合金熔炼用的熔剂

在镁合金的整个熔炼过程中，熔剂的作用极为重要。

1）对熔剂性能的要求

(1) 熔化温度。

熔剂的熔化温度，应低于所熔金属的熔点，使熔剂在熔炼过程中保持液态。

(2) 密度。

熔剂与金属液间应有较大的密度差，使内部熔剂法所用的精炼熔剂混入金属液中时易于排出。

(3) 黏度。

熔剂的黏度一般应小些，使表面覆盖熔剂层在操作中被推开后能较快地闭合，可显著减少金属的氧化。

(4) 夹杂物与湿度。

熔剂中不应带有对金属液质量有害的杂质及夹杂物。熔剂吸湿性要小，在使用前应充分烘干。

(5) 化学稳定性。

熔剂的化学稳定性要高，在熔炼温度下不与合金液(包括镁及合金元素)、炉衬(坩埚)及炉气间发生化学反应；熔剂本身不挥发，不分解。

2) 镁合金用熔剂的种类

表 8-1 示出了各种牌号的熔剂组成。

表 8-1 熔化镁的几种保护熔剂的成分配比

编号	主要成分/(%)							杂质含量(≤)/(%)	
	$MgCl_2$	KCl	NaCl	$CaCl_2$	CaF_2	$BaCl_2$	MgO	H_2O	不溶物
RJ-1	40～46	34～40						2	1.5
RJ-2	38～46	32～40			3～5	5.5～6.5		3	1.5
RJ-3	34～40	25～36			15～20	5～8		3	—
RJ-4	32～38	32～36			8～10			3	1.5
RJ-5	24～30	20～26			13～15	12～16		2	1.5
RJ-6		54～56	1.5～2.5	2.7～2.9		28～31		2	1.5
光卤石	44～52	36～46				14～16		2	2

4. 铸镁合金气体保护熔炼

镁合金的熔炼一直采用熔剂保护和精炼。但使用熔剂存在两大问题：一是熔剂粉尘和高温分解出 Cl_2、HCl 和蒸发的盐雾，造成严重的公害；二是铸件容易出现熔剂夹杂，降低抗蚀性和机械性能。人们发现 SF_6 是理想的保护剂。

1) SF_6 的性质

纯净的 SF_6 是无色、无臭、无腐蚀、非燃性气体，本身的结构和化学性质都很稳定。室温密度为 6.16 g/cm^3，约为空气的 5 倍，以液态用钢瓶储存。在所有氟-硫化合物家族中它是唯一无毒气体。

2) 镁合金熔炼时 SF_6 保护机理

在含 SF_6 气氛下熔炼，液面生成 MgF_2+MgO 膜，MgF_2 的致密度系数 $\alpha=1.32$，故使表面膜致密，可起保护作用。通常将 SF_6 和空气按照一定比例混合，能取到较好的保护效果。也可以将 SF_6 和 CO_2 按照一定比例混合，比用空气作载体保护效果更好。当保护气氛中含水时，将大大削弱保护作用，因此保护气氛应进行干燥。

3) 气体保护熔炼设备及工艺

熔炼设备一是减压、定量配气系统；二是在坩埚上安装密封罩，罩上有进气管、热电偶、耐热玻璃观察孔和操作门。

保护气的配比及用量，在理论上镁合金液面 SF_6 的体积分数为 0.1%～0.2%就有良好的保护性，但实际上要高一些。

5. 铸镁的孕育处理

1）Mg-Al 类镁合金的孕育处理

(1) 过热孕育法。

在生产中发现把 Mg-Al 类镁合金（如 ZM5）熔化和加热到 850～950 ℃，保持 10～15 min，然后迅速冷却到浇注温度，尽快浇注，即可使晶粒细化。

(2) 加碳孕育法。

加碳孕育法原理：在 Mg-Al 类合金液中加入含碳物质后，它与合金液起反应生成碳，新生态碳与铝进一步形成大量弥散的 Al_4C_3 质点，即增多了结晶晶核，使晶粒得到细化。

常用的加碳孕育法是加 $MgCO_3$。Mg-Al 类合金液中加 $MgCO_3$ 后受热分解并发生下列反应：

$$MgCO_3 \rightarrow MgO + CO_2 \uparrow \tag{8-11}$$

$$2Mg + CO_2 \rightarrow 2MgO + C \tag{8-12}$$

$$3C + 4Al \rightarrow Al_4C_3 \tag{8-13}$$

2）Mg-Zn 类合金的孕育处理

Mg-Zn 类合金中加入锆能使晶粒显著细化。熔炼时锆溶解入镁合金，凝固过程中，锆在镁液中的溶解度随温度下降而降低，使得大量难熔的锆质点从合金液中弥散析出，增加了镁合金结晶时的晶核，使晶粒细化。值得注意的是锆不能使 Mg-Al 类镁合金晶粒细化，因为铝阻碍锆的加入；锆与铝形成 $ZrAl_3$ 化合物下沉到坩埚底部，使锆损耗掉。

6. 铸镁合金的除气

溶入镁熔液中的气体主要是氢气。镁合金中的氢主要来源于熔剂中的水分、金属表面吸附的潮气以及金属腐蚀带入的水分。镁合金中的含气量与铸件中的缩松程度密切相关，这是由于镁合金结晶间隔大，尤其在不平衡状态下，结晶间隔更大，因此在凝固过程中如果没有建立顺序凝固的温度梯度，熔液几乎同时凝固形成分散细小的孔洞，不易得到外部金属的补充，引起局部真空。在真空的抽吸作用下，气体很容易在该处析出，而析出的气体又进一步阻碍熔液对孔洞的补缩，最终缩松更加严重。

工业中常用的除气方法有以下几种。

1）通入惰性气体

镁合金经常使用的惰性气体是 Ar、Ne，一般在温度 750～760 ℃时，向熔体中通入 Ar 气 30 min。通气压力应适当，以避免熔体飞溅。通气时间过长会导致晶粒粗大。

2）通入活性气体

通氯是传统的除气方法，镁熔体的处理温度为 720～750 ℃，温度高于 750 ℃时生成液态的 $MgCl_2$，有利于氯化物及其他悬浮夹杂的清除。氯气除气会消除 Mg-Al 合金加“碳”晶粒细化效果，因此用氯气除气应安排在细化变质之前进行。

3）通入六氯乙烷

C_2Cl_6 是镁合金熔体中应用最为普遍的有机氯化物，它可以同时达到除气、除渣和晶粒细化的多重效果。与氯气除气相比，具有使用方便、不需专用设备等优点。

当前在实际生产中多采用熔剂和气体同时使用的处理方法，即边加精炼剂边通入氩气的方法，这样既可以有效地去除熔体中的非金属夹杂物，同时又可以除气，不但精炼效果好，而且可以缩短作业时间。

7. 铸镁合金的除渣精炼

夹杂物是评价镁合金铸锭质量的主要指标。夹杂物不仅会降低镁合金材料的力学性能，还伴生缩松、气孔等缺陷，而且往往由于夹杂物包裹着大量的镁合金熔体而造成镁合金的损失。

目前生产中主要使用精炼剂除去夹杂物。熔剂精炼法是用熔剂洗涤镁合金熔体，利用熔剂与熔体充分接触来润湿吸附夹杂物，并聚合于熔剂中，随同熔剂沉淀于坩埚底部。为促进夹杂物与熔剂的反应以及夹杂物间聚合下沉，要求选择合适的精炼温度。一般镁合金的精炼温度为 730～750 ℃，精炼温度过高，镁合金熔体氧化烧损加剧；精炼温度过低，熔体黏度又会上升，不利于夹杂物的沉淀分离。

由于在精炼过程中，不断有熔剂撒到金属表面，熔剂融化后进入金属中。精炼结束后，为防止表面金属氧化燃烧，要向金属表面撒覆盖剂。覆盖剂为 20％的硫粉和 80％的精炼剂的混合物。表面精炼剂熔化后，逐渐向金属中渗透，即使在浇注过程中，倾斜浇包中的金属表面保护膜破裂后，也要向正待浇注的金属表面撒覆盖剂。这些精炼后的工作无疑给金属增加了外来杂质。

镁合金所采用的变质剂，易与其他高熔点杂质形成高熔点金属中间化合物而沉降于炉底。这些难熔杂质和变质剂在镁合金中的溶解度小、熔点高，且密度比镁大。当它们相互作用时将合金中的可熔杂质去掉，这对镁合金是有利的，但降低了变质剂的效果，甚至会使其失效。

8.2 铸造镁合金熔炼工艺

熔炼铸镁合金时，一般成型铸造车间因熔化量不大，常采用坩埚式熔化炉和保温炉。无芯工频感应电炉在熔炼铸镁合金中也得到应用。熔镁时常采用钢板焊接坩埚，钢板一般为 20 号钢。

1. ZM5 镁合金的熔炼工艺

ZM5 镁合金在电阻坩埚炉中的熔炼工艺如下。

(1) 准备坩埚。新坩埚应用熔剂试熔 8 h 不漏方可用来熔化镁合金。

(2) 准备炉料。回炉料一般为炉料重量的 60％～80％，新金属料则占 20％～40％。新金属料以纯镁、纯铝、纯锌加入，Mn 以 Al-Mn 中间合金形式加入。

(3) 将坩埚加热至暗红色(400～500 ℃)，在其内壁及底部均匀地撒一层粉状 RJ-2 熔剂，按回炉料、纯镁及纯铝次序装入预热至 150～200 ℃的炉料，并在炉料上撒一层 RJ-2 熔剂。装料时熔剂用量为炉料重量的 1％～2％。

(4) 在另一坩埚炉中熔化 RJ-1 熔剂或光卤石，保温温度在 750～800 ℃范围内。浇包及熔化工具进入镁液前应先在此熔剂中洗涤，充分预热，彻底去除所吸附的水分和黏附的氧化渣。

(5) 炉料熔化后，在 700～730 ℃加入预热的 Al-Mn 和 Al-Be 中间合金。待其熔化后加入纯锌。

(6) 炉料全部熔化后，除去液面上的脏熔剂，换上新熔剂，然后在 720～740 ℃进行精炼，精炼 5～8 min，直到镁液表面不再有白色氧化物从熔池下部翻上来，液面呈光亮的镜面为止。精炼完毕后，扒出液面上的熔剂及浮渣，换上新熔剂静置不少于 5 min，并浇注光谱分析试样，进行炉前快速分析。精炼熔剂的消耗量为 1%～1.5%。

(7) 在 720～740 ℃进行孕育处理，用钟罩将占炉料重 0.3%～0.4%的小块菱镁矿分批压入镁液。

(8) 孕育处理后，在 720～740 ℃进行第二次精炼，精炼时间为 2～3 min，直至镁液表面呈光亮镜面为止。再浇注断口试样，检查晶粒度及有无氧化夹杂，确定精炼及孕育效果。升温至 760～780 ℃静置 10～15 min 即可浇注。

2. 含锆镁合金的熔炼工艺

1) 概述

在含锆镁合金熔炼中，加锆工艺是生产中影响质量的关键问题。镁合金中加锆存在下列各种困难。

(1) 锆的熔点高，密度大(熔点为 1852 ℃，密度为 6.5 g/cm^3)，与镁的相差极大。

(2) 锆的化学活性强，锆在高温下易和大气或炉气中的 O_2、N_2、H_2、CO、CO_2反应，形成的化合物(ZrO、ZrN、ZrN_2、ZrC)也不溶于镁液中，使锆的损耗增加。

(3) 许多元素阻碍锆的增加，锆能和镁液中的 Fe、Al、Si、Mn、Co、Ni、Sb、P 等形成化合物，它们不溶于镁液中，沉淀在坩埚底部，MgO 也会使镁液中的锆析出沉淀，这些都降低了合金液中的含锆量。

2) 加锆工艺

一般用含锆化合物或中间合金加锆。前者非金属夹杂较多，目前一般采用 Mg-Zr 中间合金加锆，这有许多优点：使用方便；非金属夹杂少；合金化效果较好。

3) 含锆镁合金的熔炼

含锆 ZM1 合金熔炼工艺与 ZM5 大致相同，只是孕育处理由 $MgCO_3$ 换成了 Zr 来细化晶粒。

在熔炼此类合金时，工艺上主要考虑提高锆的回收率，防止产生含锆的熔剂夹渣；同时，应尽量减少稀土的烧损。采用不含 $MgCl_2$ 或 $MgCl_2$ 含量低的熔剂，因为稀土很容易氧化而烧损，且在熔炼温度下很易与熔剂中的 $MgCl_2$ 发生反应而损耗；采取较低的加入温度，一般为 750 ℃以下；尽量缩短熔炼时间和熔化后的停放时间；采用漏勺将稀土迅速沉入熔池深处。

ZM1 镁合金的熔炼工艺：将预热过的回炉料、镁锭加入坩埚内熔化，采用 RJ-4 熔剂覆盖。升温至 720～740 ℃加入锌，在 780～810 ℃时分批加 Mg-Zr 中间合金。全部熔化后彻底搅拌 2～5 min，以加速锆的溶解，并使成分均匀。在 760～780 ℃浇注断口试样，断口试样合格后，在 750～760 ℃精炼，精炼时间约 10 min，熔剂用量为 1.5%～2.5%。精炼后升温至 780～820 ℃，静置 15 min 后进行浇注。精炼后停放时间不允许超过 2 h，保温应在 780～820 ℃，以免锆析出沉淀。若断口不合格，允许酌情补加 1%～2%镁锆中间合金，再重复精炼。

熔炼工艺应严格控制。炉料表面的清洁程度不仅对锆损耗有一定影响，而且严重地影响合金质量，所以炉料使用前应进行喷砂处理。为了避免锆的析出、沉淀，应尽量缩短合金在 760 ℃以下的停留时间。温度高于 820 ℃会使大量锆溶入合金液，同样会使锆损耗增加，应尽可能避免此情形。加 Mg-Zr 中间合金的温度应不低于 780 ℃，低于 780 ℃加锆效果不好。精炼温度在 750～760 ℃较为合适。

4) ZM1 镁合金的非金属夹渣和偏析

ZM1 合金在熔炼中容易产生非金属夹渣，最常见的是“熔剂夹渣”和“熔渣”，它们都有较大的密度。

(1) 熔剂夹渣。

原因：镁锆中间合金不纯净，常含有氯化钾，配制工作合金时带进了氯化钾，降低了熔剂的黏度和密度，流动性提高，因而浇注时金属和熔剂不易分离，易产生熔剂夹渣。

防止方法：增加熔剂中稠化剂(如氟化钙)和加重剂(如氯化钡)的含量，使金属与熔剂容易分离并使熔剂容易下沉；控制中间合金的加入量，采用预制合金锭和 Mg-Zr 中间合金综合加锆法。

(2) 熔渣。

原因：中间合金带入的熔渣。它是配制中间合金反应过程中产生的高熔点副产物 $KF \cdot MgF_2$ 等与氯化钾的熔渣。

防止方法：机械过滤；加强浇注系统的挡渣作用；提高静置温度至 800～820 ℃，静置时间不少于 20 min；控制中间合金加入量。

(3) 重力偏析。

由于锆的密度大，在镁合金液中溶解度小，凝固时，随着锆的溶解度下降而析出；同时，锆易和许多元素形成化合物，它们的密度也大，且难溶于镁液中。所以，如熔铸温度过低，浇注不当，容易在铸件中产生重力偏析。此种偏析由于降低了其他部位的含锆量，局部又形成较大的金属夹杂，故对性能有一定的影响，允许在铸件中少量存在，但若数量及面积过大时，会降低力学性能，故必须进行控制。

3. 含稀土镁合金的熔炼工艺

纯铈的熔点为 815 ℃，纯镧的熔点约为 812 ℃，纯钕熔点为 840 ℃，混合稀土 RE 的熔点约为 640 ℃，因此它们均可直接加入镁液。稀土元素很易氧化而烧损，且在熔炼温度下很易与熔剂中的 $MgCl_2$ 反应而损耗。例如：

$$2Ce + 3MgCl_2 \rightarrow 2CeCl_3 + 3Mg \tag{8-14}$$

因此，熔炼含有 RE 的镁合金时，应采用不含 $MgCl_2$ 或 $MgCl_2$ 含量低的熔剂。

在熔炼此类合金时，在工艺上应考虑提高锆的回收率，减少锆的损失以及防止产生含锆的熔剂夹渣。一般认为，在熔炼中准确地控制温度，并尽量缩短熔炼时间和熔化后的停放时间，对减少锆和稀土的损耗是有利的。

ZM2 镁合金的熔炼工艺：回炉料及镁锭熔化后，升温至 720～740 ℃加锌，搅拌 3～5 min。升温至 780～810 ℃，分批缓慢加入经预热的 Mg-Zr 中间合金和稀土，待其熔化后捞底搅拌 2～5 min，静置 3～5 min，在 760～780 ℃浇注断口试样。若断口试样不合格，可在 760～800 ℃酌情补加 Mg-Zr 中间合金，使合金中含锆量控制在 0.5%～1.0%，重新取断口试样。断口合格后，在 760～780 ℃下精炼 6～10 min，在熔炼中采用 RJ-5 熔剂，精炼后扒除表面熔渣，撒一层新熔剂覆盖，升温到 780～820 ℃，静置 15 min，必要时可再次检查断口。直至总静置时间为 30～35 min，即可出炉浇注。

思考题

1. 镁合金熔炼时为什么需要保护，其熔炼保护技术有哪几种，基本原理是什么？
2. 简述镁合金气体保护熔炼的意义、SF6 保护机理及存在的问题。
3. Mg-Al 类合金为什么不能加锆变质，其孕育处理方法有哪几种？
4. 镁合金熔炼时加锆存在哪些困难，实际生产中是如何加锆的？

第 9 章

铸造铜合金、钛合金、锌合金、高温合金的熔炼

9.1 铸铜熔炼的物理化学特性及工艺原理

9.1.1 铸铜熔炼时的物理化学特性

1. 铜与氧的反应

$$Cu+O_2 \rightarrow 2Cu_2O \tag{9-1}$$

当温度低于 1200 ℃时，Cu_2O 仍处于固态，形成致密膜，能阻碍铜液的氧化；当温度高于 1200 ℃时，Cu_2O 将成液态，氧原子能在其中扩散，并使铜氧化。凝固时以（$\alpha+Cu_2O$）的共晶体分布在 α(Cu)的晶界上，使铜的塑性和导电性能显著降低。如果铜液中含有氢，凝固时 Cu_2O和氢同时析出发生反应：

$$[Cu_2O]+2[H] \rightarrow 2Cu+H_2O\uparrow \tag{9-2}$$

生成的水蒸气促使凝固时铸件膨胀、组织疏松和产生大量气孔或晶间显微裂纹。因此，熔炼铜时必须在覆盖层下进行，以尽量和氧隔绝。

2. 铜-氢反应

铜与氢不发生化学反应，氢在铜中有较大的溶解度，因此，铜中很易形成氢气孔。铜液中的氢主要来自炉气中的游离氢、碳氢化合物的高温分解及水汽。

3. 铜-水反应及铜液中的氢氧平衡

H_2O 在热力学上与铜液不发生反应，但水在高温下会发生解离：

$$H_2O \rightarrow 2[H]+[O] \tag{9-3}$$

$$2Cu+2[H]+[O] \rightarrow Cu_2O+2[H] \tag{9-4}$$

水汽对铜合金液中含有的 Al、Si、Mn、Zn、P 等元素优先起反应，生成氧化物和氢，氢即溶入铜液。所以，水汽使铜合金液中含氢量增加，这是炉气中的水汽造成铸件产生气孔的原因之一。

当反应达到平衡时，溶于铜液中[H]与[O]之间将遵守 $K' \rightarrow [O][H]^2$ 的制约关系，如含氢量较高，则含氧量必然降低，反之亦然。

4. 铜与其他气体间的反应

在熔铜温度下氮、CO、CO_2 与纯铜不发生任何化学反应，并且它们在铜液中溶解度很小，铜液凝固时也不发生显著变化，不会在铜液中形成气孔。

纯铜液与 SO_2 相接触时，SO_2 气体即溶入铜液，发生下列放热反应：

$$6Cu+SO_2 \rightarrow 2Cu_2O+Cu_2S \tag{9-5}$$

当铜液凝固时，由于 SO_2 溶解度的显著下降而使此反应向左进行，SO_2 来不及排出便在铸件中产生气孔。

9.1.2 铜合金熔炼工艺原理

1. 铜液中氢的去除及预防

溶于铜液中的氢其去除方法主要有氧化法、通氮法、加氯化锌法、沸腾法。铜液中吸氢的防止方法有：坩埚加盖、熔剂覆盖、充分预热。

2. 铜液的脱氧

1）脱氧原理

由于 Cu_2O 溶于铜液，不能用机械方法去除，可用其他与氧亲和力更大的元素夺取 Cu_2O 中的氧，而生成的新氧化物不溶于铜液，再设法排除。

2）脱氧剂种类

脱氧剂主要有表面脱氧剂（木炭、碳化钙等）和可溶于金属液本身的脱氧剂（磷、锂）。

3）脱氧工艺

脱氧时主要以 Cu-P 中间合金的形式加入（生成 P_2O_5 和 $CuPO_3$）。脱氧剂加入量为铜液的 0.2%～0.4%，视铜液中的含氧量而定。第一次加入在纯铜熔化之后，避免合金元素的损耗和产生氧化夹杂；第二次加入在浇注前，起辅助脱氧和精炼作用。

3. 铸铜合金熔炼用覆盖熔剂

通常熔化铜和铜合金时都要采用覆盖溶剂，用以阻隔铜液与炉气的接触，以减轻铜液的氧化。常用的覆盖剂有：木炭，在高温下形成 CO，因此能阻止氧进入铜液，起辅助脱氧作用；碎玻璃，隔绝气体效果好；食盐，具有良好的覆盖作用和精炼夹杂的作用；硼渣，是一种强脱氧剂。

4. 铸铜合金熔炼用精炼熔剂

精炼溶剂会形成熔点较低的复合化物，再从铜液中排除，其作用称为“造渣”。主要分为酸性熔剂和碱性熔剂。为了去除酸性夹杂，应加入碱性溶剂；去除碱性夹杂，则采用酸性熔剂；去除中性夹杂则采用强碱性或强酸性熔剂。加入量通常为铜液重量的 1%～3%。

9.2 铸造铜合金熔炼工艺

9.2.1 铸造锡青铜的熔炼工艺

在坩埚炉中熔炼时，以铸造锡青铜 $ZCuSn_5Pb_6Zn_5$ 为例，其工艺如下：

将石墨坩埚加热至暗红色（600～700 ℃），在底部铺一层焙烧过的木炭，再加纯铜及回炉料（回炉料量允许占 70%～75%），并一次装完。再在炉料上加一层木炭，盖上炉盖，鼓风熔化。应快速熔化，以减少铜液吸气。待铜料熔化并加热至 1120～1150 ℃后，向铜液内加入占炉料重量 0.3%的磷铜脱氧，用石墨棒搅拌熔池。补加新木炭，将铜液加热至 1250～1280 ℃，待其冷却至 1200～1250 ℃时，先加入预热至 150 ℃的纯锌，再加纯铅，最后加纯锡。Zn 可起辅助脱氧作用，故先加入。这些元素的熔点远低于铜，可在熔炼末期加入，以减少烧损。合金元素加入后，加热铜液使温度高出浇注温度(通常为1150～1180 ℃)50～70 ℃，扒去液面的熔渣和木炭，再加入约0.1%的磷铜。炉前检验合格即可浇注。

9.2.2 铸造铝青铜的熔炼工艺

铝青铜熔炼时，铝容易被空气氧化，在铜液表面生成Al_2O_3膜，并容易还原铜合金中其他组元的氧化物而生成难熔的Al_2O_3夹杂物，它很难从铜液中排除。因此，熔化时必须使铝的氧化减到最低程度；回炉料的加入量应控制，以减少夹杂物；炉料应采用纯度较高的电解铜；同时也不能使铜液过热至较高温度。

铝青铜的熔炼工艺如下：把坩埚预热至暗红色，加入熔剂，成分为：20%冰晶石＋60%氟化钠＋20%氟化钙，加纯铜熔化升温到约1150 ℃，用0.3%磷铜脱氧，再加预热的回炉料，熔化后搅拌，升温到约1180 ℃加入铜锰或铝铁中间合金，最后加Cu-50%Al合金，以减少铝的氧化。铝密度小，易浮至铜液表面而烧损，应将中间合金压入熔池深处，并不断搅拌。所用的含氟盐的熔剂不但起覆盖作用，而且还能去除Al_2O_3夹杂。

9.2.3 铸造黄铜的熔炼工艺要点

黄铜的熔炼温度低(一般为1100～1150 ℃)，加入的锌易蒸发，有自动除氢和脱氧作用，故熔炼时一般无需用磷铜脱氧。但在用新金属料熔化含铝、锰、硅等的特种黄铜时，锌多在最后加入。

熔炼ZCuZn40Mn3Fe1黄铜的工艺如下：先熔化纯铜，用0.2%～0.3%的磷铜脱氧，再加回炉料，然后加铜和铜锰中间合金，熔化搅拌后加锌。出炉温度不宜超过1150 ℃，浇注温度为1000～1050 ℃。也可采用直接加铁、锰的方法。

9.2.4 铸造铜合金熔炼质量的控制

为了保证铜合金的质量，熔炼结束后，应立即取样进行成分分析。同时还进行折断(或称延展)试验和含气量试验，以判断金属的性能及其含气量。尤其在熔炼锰黄铜、硅黄铜、铝青铜时，炉前试验更是必要。

9.3 铸造钛合金熔炼

9.3.1 钛及钛合金的冶金特性

钛具有较高的熔点，熔点为(1668±5) ℃；具有很高的化学活性，特别是对氧、氮、氢、碳等间隙元素的亲和力很大，对熔炼时耐火材料和气氛的选择都造成较大的困难；材料纯度对其加工和使用性能影响极其敏感。基于上述特点，钛及钛合金铸锭的熔炼均采用真空熔炼方法进行。该熔炼方法的优点为：防止来自大气中的氧、氮、氢等有害气体对金属材料的污染；消除了非金属耐火材料对金属的污染；为金属材料的提纯提供了有利的热力学和动力学条件；顺序凝固的熔铸方式有利于不挥发的不溶杂质上浮，并能改善铸锭组织；熔炼在兼做锭模的坩埚内进行，便于采用热封顶方式补缩，减少冒口切除率。

9.3.2 钛及钛合金熔炼方法及特点

目前，钛及钛合金铸锭的熔炼方法有以下几种，其中应用最广泛的是真空自耗电弧炉熔炼法和冷床炉熔炼法。

1. 真空自耗电弧炉熔炼法(简称 VAR 法)

当今的钛及钛合金铸锭的熔炼绝大部分采用真空自耗电弧炉熔炼法。VAR 法的显著特点是功率消耗低、熔化速度快和良好的质量重现性。VAR 法熔炼的铸锭具有良好的结晶组织和均匀的化学成分。通常，由 VAR 法熔炼制得的成品铸锭，至少要经过两次熔炼。

2. 非自耗真空电弧炉熔炼法(简称 NC 法)

目前，水冷铜电极已经取代了钛工业起步阶段的钨钍合金或石墨电极，解决了工业污染问题，从而使 NC 法成为熔炼钛及钛合金的重要方法之一，数吨级的 NC 炉已在欧美运转。水冷铜电极分为两种类型：一种是自旋转的，另一种是旋转磁场的。NC 炉也可分为两种：一种是在水冷铜坩埚内熔炼原料，在水冷铜模中浇铸成铸锭；另一种是在水冷铜坩埚内连续投入原料、熔炼和凝固。

3. 冷床炉熔炼法(简称 CHM 法)

原料的污染和熔炼工艺过程的异常会引起钛及钛合金铸锭出现冶金夹杂缺陷，这个问题一直影响钛及钛合金在航空航天领域的应用。为了消除钛合金飞机发动机旋转部件中的冶金夹杂，冷床炉熔炼技术应运而生。CHM 法最大的特点是将熔化、精炼和凝固过程分离，即待熔化的炉料进入冷床炉后先进行熔化，然后进入冷床炉的精炼区进行精炼，最后在结晶区凝固成锭。铸锭可为圆锭、扁锭及空心锭。扁锭可直接轧制成板材，缩短了生产周期，降低了产品成本。CHM 法又分为电子束冷床炉熔炼法和等离子冷床炉熔炼法。

1）电子束冷床炉熔炼法(简称 EBCHM 法)

电子束熔炼是利用高速电子的能量，使材料本身产生热来进行熔炼和精炼。该熔炼炉就称为 EBCHM 炉。图 9-1 是电子束冷床炉工作示意图。电子束炉主要由炉室、真空系统、电子枪、电子束控制系统、进料系统、坩埚及拉锭机构、供电系统、水冷系统及观察装置等九部分组成。

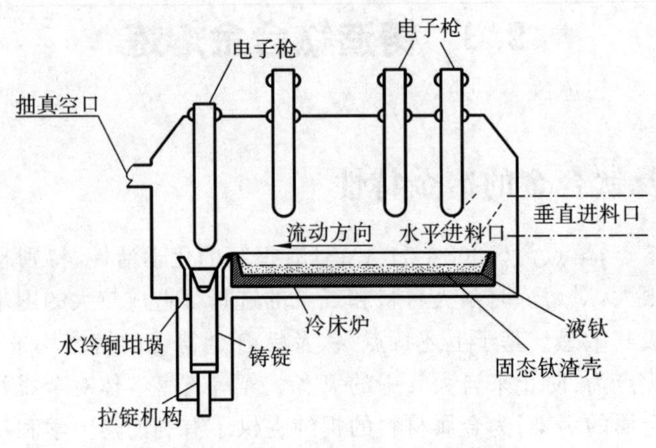

图 9-1 电子束冷床炉工作示意图

EBCHM 的原理是利用高速电子的能量，使材料本身产生热量来进行熔炼和精炼。将阴极块加热到 2400～2600 ℃时，阴极便发射热电子，电子在电场的作用下得到加速，得到加速的电子以极高的速度向阳极运动，通过两次电磁透镜的聚焦，一次偏转，使电子束准确而密集地轰击到金属棒料上和熔池表面，其能量除了极少部分被反射出去外，绝大部分能量被金属吸收，并将动能转化为热能，使金属熔化。熔融态钛液流入水冷铜坩埚中，而坩埚中液态金属则不断从下向上逐步凝固成锭。因此电子束熔炼铸锭的结晶特点为从下至上顺序凝固，随着过程的进行，凝固的铸锭不断从坩埚中拉出。

EBCHM 法能够有效地去除钽、钼、钨、碳化钨等高密度夹杂和氮化钛、氧化钛等低密度夹杂。电子束熔炼可以保证铸锭的纯度。但因电子束熔炼在高真空下工作，因此蒸气压较高的合金元素挥发损失严重，给控制合金化学成分带来了困难。合金锭一次熔炼后还需用 VAR 法再熔炼一次，而对于工业纯钛，用该法生产的铸锭，由于表面质量好，皮下气孔浅且少，一次锭即可进行后续的压力加工。

2）离子冷床炉熔炼法（简称 PACHM 法）

PACHM 法利用惰性气体电离产生的等离子弧作为热源，可在从低真空到近大气压很宽的压力范围内完成熔炼。该方法的显著特点是可保证不同蒸气压的合金组分，在熔炼过程中无明显的烧损，同样可消除高密度夹杂和低密度夹杂。该方法具有改进传统合金属性的性能，可实现多元合金的熔炼，是一种较经济的传统熔炼方法。采用该方法熔炼，对于钛及钛合金来说，一次熔炼就可以得到成分均匀性较为理想的铸锭，但铸锭的表面下气孔往往较多且深。

9.3.3 钛及钛合金铸锭生产工艺流程

目前，钛及钛合金铸锭生产应用最广泛的是真空自耗电弧炉熔炼法和冷床炉熔炼法。本节主要介绍真空自耗电弧炉熔炼法的生产工艺流程（见图 9-2）。

1. 自耗电极的制备

1）原料准备

熔炼钛及钛合金铸锭使用的原料包括海绵钛、钛及钛合金返回炉料、纯金属及中间合金添加剂。

2）自耗电极的制备

供真空自耗电弧熔炼用和冷床炉用的自耗电极一般由单块电极组焊而成或由返回炉料和电极块捆扎而成。自耗熔炼对电极的要求主要为：足够高的强度；足够好的导电性；较好的平直度；合金组元在电极中的分布合理；不受潮、不污染。冷床炉熔炼用电极的要求除了强度外，其他与上述要求相同。

首先，钛合金按照一定的化学元素比例进行配料；然后，进行电极块的压制。压制方法有压制和挤压两大类，其中以压制法应用最普遍。最后，进行电极的组焊。电极的组焊是将压好的电极块焊成自耗熔炼所需截面和长度的电极。工业上，常采用氩气保护等离子焊、真空焊箱焊接。电极的组焊方式主要取决于电极块的大小、形状、强度及一次熔炼坩埚的规格。

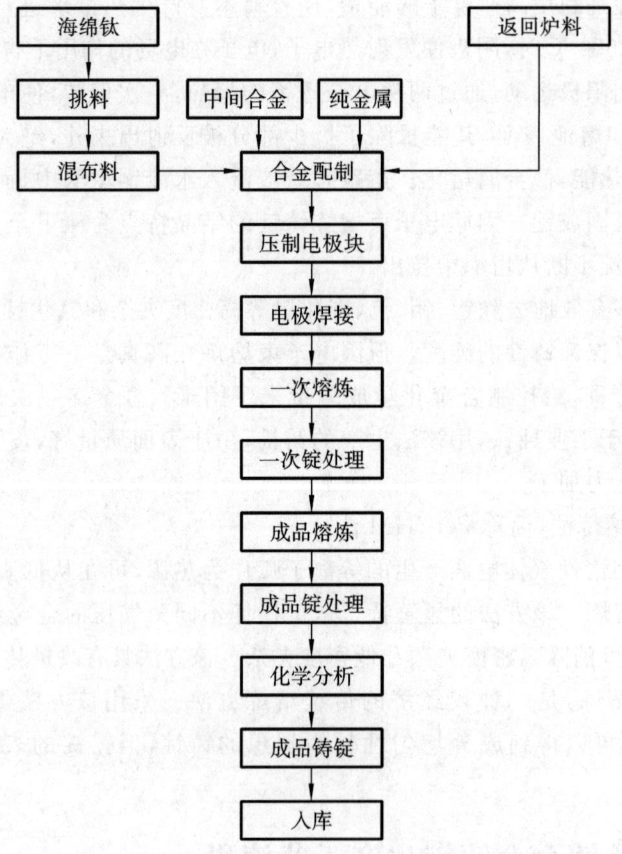

图 9-2　真空自耗电弧炉熔炼法生产工艺流程

2. 铸锭熔炼

1）装炉和炉内焊接

所谓装炉是把准备好的带有连接头的自耗电极或带有卡头的辅助电极与自耗电极按要求装入炉内，把结晶器对正炉子熔炼室并装配好。前者是指把带有连接头的自耗电极装入炉内，并把结晶器对正炉子熔炼室装配好。后者是指把带有卡头的辅助电极装到把持器上，而自耗电极在结晶器内摆好放正，然后封炉抽真空，当真空度达到工艺要求后，既可进行炉内焊接或熔炼。

2）熔炼

当炉室真空度达到工艺要求，即可开始熔炼。熔炼全过程可分为三个依次连续的阶段，即引弧建立熔池期、正常熔炼期和头部补缩期。引弧建立熔池期是利用自耗电极和置于坩埚底座的引弧剂瞬间接触产生弧光放电，进而达到稳定熔化，然后逐渐加大电流，待形成布满坩埚底的熔池后，迅速将电流升到工艺要求的设定值，进行正常熔炼。

3）冷却

铸锭在真空或惰性气体保护下冷却至 400 ℃以下温度出炉。一般来说，惰性气体保护冷却效果比真空冷却好。

9.3.4 真空自耗电极电弧凝壳炉熔炼

浇注钛合金件时常采用真空自耗电极电弧凝壳炉(见图9-3)进行熔炼。真空自耗电极电弧凝壳炉是在生产铸锭的真空自耗电极电弧炉基础上发展而来的,由于熔炼时在水冷铜坩埚内形成了钛凝固层,所以称为真空凝壳熔炼。熔炼时,应使坩埚壁散热程度恰能在坩埚底部和周围维持一层由钛液凝结的薄壳,这层薄壳就作为坩埚的内衬。而在薄壳中间形成熔池,贮存着钛液,以备浇注。为了保持尽可能多的钛液,应采用大功率供电制度,即采用大电流熔炼,这是凝壳炉区别于前述自耗炉的特点。凝壳的存在使钛液不直接与水冷铜坩埚接触,可完全避免来自坩埚的污染。

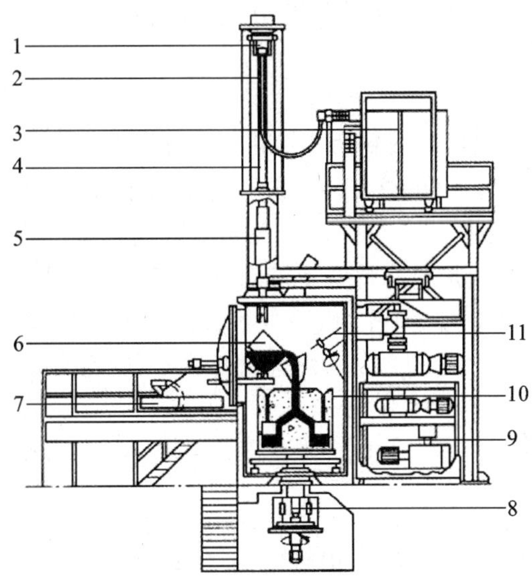

图9-3 真空自耗电极电弧凝壳炉示意图

1—快速提升系统;2—电源电缆;3—导电杆;4—电源;5—自耗电极;6—凝壳坩埚;7—坩埚翻转机构;8—离心浇注系统;9—真空泵系统;10—铸型装置;11—浇口杯屏蔽

真空自耗电极电弧凝壳炉熔炼虽然存在对原料的形状有要求、废料难以回收和受熔炼速度制约等难以克服的缺点,但也具有结构简单、维持费用低、易大型化等优点。因此,该法在钛铸造业中是使用最广泛的熔炼方法。

9.4 铸造锌合金熔炼

9.4.1 锌合金熔炼工艺

1. 熔炼设备

熔炼铝合金用的熔炉,包括焦炭炉、煤气炉、电阻炉、感应炉等,一般均适用于熔炼锌合金。因锌合金的熔炼温度较低,炉衬或坩埚所受到的浸蚀大大减轻,故使用寿命延长。由于铅和锡对锌合金的耐蚀性有不良影响，因此熔炼锌合金与熔炼铜合金的坩埚应严格分开。此外，锌合金在通常熔炼温度下与铁发生反应，为避免铁对合金的污染不宜采用铸铁坩埚，所用工具也应涂刷适当的耐火涂料。

2. 熔炼前的准备

所有金属炉料的化学成分必须符合要求、外观干净、无油污及泥沙。入炉前应预热至200～300 ℃。新的石墨坩埚在使用前应缓慢升温至900 ℃进行焙烧。旧坩埚应首先检查是否已损坏，然后清除坩埚壁上附着的炉渣和金属。装料前要预热至500～600 ℃。所有与锌合金液接触的工具，都必须清理干净，喷刷涂料并充分干燥后方可使用。

3. 配料

锌合金一般可不进行精炼处理，烧损率较小（质量分数为1%～2%）。进行精炼处理时，烧损率加大，有时可达8%。

4. 熔炼操作要点

锌合金熔炼一般分为直接熔炼法和两步熔炼法。下面简单介绍直接熔炼法的操作要点：将石墨坩埚预热至暗红色（500～600 ℃）并加入一铲木炭作为覆盖剂（电炉熔化时可以不加）。加入电解铜或铜锭熔化后，用占Cu0.6%～1.0%量的磷铜脱氧。接着加入全部铝。铝熔清后加入质量分数为90%的锌及回炉料。待金属液温度达到650 ℃以上时，用钟罩压入所需的镁量。加入剩余的锌及回炉料降温，搅拌、扒渣并测温。取样进行炉前检验，符合要求时即可浇注。

9.4.2 炉前检验

1. 温度测量

锌合金液的温度测量可采用镍铬-镍铝热电偶，配以毫伏计、电位差计或智能式数字显示仪表等。

2. 化学成分分析

对于具备炉前快速分析条件的车间，可在出炉前取样进行分析以确定合金的化学成分是否合格。常用的分析法有化学分析法和光谱分析法。

3. 炉前试验

由于锌合金吸气性小，一般不进行含气试验，但可参照铜合金炉前检验法用金属型浇注弯曲试样来检查合金质量。浇注后2～3 min将已凝固的试样从铸型中取出水冷，然后将试样一端夹持在虎钳上用锤击断。根据击断时用力的大小及试样的折断角来判断合金的力学性能并结合观察断口的晶粒大小、有无偏析、氧化、夹渣等，可以判断合金质量。

9.5 铸造高温合金熔炼

目前，实际生产中高合金化的高温合金几乎毫无例外都采用真空感应熔炼法作为一次熔炼，然后进行二次熔炼，甚至三次熔炼。本节以K444合金为例介绍500 kg真空感应炉熔炼母合金的冶炼工艺。

9.5.1 原材料

在合金料装炉的同时，进行锭模的装配和烘烤。锭模装配时，要将各连接部分密封好，以防浇注时漏钢，造成不应有的损失。烘烤工艺为在 600 ℃保温 4 h 以上，并在合金冶炼末期将锭模装入铸锭室，等待浇注。

1. 原材料标准

所用原材料必须符合国家有关标准；如暂没列国家标准的，必须选择有企业标准的纯金属或合金使用，并要求金属或合金中杂质含量较低。

2. 原材料处理

原材料在装炉前需经清洗(如酸、碱洗)去油污、去氧化皮，并在低温烘干箱中进行烘干处理，其中反应活性较高的原材料(如 C、Al、Ti、Ni、B、Zr、Al、Y)在 55 ℃±10 ℃进行 12 h 烘干处理；反应活性较低的原材料(如 Ni、W、Mo、Cr、Co、Nb)在 110 ℃±10 ℃进行 12 h 烘干处理。

9.5.2 合金炉料的配制和装炉

1. 炉料配制

K444 母合金中各元素的成分范围和控制值列于表 9-1 中。母合金料的配制计算一般采用合金成分控制范围的中限进行计算，对其中易烧损元素应按上限或凭经验适当提高计算量。

表 9-1 母合金化学成分(质量分数/(%))

元　素	C	Cr	Co	W	Mo	Al	Ti
标准值	0.04～009	15.4～16.3	10.0～11.5	4.7～5.9	1.6～2.3	2.8～3.3	4.2～5.0
控制值	0.082	15.8	10.8	5.5	2.0	3.14	4.71
元素	Nb	Hf	B	Zr	Y	Ce	Ni
标准值	0.1～0.3	0.2～0.4	0.06～0.10	0.05	0.03	0.015	Bal
控制值	0.23	0.3(加)	0.085(加)	0.05(加)	0.03(加)	0.015	Bal

2. 合金料装炉

将炉料中熔点高的原材料装在坩埚的中下部(随感应线圈的位置而定，一般选线圈的高温区)，按照原材料熔点的高低顺序依次装料，装料时应下紧上松以防“架桥”。具体装料次序如下：首先装入三分之一的镍板和三分之一的碳。然后，依次装入全部的钴、钨、钼、铌、铬，并均匀撒入三分之一的碳。再装入剩余的镍板和碳，部分镍板可装入加料器内最后依次分别把铝、钛、铪和用铝箔包好的锆、稀土和 Ni、B 装入加料器内。

9.5.3 合金熔炼

1. 抽真空

采用 Al_2O_3 坩埚进行熔炼。装完料后即可合上炉盖，先开始抽真空，真空度≤5 Pa 时，可进行小功率送电。

2. 熔化

开始以 80 kW 小功率送电 15 min，再以 150 kW 送电 5 min，最后以 200 kW 大功率送电直至化清。炉料开始熔化后，要密切注意炉内情况，及时倾动坩埚，以利于炉料自动缓慢下沉和熔化，防止炉料“架桥”。熔化过程中放气量大，喷溅严重时，可适当降低功率。

3. 精炼

一般以熔池平静，停止冒泡，液面停止翻膜等为判断炉料化清的标志。当炉料全部化清后，继续采用大功率送电，并倾动坩埚 2～3 次，直至温度达到 1520～1560 ℃时，降低功率到 100 kW，并在此温度下保持 30 min 左右。精炼末期真空度应低于 1.33Pa。精炼期结束后即可停电，进行降温结膜，以待进入合金化期。

4. 合金化

整个合金化期既要防止温度过高，又要在高真空下进行，真空度一般应保持在低于 1.33 Pa。降温结膜时间在 30 min 左右，合金化开始以 200 kW 大功率送电，进行升温，当熔体温度达到 1460 ℃时，送电功率降到 100 kW，并缓慢均匀地加入铝、钛、铪等金属。然后以 200 kW 功率搅拌熔池，并倾动坩埚 2～3 次，以使熔池上、下部位的合金成分均匀。随后停电，待温度降到 1500 ℃左右时，用 100 kW 功率送电，加入硼、锆和稀土金属，随后以 200 kW 功率搅拌熔池，倾动坩埚 2～3 次，5 min 后停电降温进行冷冻处理。

5. 浇注

观察炉内熔池液面结膜，厚度为 30 mm 左右时，再以 200 kW 功率送电，升温的同时搅拌熔池，当熔池温度升到 1400～1440 ℃时，功率降到 100 kW，进行温度调整，准备浇注。浇注时以 80～90 kW 功率送电，熔体经过陶瓷过滤网进入锭模中，以期得到表面光洁，不冲蚀锭模的料锭。浇注后在炉内保持 5 min 后才可破真空取锭。锭模温度降到 600 ℃以下时方可脱模，脱模的母合金棒必须打磨或车光，切头去尾。

思考题

1. 铜合金熔炼时常用的脱氢方法和基本原理？
2. 铜合金熔炼时脱氧的原因及常用方法，哪一类铜合金不需要脱氧，为什么？

第三篇　铸铁、铸钢及其熔炼

第 10 章

铸铁

10.1 概　述

铸铁是含碳量大于 2.14%或者组织中具有共晶组织的铁碳合金。工业上所用的铸铁是以铁、碳、硅为主要元素的多元合金。铸铁的成分范围大致为:C 含量 2.4%～4.0%,Si 含量 0.6%～3.0%,Mn 含量 0.2%～1.2%,P 含量 0.1%～1.2%,S 含量 0.08%～0.15%。有时还加入各种合金元素,以便获得具有各种性能的合金铸铁。

10.1.1 铸铁的分类及其应用

根据铸铁中是否有石墨存在,通常可将铸铁分为如下两种。

1. 白口铸铁

白口铸铁组织中的碳除少量溶于铁素体外,绝大部分以碳化物的形成存在于铸铁中,断口呈银白色。白口铸铁主要分为亚共晶白口铸铁(见图 10-1)、共晶白口铸铁(见图 10-2)和过共晶白口铸铁(见图 10-3)。白口铸铁的特点是硬而脆,很难加工。白口铸铁一般用来制造一些高耐磨性的零件和工具,例如农具(如犁铧等)、球磨机的内衬及磨球,喷丸机的叶片以及电厂灰渣泵及磨煤机的磨损件等。

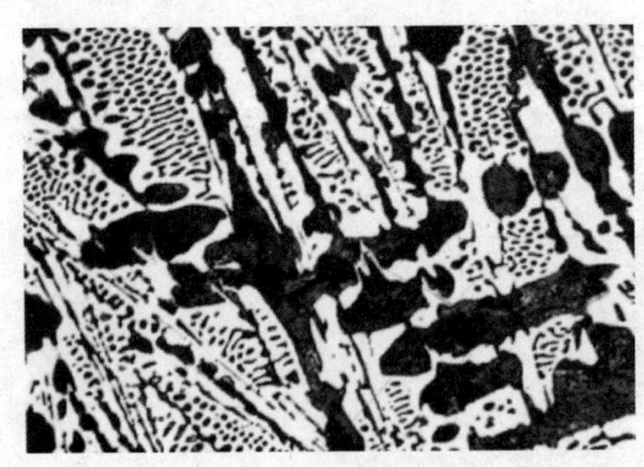

图 10-1　亚共晶白口铸铁典型金相组织

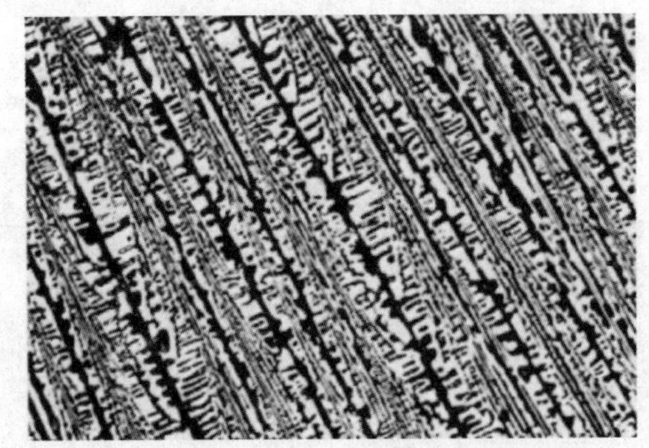

图 10-2　共晶白口铸铁典型金相组织

2. 灰铸铁

碳主要结晶成石墨,并呈片状形式存在于铸铁中,断口为暗灰色。在珠光体的基体上分布着片状石墨。灰铸铁的化学成分一般为:C 含量 2.6%～3.6%,Si 含量 1.2%～3.0%,Mn 含量 0.4%～1.2%,P 含量≤0.3%,S 含量≤0.15%。灰铸铁大量地应用于各种机器零件,是工业上应用得最为广泛的铸造材料。

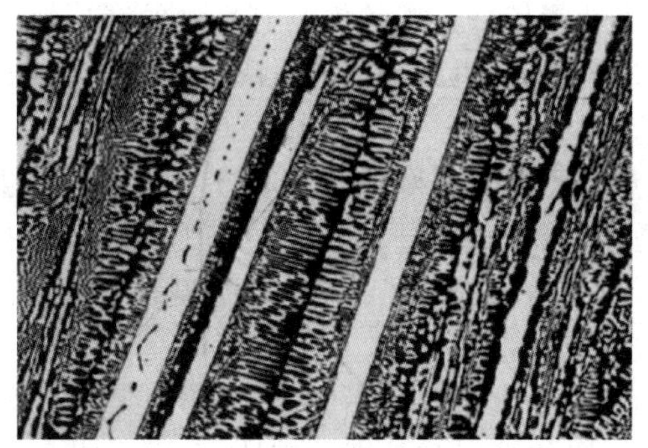

图 10-3 过共晶白口铸铁典型金相组织

灰铸铁中又可根据石墨的形态不同而分为:(普通)灰铸铁,碳主要以片状石墨形式出现的铸铁(见图 10-4(a));球墨铸铁,碳主要以球状石墨形式出现的铸铁(见图 10-4(b));可锻铸铁,碳主要以团絮状石墨形式出现的铸铁(见图 10-4(c));蠕墨铸铁,碳主要以蠕虫状石墨形式出现的铸铁(见图 10-4(d))。

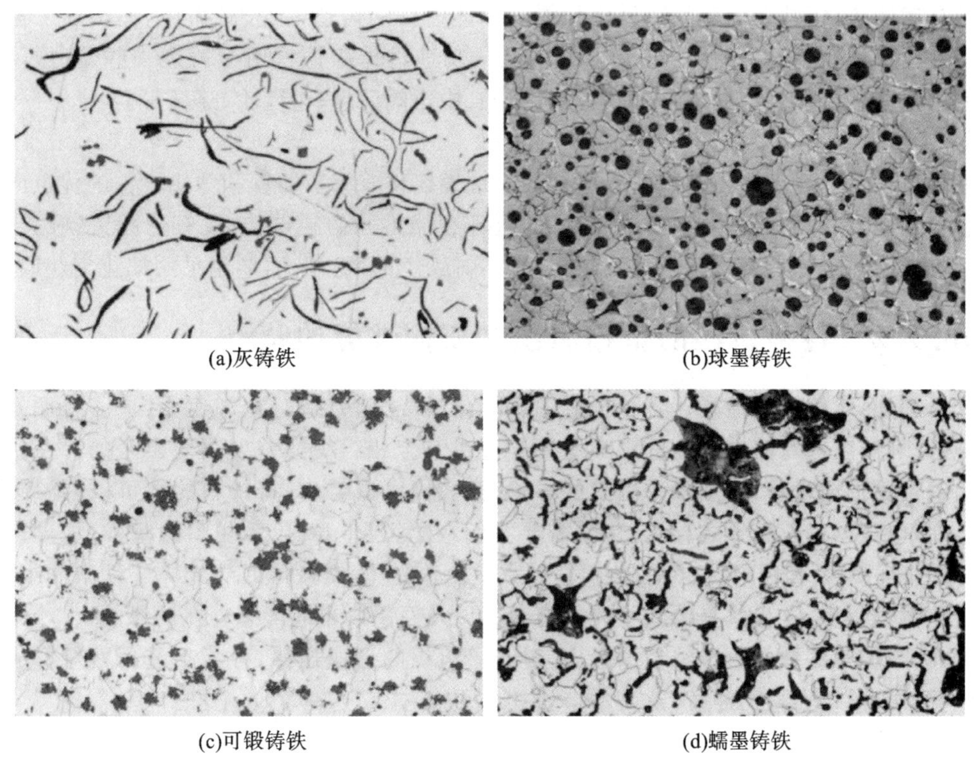

(a)灰铸铁　(b)球墨铸铁　(c)可锻铸铁　(d)蠕墨铸铁

图 10-4 各种铸铁的石墨形态(腐蚀)

1) (普通)灰铸铁

灰铸铁通常是指断面呈灰色,其中的碳主要以片状石墨形式存在的铸铁。由于片状石墨的存在,一方面使得基体承载的有效面积减少,另一方面在基体中容易造成应力集中现象,最终导致灰铸铁的抗拉强度和弹性模量均比钢低得多,断裂强度通常为 120～250 MPa;塑性和冲击韧性接近于零,属于脆性材料。灰铸铁属于脆性材料,不能进行冲压;同时,其焊接性能也很差。但灰铸铁的切削加工性能较好。灰铸铁具有良好的减振性,其减振能力为钢的5～10倍。工业上常用它来制造机床床身、机座等。灰铸铁的耐磨性好、缺口敏感性低。

2）可锻铸铁

可锻铸铁因有较高的塑性和韧性而得名,其实是不可锻的。其生产过程是:先铸成一定成分的白口铸铁,而后经过适当的热处理(石墨化退火处理),使其中的渗碳体分解而形成团絮状石墨。由于石墨呈团絮状,故显著地降低了石墨对金属基体的割裂作用,从而使其强度高于一般的灰铸铁,尤其是具有较高的塑性和韧性。

在常用的可锻铸铁中,按热处理条件的不同,有黑心铁素体可锻铸铁和珠光体可锻铸铁。黑心铁素体可锻铸铁具有一定的强度和较高的韧性,多用于制造承受冲击和振动的零件,例如,汽车的后桥外壳、弹簧钢板支架、低压阀门、机床上用的把手等。珠光体可锻铸铁的强度、硬度、耐磨性好,常用来铸造曲轴、凸轮轴、连杆及齿轮等重要零件。

3）球墨铸铁

铁水在浇注前,经球化和孕育处理,碳主要以球状石墨形态存在于铸铁中。球墨铸铁具有比普通灰铸铁高得多的强度、塑性和韧性,球墨铸铁不仅强度远远高于灰铸铁,优于可锻铸铁,甚至可与钢媲美,还具有优良的热处理性能。球墨铸铁的铸造性能、减振性、切削加工性及缺口敏感性较灰铸铁差,但仍优于铸钢。目前已成功地将球墨铸铁用于铸造一些受力复杂,强度、韧性、耐磨性要求较高的零件,如柴油机曲轴、中压阀门、汽车齿轮、连杆等。

4）蠕墨铸铁

蠕墨铸铁由金属基体和蠕虫状石墨构成。蠕墨铸铁兼有灰铸铁和球墨铸铁的优点而没有它们各自的缺点,即它既没有灰铸铁脆性大、抗开裂能力弱的缺点;也没有球墨铸铁的导热系数小、减振能力差、加工性能不够好的缺点,蠕墨铸铁中的蠕虫状石墨是采用蠕化剂获取的。

10.1.2 各种铸铁的金相组织和机械性能的特点

众所周知,组织决定性能。各种工艺因素如化学成分、铸造时冷却速度、炉前处理方法的差异、热处理制度等对铸铁性能的影响主要是通过其金相组织的差异表现出来的。在研究铸铁的组织及其形成过程,以及各种因素的影响时,我们可以看出:铸铁中的碳可以以渗碳体的形式存在,也可以以石墨形式存在,这就需要我们在学习 $Fe\text{-}Fe_3C$ 系相图的基础上,再进一步研究 Fe-C(石墨)系相图;铸铁中的金属基体都是由珠光体、铁素体或珠光体＋铁素体组成,但其强度比钢低得多,这显然是铸铁中存在有石墨以及石墨以不同形态存在的缘故。

因此,我们对铸铁中石墨组织的形态,对石墨组织的形成规律,各项工艺因素对形成石墨的影响等必须给以充分的注意,这是本节所述的重点。

10.2 Fe-C 及 Fe-C-Si 合金体系

铸铁是多元铁合金,但其中对铸铁的金相组织起决定作用的主要是铁、碳和硅,所以我们要来讨论 Fe-C 二元合金和 Fe-C-Si 三元合金体系。

10.2.1 Fe-C 二元合金体系的分析

从热力学观点来分析，石墨的自由能比渗碳体的自由能要低得多。根据能量最低原则，Fe-Fe_3C 相图只是介稳定的，只有 Fe-C(石墨)相图才是热力学稳定的。

从动力学观点来分析，渗碳体是间隙型的金属间化合物，碳原子只是在铁原子间隙处存在，不需要铁原子从晶核中扩散出去，这样形成渗碳体是比较容易的。而要形成石墨的晶核可就困难得多，要求浓度起伏很大，而且在形成晶核时要把铁原子从晶核中全部排出去，阻力大。因此，在一定条件下，按 Fe-Fe_3C 相图转变亦有可能，因此就出现了二重性。

Fe-C 合金双重相图如图 10-5 所示，分别以实线表示 Fe-Fe_3C 介稳定系相图，以虚线表示 Fe-C(石墨)稳定系相图。由相图可知，当共晶成分液体在冷却到 $T'_C \sim T_C$ 之间时，对于奥氏体+石墨的共晶结晶来说，已是过冷了，是可能进行的，但对于奥氏体加渗碳体来说，此时有较高的自由能，所以是不能进行奥氏体+渗碳体的共晶结晶的。只有在过冷到 T_C 温度以下时，才有可能进行奥氏体+渗碳体的结晶。同理，只有在较小的过冷度下，析出 F+石墨；在较大过冷度下，析出 F+石墨，还有 F+Fe_3C 即 P(即两种都有可能)；在非常大的过冷度下，只析出 F+Fe_3C 即 P。

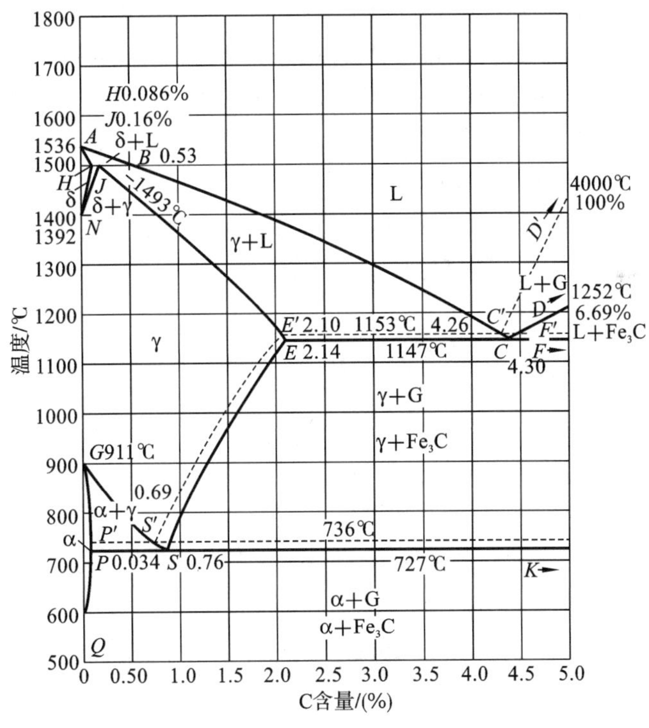

图 10-5 Fe-C 合金双重相图

10.2.2 Fe-C-Si 三元合金体系的分析

1. 铸铁中硅的作用

铸铁中除碳以外，硅的含量较多，变化幅度也较大(0.6%～3.0%)，因此要理解硅对 Fe-C

合金的结晶过程、金相组织和性能的影响。铸铁中硅的作用有如下几个方面。

(1) 共晶点和共析点含碳量随硅量的增加而减少。

(2) 硅的加入使相图上出现了共晶和共析转变的三相共存区(共晶区:液相、奥氏体加石墨;共析区:奥氏体、铁素体加石墨)。这说明 Fe-C-Si 三元合金的共析和共晶转变,不像 Fe-C 二元合金那样在一个恒定的温度完成,而是在一个温度范围内进行,并且共析转变温度范围随着硅量的增加而扩大。

(3) 共晶和共析温度都改变了。硅对稳定系和介稳定系共晶温度的影响是不同的。随着硅量增加,稳定系平衡共晶温度增加,而介稳定系统共晶温度下降。由于硅量提高,共析转变温度提高更多,有利于铁素体的获得,硅是一个很有利于石墨化的元素。

(4) 硅量的增加,还缩小了相图上的奥氏体区。

(5) 图 10-5 左上角的包晶反应中的包晶温度和各相的成分也改变了,δ 相(高温的 α 相)区扩大了。

以上这些特点,除第五点外,对分析铸铁的结晶和组织以及制定热处理工艺,都有重要的实际意义。

2.“碳当量”及“共晶度”的概念

为了分析某一具体成分铸铁的结晶过程、组织和性能,首先需要知道该铸铁属于亚共晶还是过共晶,偏离共晶的程度多大。我们一般都以各元素对共晶点实际碳量的影响,将这些元素的量折算成碳量的增减,称为碳当量,用 CE 表示。考虑到一般铸铁中硫很低,而锰的影响比较小,为了简化计算,因而 CE=[C+0.3(Si+P)]%。将 CE 和 C' 点碳量 4.26%相比,即可判断某具体成分铸铁偏离共晶点的方向和程度。

铸铁偏离共晶点的方向和程度还可以用铸铁含碳量与共晶点实际碳量的比值来表示,这个比值称为共晶度,以 S_C 表示。其值可按下式计算:

$$S_C = \frac{C_{铁}}{C_{C'}} = \frac{C_{铁}}{4.26\% - \frac{1}{3}(\mathrm{Si}+\mathrm{P})} \tag{10-1}$$

式中:$C_{铁}$——铸铁实际含碳量,%;

$C_{C'}$——铸铁共晶点实际含碳量,%(稳定系);

Si、P——铸铁中硅、磷含量,%。

如 $S_C=1$ 为共晶铸铁,$S_C<1$ 为亚共晶铸铁,$S_C>1$ 为过共晶铸铁。

10.3 铸铁的结晶过程

10.3.1 铸铁的一次结晶过程

铸铁从液态转变成固态的一次结晶过程,包括初析和共晶凝固两个阶段。具体的内容有:初析石墨或初析奥氏体的形成及其形貌;共晶凝固、共晶团以及共晶后期组织的形成;碳化物的形成及其特征。

1. 初析石墨的结晶

当过共晶成分的铁液冷却时，先遇到液相线，在一定的过冷条件下便会析出初析石墨的晶核，并在铁液中逐渐长大。由于结晶时的温度较高，成长的时间较长，又是在铁液中自由地长大，因而常常长成分枝较少的粗大片状。

2. 初析奥氏体的结晶

1）初析奥氏体枝晶的凝固过程

当凝固在平衡条件下进行时，只有当化学成分为亚共晶时才会析出初析奥氏体。其实在非平衡条件下，铸铁中存在一个共生生长区，而且偏向石墨的一方，因而在实际情况下，往往共晶成分，甚至过共晶成分的铸铁在凝固过程中亦会析出初析奥氏体。

2）初生奥氏体的形态

奥氏体为面心立方体，当奥氏体直接从熔体中形核、成长时，只有按密排面(111)生长，其表面能最小，析出的奥氏体才稳定。奥氏体枝晶生长的特点之一是晶枝的生长程度不同，有的晶枝生长快，有的晶枝因前沿有溶质元素的富集而生长受到阻碍，因而生长较慢，故铸铁中的奥氏体枝晶往往具有不对称、不完整的特征，加上奥氏体枝晶的二维形貌实际上是三维树枝晶在不同切面上的反映，因而便呈现出更加复杂的形态。

3）奥氏体枝晶中的成分偏析

奥氏体枝晶中的化学成分不均匀性是由凝固过程所决定的。按照相图，先析出的奥氏体枝晶芯部碳量较低，在逐渐长大以后各层奥氏体中的碳量逐渐增高，形成所谓芯状组织。对奥氏体枝晶及其结晶前沿的微观分析表明，在初析奥氏体中有硅的富集，锰含量则较低，而在枝晶间的残存液体中则是碳高、锰高、硅低。这样，在奥氏体的生长过程中，在结晶前沿就有不同元素的富集或贫乏，如形成了硅的反偏析及锰的正偏析，即存在着较大的浓度不均匀性。

4）影响奥氏体枝晶数量及粗细的因素

铸铁中奥氏体枝晶的数量将直接影响到作为坚固骨架体数量的多少。因而研究奥氏体枝晶数量的变化及其影响因素，对控制铸铁的组织及性能有较重要的意义。

在冷却速度较快时，由于在不平衡的条件下进行凝固结晶，因此，即使碳当量高达4.7%时，铸态组织中仍有一定量的初析奥氏体，这是工业铸铁组织中的一个重要特征。

在相同碳当量的前提下，初析奥氏体的量还受铸铁中碳、硅含量的影响。目前常用Si/C比值来讨论其影响，Si/C增加，初析奥氏体的量随之增高。在高碳当量时，除影响数量外，碳量对初析奥氏体的粗细亦有影响。冷却速度一定时，随着碳量的增大，枝晶逐渐细化。硫对奥氏体树枝晶的粗细亦有影响，随着硫量的增高，树枝晶有粗化的倾向。

3. 共晶凝固过程

根据化学成分及冷却条件的不同，有两种共晶转变方式：稳定系共晶转变，形成灰口断面铸铁；亚稳定系共晶转变，形成奥氏体+渗碳体组织，即白口铸铁。当然还可能有混合型的断面呈麻口状，这种铸铁的应用范围极为有限。

1）稳定系的共晶转变

当铁液温度降低到略低于稳定系共晶平衡温度，即具有一定程度的过冷后，初析奥氏体间熔体的含碳量就达到饱和程度。如果此时能形成石墨晶核并长大，则出现石墨/熔体的界面，由于石墨含碳高，因而界面上碳低，这就为共晶奥氏体的析出创造了条件，奥氏体的析出反过来又促进了共晶石墨的继续生长，因此出现了从熔体中同时析出奥氏体和石墨的格局。至此，铸铁便进入了共晶凝固阶段。

2）石墨的晶体结构及片状石墨的长大

石墨的晶体为六方晶格结构。由于石墨具有这样的结构特点，从结晶学的晶体生长理论看，石墨的正常生长方式应是沿基面的择优生长，最后形成片状组织。然而在不同的实际条件下，石墨往往会出现多种多样的形式，因而必然存在着影响石墨生长的因素，而这主要与石墨的晶体缺陷以及结晶前沿熔体中的杂质浓度有关。

3）球状石墨的形成过程

一定成分的铁液，经过球化处理，使铁液中的硫和氧含量显著下降，此时球化元素在铁液中有一定的残留量，这种铸铁在共晶凝固过程中将形成球状石墨。球状石墨接近球形，用高倍镜观察时，则呈多边形等轮廓，内部呈现放射状，在偏振光照明下尤为明显，如图 10-6 所示。

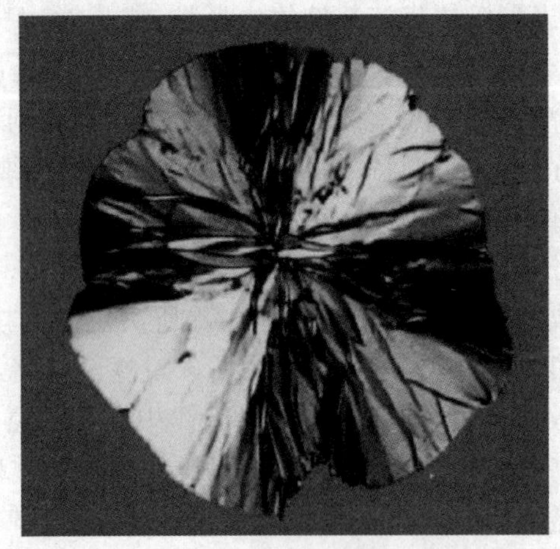

图 10-6　球状石墨的偏振光照片

10.3.2　铸铁的二次结晶过程

铸铁在凝固完毕时形成的一次结晶体组织中，最基本的组成相是奥氏体和高碳相（石墨或渗碳体）。在固态下继续冷却到室温的过程中，铸铁组织还要发生一系列的相变，也就是二次结晶过程。二次结晶的结果使铸铁最后形成一定的金属基体组织。

铸铁的二次结晶主要包括奥氏体中碳的脱溶以及共析转变这两个阶段。

1. 奥氏体中碳的脱溶

从 Fe-C 相图可以看出，当奥氏体从共晶温度冷却到共析温度时，其平衡的饱和固溶碳量逐渐减少，从奥氏体脱溶的碳可能以石墨或渗碳体两种不同的形式出现，相应地可称为二次石墨或二次渗碳体。

2. 铸铁的共析转变

当铸铁冷却到共析温度以下时，奥氏体发生共析转变，转变为铁素体及高碳相（石墨或渗碳体）。铸铁按何种方式进行共析转变取决于铸铁石墨化倾向的大小、冷却速度以及一次结晶组织的特点等因素。

1）奥氏体向铁素体与石墨转变

在灰铸铁与球墨铸铁缓慢冷却通过稳定系共析温度范围及在比冷却时的临界温度范围下

限低一定的温度保温时，占优势的奥氏体向铁素体与石墨转变。

2）奥氏体向珠光体转变

当铸铁的石墨化倾向较小或冷却速度较快时，奥氏体过冷到介稳定系共析转变温度范围内便会发生向珠光体的转变。

10.4 （普通）灰铸铁

灰铸铁通常是指具有片状石墨的铸铁，它的断口呈灰白色。灰铸铁生产简便，工艺成品率高，成本低。虽然它有机械性能较低的缺点，但是它具有一系列优良的铸造性能和足够好的机械性能，而且在某些方面，如缺口敏感性、减振性和耐磨性方面都有独特的优点。因此，在工业生产中，不同牌号的灰铸铁得到了最为广泛的应用。

10.4.1 灰铸铁的金相组织特点

灰铸铁的金相组织由金属基体和片状石墨所组成，其主要的金相组织主要有以下几种：铁素体＋片状石墨（见图 10-7(a)）；（铁素体＋珠光体）＋片状石墨（见图 10-7(b)）；珠光体＋片状石墨（见图 10-7(c)）。

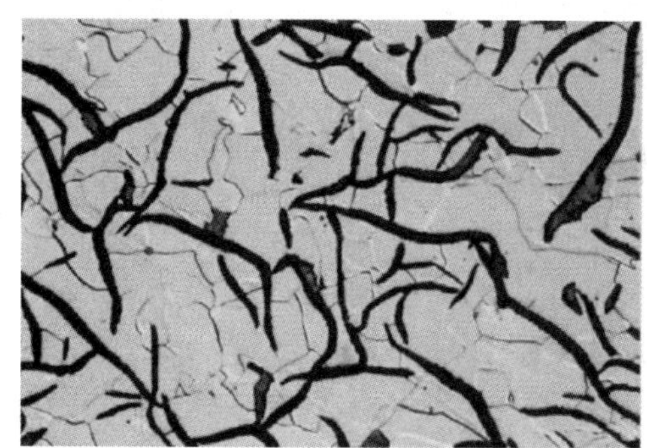

(a)铁素体＋片状石墨

(b)（铁素体＋珠光体）＋片状石墨

(c)珠光体＋片状石墨

图 10-7 灰铸铁的典型金相组织

由于凝固条件不同（指化学成分、冷却速度、形核能力等），灰铸铁中的片状石墨可出现不同的分布及尺寸，见表 10-1 和图 10-8。片状石墨以 A 型石墨最好，B 型次之，D、E 型较差。

表 10-1　石墨分布分类

名　　称	符　　号	说　　明
片状	A	片状石墨均匀分布
菊花状	B	片状与点状石墨聚集成菊花状分布
块片状	C	部分带尖角块状、粗大片状初生石墨
枝晶点状	D	点、片状枝晶间石墨呈无向分布
枝晶片状	E	短小片状枝晶间石墨呈有方向分布
星状	F	星状(或蜘蛛状)与短片状石墨混合均匀分布

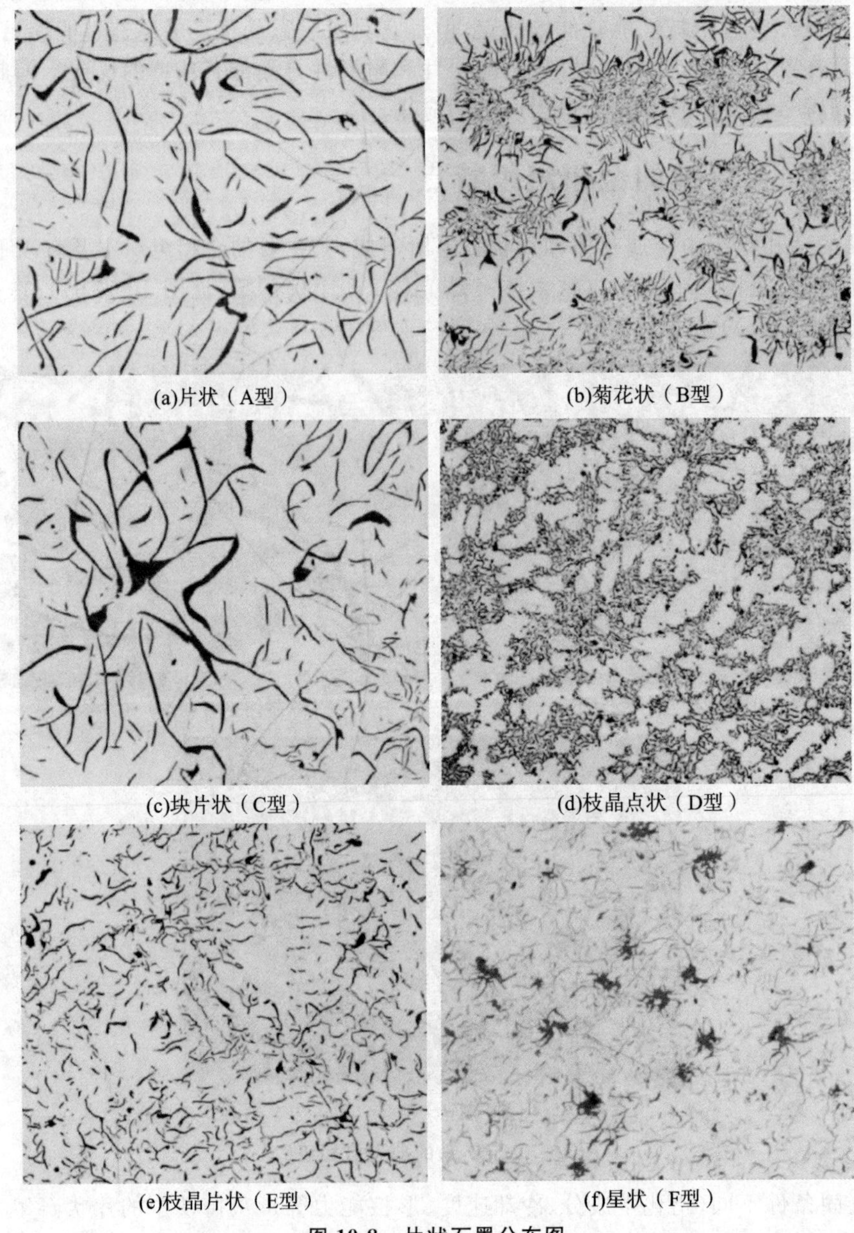

(a)片状（A型）　(b)菊花状（B型）

(c)块片状（C型）　(d)枝晶点状（D型）

(e)枝晶片状（E型）　(f)星状（F型）

图 10-8　片状石墨分布图

此外，还有少量非金属夹杂物，如硫化物、磷化物等。

10.4.2 灰铸铁的使用性能特点

在灰铸铁组织中，石墨与金属基体是决定铸铁性能的一对主要因素。一般来说，石墨是这两个因素中的主要方面。石墨的作用是有二重性的，即有使机械性能降低的一面，但又能赋予铸铁具有若干优良性能的一面，如低的缺口敏感性、好的减振性及耐磨性等，使灰铸铁成为某些零件的特有材料。

与铸造碳钢相比，灰铸铁的机械性能有如下特点。

1. 强度性能较差

灰铸铁的抗拉强度、伸长率、冲击韧性和弹性模量都低于铸钢，仅硬度与铸钢接近。这主要是因石墨存在的缘故。由于石墨几乎没有强度，又因为片端好像是存在于铸铁中的裂口，所以，一方面由于它在铸铁中占有一定量的体积，使金属基体承受负荷的有效截面积减少；另一方面，更为重要的是，在承受负荷时造成应力集中现象。前者称为石墨的缩减作用，后者称为石墨的缺口作用（切割作用）。由于石墨的存在所造成的这两个作用，使铸铁的金属基体的强度不能充分发挥。据统计，普通灰铸铁基体强度的利用率一般只有 30%～50%，因此表现出灰铸铁的抗拉强度很低。此外，由于石墨的存在而造成严重的应力集中现象，导致裂纹的早期发生并发展，因而出现脆性断裂，故灰铸铁的塑性和韧性几乎表现不出来。很明显，石墨的切割作用对基体的危害比缩减作用要强烈得多。

2. HB/R_m 比值分散

关于硬度的特性，在碳钢和合金钢中，布氏硬度和抗拉强度值的比值约为 3。但在灰铸铁中，这个比值就很分散，灰铸铁的强度越高，其分散的情况越厉害。

3. 灰铸铁的缺口敏感性较低

材料在受力时，有缺口和无缺口试样的强度性能有显著的差别，这种现象称为“缺口效应”或材料的缺口敏感性。灰铸铁中由于有大量的石墨片存在，给铸铁的金属基体带来了大量的缺口，因此就减少了外来缺口对机械性能影响的敏感性。铸铁石墨片越粗大，对缺口越不敏感。随着石墨的细化或形状的改善，对缺口的敏感性就会提高。

4. 有良好的减振性

减振性是指材料在交变负荷下，它本身吸收（衰减）振动的能力。灰铸铁由于存在着大量的片状石墨，它割裂了基体，阻止振动的传播，并能把它转化为热能而消失，所以灰铸铁有很好的减振性。

5. 减摩性好

灰铸铁具有良好的减摩性，这是因为在石墨被磨掉的地方形成大量的显微“口袋”，可以储存润滑油以保证油膜的连续性，并且石墨本身就可作为润滑剂。从提高减摩性的角度看，无论是石墨数量，还是石墨大小都要适中。过粗、过多时割裂太多，过细、过少时润滑不足，都不利于减摩性。珠光体基体加上数量大小适中、均匀无方向性分布的石墨的铸铁，可有良好的减摩性能。

从以上讨论看，铸铁所有的性能特点，几乎都和石墨有关。因此，总的来说，灰铸铁的力学性能虽然来源于它的金属基体，但却在很大程度上受制于石墨。它的性能是基体与石墨作用的综合体现。

10.4.3 灰铸铁的铸造性能

灰铸铁的铸造性能是保证铸件质量的重要性能，它包括流动性、收缩过程及其伴生的内应力、变形和裂纹倾向等。铸造性能的好坏是衡量铸造合金优劣的一个重要方面。灰铸铁具有良好的铸造性能是它获得广泛应用的主要原因之一。

1. 流动性

铸铁是共晶型的铁、碳及其他元素的多元合金，这就决定了铸铁具有良好的流动性，因此在生产上常用灰铸铁铸造很薄的铸铁件。

2. 收缩及其伴生现象

铸铁的收缩包括液态收缩 $\varepsilon_{液}$、凝固收缩 $\varepsilon_{凝}$ 和固态收缩 $\varepsilon_{固}$ 三部分。前两部分决定了铸件形成缩孔、缩松的倾向，而后者决定了铸件的最后尺寸及应力、变形及开裂的特性。

形成缩孔、缩松的倾向主要和 $\varepsilon_{凝}+\varepsilon_{液}$ 值的大小有关，它们的总值越大，则缩孔、缩松的倾向也越大。对于一般的灰铸铁铸件，由于其总的体积收缩值不大，所以形成缩孔、缩松的倾向小，常不需要设置冒口而可得健全的铸件。对于碳、硅含量较低的高强度灰铸铁，则由于有一定程度的收缩量，为了得到健全的合格铸件，在某些情况下必须设置适当的冒口以补偿液态及凝固收缩。

普通灰铸铁的线收缩（$\varepsilon_{固}$）较小，故其热裂、内应力以及变形和冷裂的倾向较小。

10.4.4 灰铸铁件的生产

要生产出符合要求的灰铸铁件，需要考虑下列几个方面：从金属本身来说，选定合乎要求的化学成分，进行必要的处理，根据要求成分选择及配算炉料、熔化及浇注，另外还有一部分铸型工艺工作。在这里我们主要考虑确定灰铸铁化学成分必须注意的几个问题。

1. 性能要求

铸件的性能要求是选定化学成分的前提。一般是根据铸铁牌号来选定化学成分。国家标准（GB/T 9439—2010）中规定，依据直径 ϕ30 mm 单铸试棒加工的标准拉伸试样所测得的最小抗拉强度值，将灰铸铁分为 HT100、HT150、HT200、HT225、HT250、HT300 和 HT350 等几个牌号，牌号以 HT 字母打头，后面三位数字为抗拉强度最小值（见表 10-2）。

表 10-2 灰铸铁的牌号和性能

牌号	铸件壁厚 /mm		最小抗拉强度 R_m（强制性值）(min)		铸件本体预期抗拉强度 R_m(min)/MPa
	>	≤	单铸试棒 /MPa	附铸试棒或试块 /MPa	
HT100	5	40	100	—	—
HT150	5	10	150	—	155
	10	20		—	130

续表

牌　　号	铸件壁厚 /mm		最小抗拉强度 R_m（强制性值）(min)		铸件本体预期抗拉强度 R_m(min)/MPa
	>	≤	单铸试棒 /MPa	附铸试棒或试块 /MPa	
HT150	20	40	150	120	110
	40	80		110	95
	80	150		100	80
	150	300		90	—
HT200	5	10	200	—	205
	10	20		—	180
	20	40		170	155
	40	80		150	130
	80	150		140	115
	150	300		130	—
HT225	5	10	225	—	230
	10	20		—	200
	20	40		190	170
	40	80		170	150
	80	150		155	135
	150	300		145	—
HT250	5	10	250	—	250
	10	20		—	225
	20	40		210	195
	40	80		190	170
	80	150		170	155
	150	300		160	—

2. 冷却速度问题

铸型条件确定之后，铸件壁厚就是影响铸件冷却速度最重要的因素。冷却速度有差异就可以得到不尽相同的组织，当然也就得到性能不同的铸件。由于铸件一般比较复杂、壁厚不一。在选定成分时，要根据具体情况而定，如：对于一般性能要求不高的铸件，可取其平均壁厚来选择铸件的化学成分；对于要求比较高的铸件，则可以其主要处的壁厚作为选定化学成分的依据；对于要求耐磨或耐压的铸件，还需再加入合金元素。

另外，还需考虑是否要进行孕育处理。在选定化学成分时，对此点要有所考虑，如果要进行孕育处理，就必须仔细控制它的成分。

10.4.5 提高灰铸铁机械性能的途径

要提高灰铸铁的强度性能有两条途径:改变石墨的数量、大小、分布及形态和在改变石墨特性的基础上控制基体组织。

要提高灰铸铁的强度性能其主要措施有以下几点。

1. 合理选定化学成分

在碳含量较低时,适当提高 Si/C 比,强度性能会有所提高,切削性能有较大改善,但缩松、渗漏倾向可能会增高。在较高碳含量时,提高 Si/C 比反而使强度下降。

2. 孕育处理

促进石墨化,降低白口倾向;降低断面敏感性;控制石墨形态,消除过冷石墨;适当增高共晶团数和促进细片状珠光体的形成,从而达到改善铸铁的强度性能及其他性能的目的。

3. 微量或低合金化

向一定成分的普通灰铸铁中加入少量合金元素,是提高灰铸铁力学性能的另一个有力手段。常在炉前进行孕育处理加以配合。由于加入量较少,因而在组织上仍然没有脱离灰铸铁的范畴。所不同的是由于合金元素的作用,常使石墨有一定程度的细化;铁素体量减少甚至消失;珠光体则有一定程度的细化,而且其中的铁素体由于溶有一定量的合金元素而得到固溶强化。因而这类铸铁总有较高的强度性能。由于一般不形成特殊的新相,故这种铸铁的铸造性能和普通灰铸铁相比没有多大不同之处。

10.5 球墨铸铁

10.5.1 概述

球墨铸铁的发明使铸铁材料的性能产生了质的飞跃,因此在国内外都发展得很快,在一些主要工业国家中,其产量已超过铸钢,成为仅次于灰铸铁的铸铁材料。我国从 1950 年就开始生产球墨铸铁,结合我国丰富的稀土资源,20 世纪 60 年代又发展了稀土镁球墨铸铁,其使用范围已遍及汽车、农机、船舶、冶金、化工等部门,成为重要的铸铁材料。按 GB/T 1348—2019,球墨铸铁分为 14 个牌号(见表 10-3)。

表 10-3 球墨铸铁的牌号和性能

材料牌号	抗拉强度 R_m/MPa (min)	屈服强度 $R_{p0.2}$/MPa(min)	伸长率 A/(%) (min)	布氏硬度 /HBW	主要基本组织
QT350-22L	350	220	22	≤160	铁素体
QT350-22R	350	220	22	≤180	铁素体
QT350-22	350	220	22	≤160	铁素体
QT400-18L	400	240	18	120～175	铁素体

续表

材料牌号	抗拉强度 R_m/MPa (min)	屈服强度 $R_{p0.2}$/MPa(min)	伸长率 A/(%) (min)	布氏硬度 /HBW	主要基本组织
QT400-18R	400	250	18	120～175	铁素体
QT400-18	400	250	18	120～175	铁素体
QT400-15	400	250	15	120～180	铁素体
QT450-10	450	310	10	160～210	铁素体
QT500-7	500	320	7	170～230	铁素体＋珠光体
QT550-5	550	350	5	180～250	铁素体＋珠光体
QT600-3	600	370	3	190～270	珠光体＋铁素体
QT700-2	700	420	2	225～305	珠光体
QT800-2	800	480	2	245～335	珠光体或索氏体
QT900-2	900	600	2	280～360	回火马氏体或屈氏体＋索氏体

注：1. 字母“L”表示该牌号有低温（－20 ℃或－40 ℃）下的冲击性能要求；字母“R”表示该牌号有室温（23 ℃）下的冲击性能要求。

2. 伸长率是从原始标距 $L_0=5d$ 上测得的，d 是试样上原始标距处的直径。

10.5.2 球墨铸铁的组织

1. 石墨

球状石墨的形貌近似球形，内部呈放射状，有明显的偏光效应。在铸态条件下，基体通常为铁素体加珠光体混合组织，由于二次结晶条件的影响，铁素体通常位于石墨球的周围，形成“牛眼”组织（见图 10-9）。

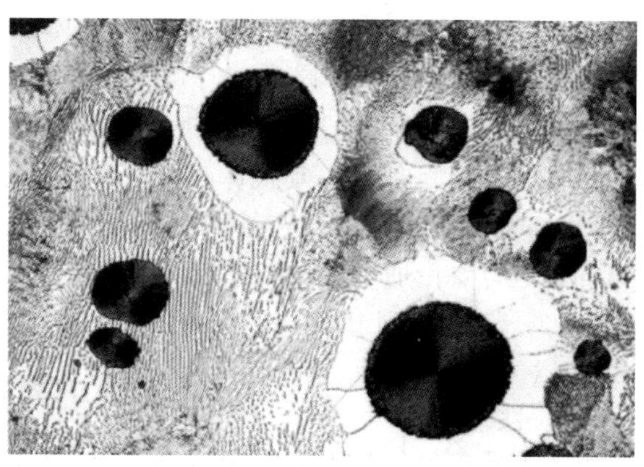

图 10-9 球墨铸铁中的“牛眼”组织

球墨铸铁中允许出现的石墨形态除了主要是球状石墨外，还可以有少量的非球状石墨(团状、絮状)。按照GB/T 9441—2009，球墨铸铁金相检验标准将石墨球化分为6级，见表10-4和图10-10；石墨大小也分为6级，见表10-5和图10-11。

表 10-4 石墨球化分级

球化级别	球化率	图号
1级	≥95%	图10-10(a)
2级	90%	图10-10(b)
3级	80%	图10-10(c)
4级	70%	图10-10(d)
5级	60%	图10-10(e)
6级	50%	图10-10(f)

表 10-5 石墨大小分级

级别	在×100下观察，石墨长度/mm	图号
3	>25～50	图10-11(a)
4	>12～25	图10-11(b)
5	>6～12	图10-11(c)
6	>3～6	图10-11(d)
7	>1.5～3	图10-11(e)
8	≤1.5	图10-11(f)

注：石墨大小在6～8级时，可使用×200或×500的放大倍数。

2. 基体

球墨铸铁的基体主要有珠光体+铁素体、贝氏体、马氏体等形式。

10.5.3 球墨铸铁的凝固特点及铸造性能

1. 球墨铸铁的凝固特点

1) 球墨铸铁的共晶凝固范围较宽

在凝固过程中，在断面上存在相当宽的液-固共存的同时凝固区域，共晶转变在较大的温度区间来完成。由于球墨铸铁共晶凝固时石墨-奥氏体两相的离异生长特点，使球墨铸铁的共晶团生长到一定程度后，奥氏体在石墨球外围形成完整的外壳，其生长速度即明显减慢，或基本不再生长。此时共晶凝固的进行要借助于进一步降低温度来获得动力，产生新的晶核。因此，共晶转变需要在一个较大的温度区间才能完成。据测定，通常，球墨铸铁的共晶凝固温度范围是灰铸铁的一倍以上。

2) 球墨铸铁的糊状凝固特性

由于球墨铸铁的共晶凝固温度范围较灰铸铁宽，从而使得铸件凝固时，在温度梯度相同的情况下，球墨铸铁的液-固两相区宽度比灰铸铁大得多(见图10-12)，这种大范围液-固两相区范围，使球墨铸铁件表现出具有较强的糊状凝固特性。此外，大的共晶凝固温度范围，也使得

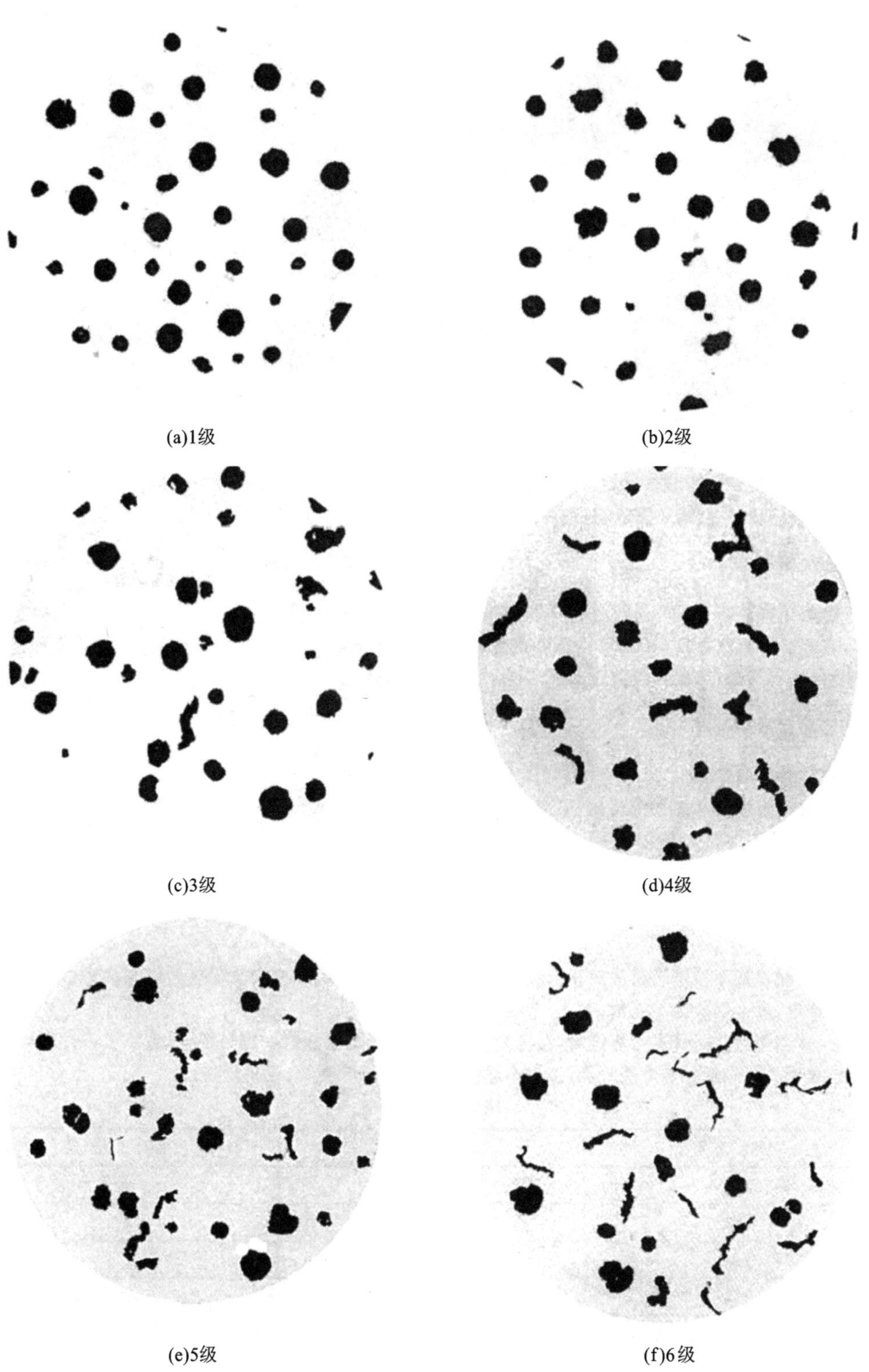

(a)1级 (b)2级

(c)3级 (d)4级

(e)5级 (f)6级

图 10-10 球化分级图(×100)

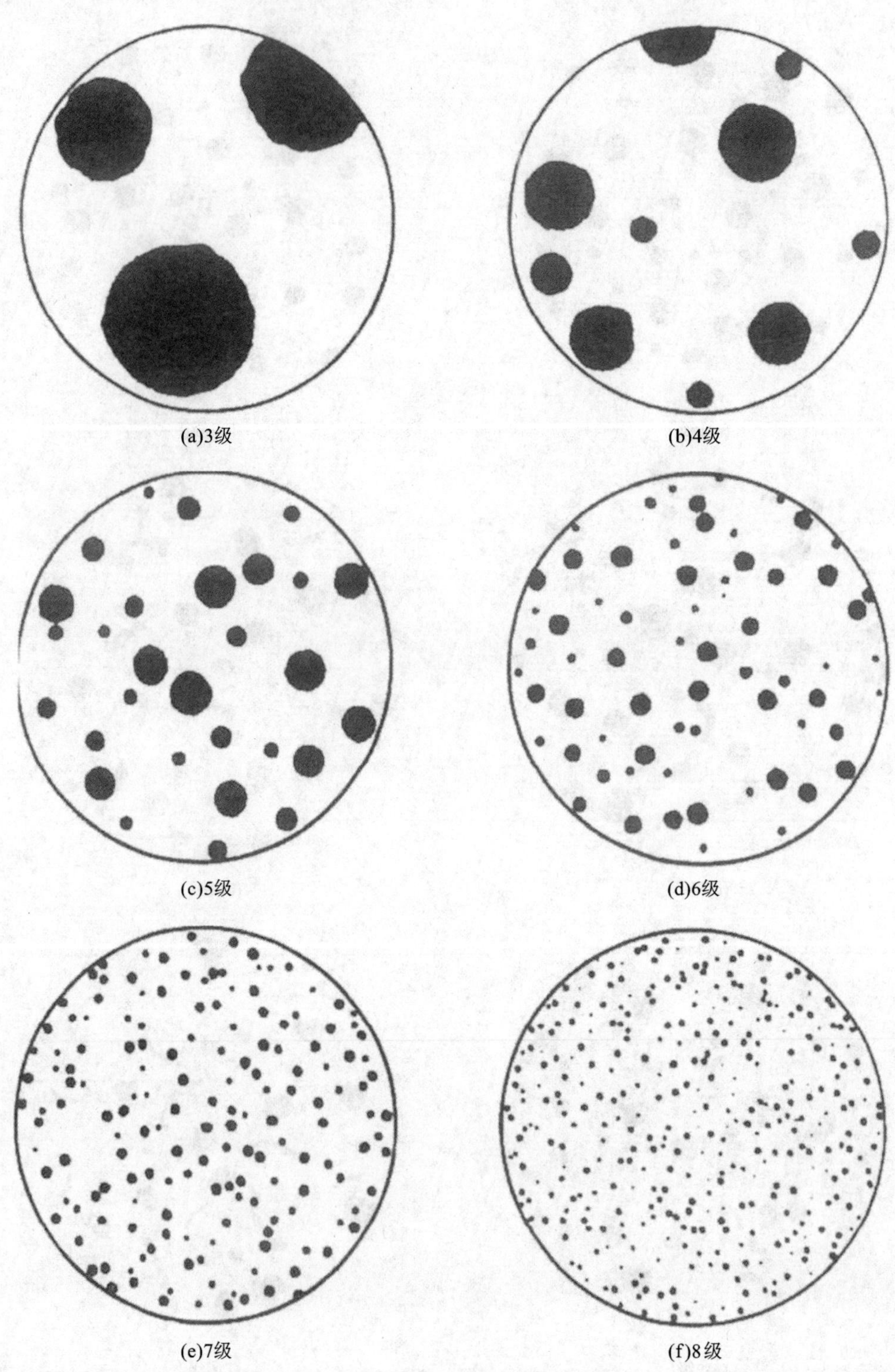

图 10-11　石墨大小分级图(×100)

球墨铸铁的凝固时间比灰铸铁及其他合金要长。

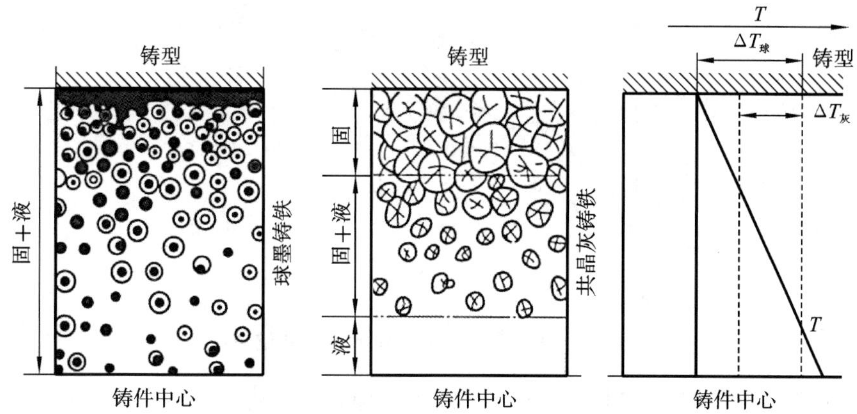

图 10-12 温度梯度相同时球墨铸铁件与灰铸铁件中的液-固两相区宽度

3）球墨铸铁具有较大的共晶膨胀

球墨铸铁和灰铸铁一样，共晶转变中析出的石墨会引起体积膨胀，产生 5.7～10 个大气压，远远超过型砂的干压强度，铸型很容易变形（主要是扩大），导致铸铁外形尺寸变大。值得注意的是：如采用刚度很高的铸型（如金属型或金属型覆砂）。由于铸型抵抗变形的能力增加，因而可使铸件胀大的倾向减小。因此，对球墨铸铁而言，虽具有较大的共晶膨胀力，但铸件实际胀大量的多少，则直接与铸型刚度有关。

2. 球墨铸铁的铸造性能和铸造工艺特点

1）铸造性能

（1）流动性。

铁液经球化处理后，由于脱硫、去气和去除了部分金属夹杂物，使铁液净化，对提高流动性是有利的，因此，在化学成分和浇注温度相同时，球墨铸铁的流动性较灰铸铁好。但通常由于铁液经球化、孕育处理后，温度降低较多，从而使实际的浇注温度偏低，再加之铁液中含有一定量的镁，会使铁液的表面张力增加，因此在实际生产中往往感到流动性较灰铸铁差。所以，为改善其充填铸型的能力，应适当注意提高球墨铸铁的浇注温度。

（2）收缩特性。

铸件从高温到低温各阶段中的收缩或膨胀可通过其一维方向的尺寸变化或三维方向的体积变化量来描述，前者称为线收缩量，后者称为体收缩量，它们的大小直接影响到铸件的缩孔和缩松倾向以及铸件的尺寸精度。如前所述，球墨铸铁和其他合金不同，其收缩倾向的大小不但与合金本身的特性有关，而且还取决于铸型的刚度。

图 10-13 示出在成分、浇注温度和铸型刚度大致相同条件下灰铸铁和球墨铸铁的自由线收缩曲线，可见其收缩过程基本相同，两者的显著差别在于球墨铸铁收缩前的膨胀要比灰铸铁大得多，因此，总的线收缩值显得较小，但这只是在其膨胀受阻较小时才会如此。

（3）内应力。

在实际铸件中，若铸型刚度增大，将使这部分膨胀量减小，最终可能会和灰铸铁接近。铸型刚度变化在影响线收缩值和体收缩值大小的同时，也直接影响铸件的致密程度，当铸型刚度较小时，共晶石墨化膨胀使得铸件外壳胀大，增加了铸件内部的缩孔和缩松的数量，使铸件致

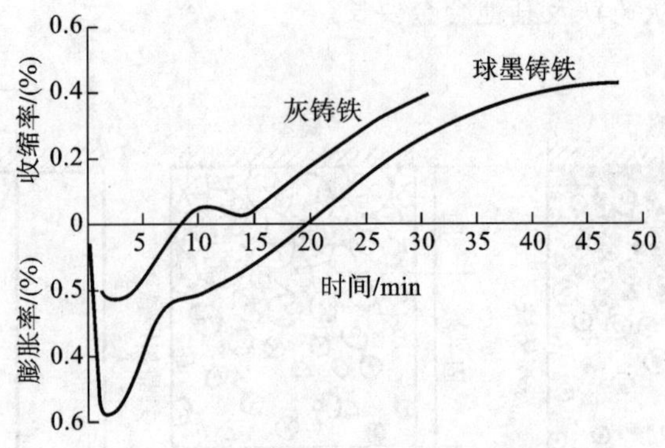

图 10-13 球墨铸铁和灰铸铁的自由收缩曲线

密性下降。图 10-14 示出铸型刚度对铸件致密性影响的示意图。

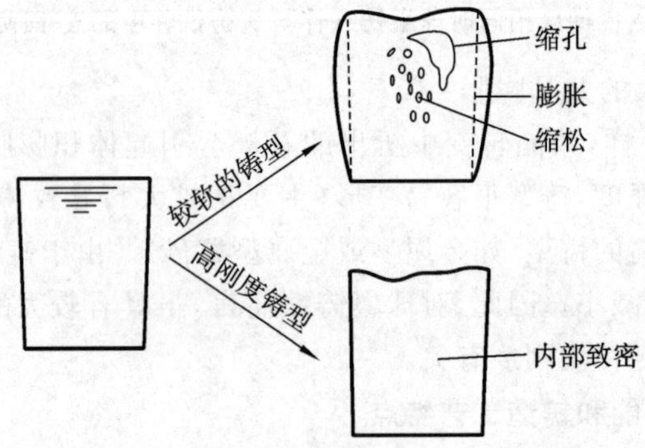

图 10-14 铸型刚度对铸件致密性的影响

由于球墨铸铁的弹性模量较灰铸铁大，加之其热导率又较灰铸铁低，因此，无论是收缩应力还是温差应力均较灰铸铁大。这样，球墨铸铁件的变形及开裂倾向均高于灰铸铁，故应在铸件结构设计上和铸造工艺上采取相应的防止措施。

2）铸造工艺特点

铸型方面：铸型的紧实度必须要高，以使铸型有较大的刚度；浇注系统的设计方面：浇注系统应能保证铁水平稳地流入铸型，并要求有良好的挡渣作用；合理地使用冒口及冷铁。

10.5.4 常见缺陷及防止方法

在球墨铸铁生产中，除了会产生一般的铸造缺陷以外，还经常会产生一些特有的缺陷，如缩孔及缩松、夹渣、石墨漂浮、皮下气孔、球化不良及球化衰退等。

1. 缩孔及缩松

缩孔及缩松是球墨铸铁最常见的铸造缺陷。消除缩孔、缩松缺陷的措施：

(1) 利用石墨化膨胀造成自身补缩以消除缩松；

(2) 合理使用冒口、冷铁及浇注系统；

(3) 合理选定浇注温度，以减少液态收缩值。

2. 夹渣

球墨铸铁夹渣缺陷多出现在铸件上表面或型芯下表面，主要由硫化物和氧化物造成。防止措施：

(1) 降低铁水残余镁量，原铁水含硫量越低越好；

(2) 有一定的稀土元素残余量，但不要太高，如在 0.025～0.04%之间；

(3) 尽可能降低含硅量；

(4) 提高浇注温度，最好不低于 1350 ℃；

(5) 浇注系统要设计得使铁水平稳流动，力求避免飞溅及紊流；

(6) 铁水表面用少量冰晶石(Na_2AlF_6)除渣并覆盖(0.1%～0.3%)可有效地消除夹渣。

3. 石墨漂浮

石墨漂浮是球墨铸铁所特有的缺陷，一般当碳含量超过某一定值(过共晶)即出现石墨漂浮。漂浮石墨在铸件上出现的部位与夹渣相同，但颜色有区别，夹渣一般呈暗灰色，而石墨呈黑色。在偏光显微镜下更易于鉴别。此外，夹渣可用磁粉探伤法或硫印法显示，而漂浮石墨则显示不出。石墨漂浮使铸铁性能显著降低。防止石墨漂浮的主要措施有：

(1) 严格控制碳、硅含量，一般碳不要超过 3.8%～4.0%，硅不超过 2.6%～2.8%；

(2) 采用低硅铁水，改进孕育处理，增强孕育效果，这样可降低孕育硅铁含量；

(3) 在保证球化的前提下，控制稀土元素含量；

(4) 在提高冲天炉渗碳能力的前提下，增加炉料中废钢用量。

4. 皮下气孔

球墨铸铁皮下气孔经常出现在表面的表皮层内，一般位于皮下 0.5～2 mm 处。镁和过多的水分是造成皮下气孔的两个最基本的因素。防止措施：

(1) 控制型砂中的水分含量和配入适当含量的煤粉；

(2) 提高浇注温度；

(3) 在保证球化的前提下，尽量压低残余镁量；

(4) 尽量降低原铁水含硫量；

(5) 孕育剂含铝量应小于 1%，使用前必须烘烤；

(6) 铁水尽可能防止其氧化。

5. 球化不良及球化衰退

1) 球化不良

产生球化不良的原因主要是：球化元素残余量不足；原铁水含硫量过高或铁水严重氧化；铁水中存在干扰元素。

2) 球化衰退

球化衰退的特征为：处理过的同一包铁液，先浇注的铸件球化良好，而后浇注的球化不良；或者炉前检验球化良好，但在铸件上出现球化不良。这说明球化处理后的铁液在停留一定时间后，球化效果会下降甚至消失，这种现象即为球化衰退。产生这一现象的原因一方面和镁、稀土元素不断由铁液中逃逸减少有关，另外也和孕育作用不断衰退有关。

3) 防止措施

防止措施主要有：铁水中应保持有足够的残余镁及稀土含量；降低铁水中的含硫量；防止铁水氧化；缩短铁水经球化处理后的停留时间；铁水球化处理并扒渣后，用草灰将铁水表面覆盖严，隔绝空气，防止镁及稀土元素逃逸。

10.6 蠕墨铸铁

自从球墨铸铁问世以来，作为球墨铸铁球化不充分的缺陷形式——蠕虫状石墨也就同时被人们发现，但直到近30年来在人们认识到了蠕墨铸铁在其性能上有一定的优越性后，才引起了国内外铸造工作者的重视，把它看成一种独立的铸铁而进行了大量的研究和开发工作。

10.6.1 蠕墨铸铁的组织与性能

1. 组织

蠕墨铸铁的石墨具有介于片状和球状之间的中间形态，在光学显微镜下为互不相连的短片，与灰铸铁的片状石墨类似。所不同的是，其石墨片的长厚比较小，端部较钝。在普通光学显微镜下所看到的典型石墨形状特征如图10-15所示，其长度与厚度之比 l/d 一般为2～10，比片状石墨（$l/d>50$）小得多，而比球状石墨（$l/d\approx1$）大。用扫描电子显微镜观察其立体形貌，可见石墨的端部具有螺旋生长的明显特征，类似于球状石墨的表面形貌，但在石墨的枝干部分，则又有层叠状结构，类似于片状石墨。

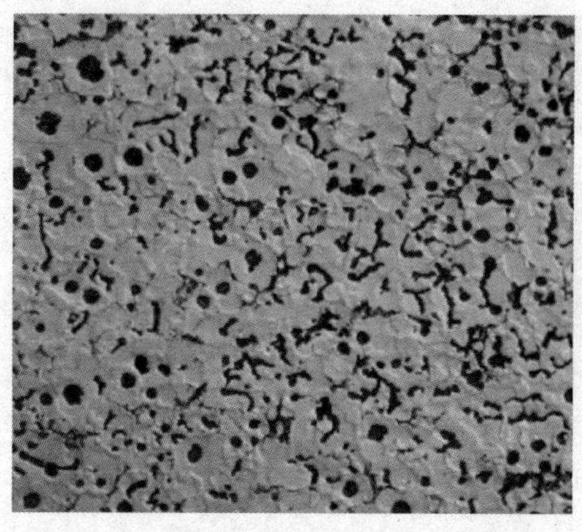

图10-15　蠕虫状石墨组织

为了正确地评定石墨的形状特征及蠕化程度，通常用形状系数（K）来表示，其定义为：

$$K=\frac{4\pi A}{L^2} \tag{10-2}$$

式中：A——单个石墨的实际面积；

L——单个石墨的周长。

当 $K<0.15$ 时，为片状石墨；$0.15<K<0.8$ 时，为蠕虫状石墨；$K>0.8$ 时，为球状石墨。

2. 蠕墨铸铁牌号、性能

蠕墨铸铁牌号、性能以“RuT”表示，其后的数字表示最低抗拉强度。例如：RuT300、RuT420。表10-6所示为蠕墨铸铁件标准（GB/T 26655—2011）中规定的蠕墨铸铁牌号，据其强度性能分为5个等级。

蠕墨铸铁是一种新型高强铸铁材料。它的强度接近于球墨铸铁，并且有一定的韧性、较高的耐磨性；同时又有和灰铸铁一样的良好的铸造性能和导热性。

表 10-6 蠕墨铸铁的牌号和性能

牌号	抗拉强度 R_m /MPa(min)	0.2%屈服强度 $R_{P0.2}$ /MPa(min)	伸长率 A /(%)(min)	典型的布氏硬度范围/HBW	主要基本组织
RuT300	300	210	2.0	140～210	铁素体
RuT350	350	245	1.5	160～220	铁素体+珠光体
RuT400	400	280	1.0	180～240	珠光体+铁素体
RuT450	450	315	1.0	200～250	珠光体
RuT500	500	350	0.5	220～260	珠光体

注：布氏硬度(指导值)仅供参考。

10.6.2 蠕墨铸铁的应用

蠕墨铸铁具有介于灰铸铁和球墨铸铁之间的良好性能，如抗拉强度及屈服强度高于高强度灰铸铁而低于球墨铸铁，热传导性、耐热疲劳性、切削加工性以及减振性又近似于一般灰铸铁，它的疲劳极限和冲击韧性虽不如球墨铸铁，但明显地优于灰铸铁。其铸造性能接近于灰铸铁，因而铸造工艺简单，成品率高。由于蠕墨铸铁所具有的这些优异的综合性能，使其具有广泛应用的条件。

(1) 由于强度高，对断面的敏感性小，铸造性能好，因而可用来制造复杂的大型零件。如某厂生产的变速器箱体，单件质量达 7000 kg，壁厚 40～50 mm，且形状复杂，原要求用 HT300 材质，但实际生产时成品率很低，改用蠕墨铸铁生产后，强度达 440 MPa 以上，远远超过了 HT300 要求的强度性能，且由于铁液中碳含量的提高，使其铸造性能得到改善，铸件废品率得到降低。

(2) 由于蠕墨铸铁具有较高的力学性能，同时还具有较好的导热性，因而常用来制造在热交换以及有较大温度梯度下工作的零件，如汽车制动盘、钢锭模、金属型等。如汽车发动机的排气管，工作温度经常在常温至 700 ℃之间变化，承受较大的热循环载荷，原设计材质为 HT150，使用寿命短且极易开裂。改用蠕墨铸铁生产后，其使用寿命提高了 3～5 倍，并从根本上解决了开裂问题，且自身质量也减轻了 10%，收到了良好的效果。

(3) 由于蠕墨铸铁的强度较高，致密性好，可用来代替孕育铸铁件，不仅节约了废钢，减轻了铸件质量(碳含量较高，强度却比灰铸铁高)，铸件的成品率亦大幅度提高，而且使铸件的气密性增加，这一点特别适用于液压件的生产。如某厂液压件原设计材质为 HT300，由于碳含量低，铸件易产生缩裂或晶间缩松而报废，废品率高达 60%，且工艺出品率只有 55%左右。采用蠕墨铸铁生产后，工艺出品率上升到 75%左右，废品率下降到 15%左右。

10.7 可锻铸铁

10.7.1 概述

可锻铸铁是将一定成分的白口铸件毛坯经退火处理，使白口铸铁中的渗碳体分解成为团絮状石墨（见图 10-16），从而得到由团絮状石墨和不同基体组织组成的铸铁。比起灰铸铁来说，由于石墨形状的改善，使这种铸铁具有较高的强度，同时还兼有良好的塑性和韧性，因而有它独特的应用场合，可以部分代替碳钢。

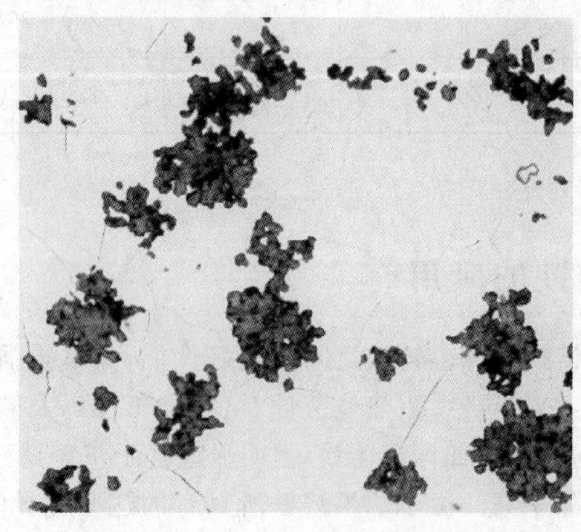

图 10-16　可锻铸铁的组织

当将白口铸件毛坯在密封的退火炉中进行热处理，即在中性炉气氛条件下退火时，共晶渗碳体在高温下分解成为团絮状石墨，随后通过不同的热处理方式可使基体组织成为铁素体或珠光体组织。用这种方法得到的铁素体基体可锻铸铁因组织中有石墨存在，因而断面呈暗灰色，而在表层经常有薄的脱碳层呈亮白色，故称为黑心可锻铸铁。而珠光体可锻铸铁则以其基体命名。

当将白口铸件毛坯在氧化性气氛条件下退火时，铸件断面从外层到心部发生强烈的氧化相脱碳。在完全脱碳层中无石墨存在，基体组织为铁素体。实际上，在小断面尺寸条件下，铸铁的组织基本上为单一铁素体，间或有少量的珠光体和退火碳。而在大断面尺寸条件下，表层为铁素体，中间层为珠光体和铁素体及退火碳，而心部区域则为珠光体（有时尚残留有少量渗碳体）及退火碳（间或有少量铁素体）。这种铸铁断面由于其心部区域有发亮的光泽，故称为白心可锻铸铁。

10.7.2 可锻铸铁的牌号、性能和用途

1. 牌号

可锻铸铁有铁素体和珠光体两种基体。

KT350-10、KTZ600-3 铁素体可锻铸铁以“KTH”表示，珠光体可锻铸铁以“KTZ”表示。

其后的两组数字表示最低抗拉强度和伸长率。目前我国生产的可锻铸铁绝大部分为黑心可锻铸铁，珠光体可锻铸铁较少，而白心可锻铸铁国内基本不生产。可锻铸铁件标准中规定的黑心可锻铸铁和珠光体可锻铸铁牌号，据其强度性能分为 12 个等级，见表 10-7。

表 10-7　黑心可锻铸铁和珠光体可锻铸铁的力学性能

牌　　号	试样直径 D/mm	抗拉强度 R_m/MPa(min)	0.2%屈服强度 $R_{p0.2}$/MPa(min)	伸长率 A/(%) min($L_0=3d$)	布氏硬度 /HBW
KTH275-05	12 或 15	275	—	5	≤150
KTH 300-06	12 或 15	300	—	6	
KTH 330-08	12 或 15	330		8	
KTH 350-10	12 或 15	350	200	10	
KTH 370-12	12 或 15	370	—	12	
KTZ 450-06	12 或 15	450	270	6	150～200
KTZ 500-05	12 或 15	500	300	5	165～215
KTZ 550-04	12 或 15	550	340	4	180～230
KTZ 600-03	12 或 15	600	390	3	195～245
KTZ650-02	12 或 15	650	430	2	210～260
KTZ 700-02	12 或 15	700	530	2	240～290
KTZ 800-01	12 或 15	800	600	1	270～320

2. 性能和用途

可锻铸铁常用来制造形状复杂、承受冲击和振动载荷的零件，如汽车拖拉机的后桥外壳、管接头、低压阀门等。

与球墨铸铁相比，可锻铸铁具有成本低、质量稳定、铁水处理简单、容易组织流水生产等优点。尤其对于薄壁件，若采用球墨铸铁易生成白口，需要进行高温退火，采用可锻铸铁更为适宜。

思考题

1. 灰铸铁中根据石墨的形态不同而分为哪几种铸铁？
2. 共晶度的定义是什么？
3. 铸铁的一次结晶主要包括哪两个阶段？
4. 铸铁中形成球状石墨的主要条件是什么？
5. 铸铁的二次结晶主要包括哪两个阶段？
6. 与铸造碳钢相比，灰铸铁的机械性能有哪些特点？
7. 提高灰铸铁性能的主要途径是什么？
8. 球墨铸铁常见的缺陷有哪些？
9. 如果生产薄壁铸铁件，要求较高的塑性和韧性以及较低的成本，你认为采用哪一种铸铁最为合适，为什么？

第 11 章

铸造碳钢

11.1 概　　述

钢的种类很多，作为铸造材料用的钢简称铸钢。铸钢具有良好的综合机械性能和物理化学性能，是主要的金属结构材料。铸钢件不仅在重型机器、运输车辆及电站设备中占有相当重要的地位，而且在机械、矿山、石油、化工及国防工业中也占有重要地位。

铸造碳钢具有比普通铸铁高的强度、塑性、韧性及良好的焊接性。与铸造合金钢相比，铸造碳钢除加入硅、锰等脱氧剂外不添加合金元素，对原材料的要求不高，成本低，熔铸工艺易于掌握。与锻钢相比，用铸造方法能生产出结构非常复杂的铸钢件，加工余量少，经济效益高。碳钢件的重量可在很大范围内变动，小件有重量仅几克的熔模精铸件，大件如轧钢机机架重达 400 余吨。碳钢件产量占全部钢铸件产量的 75％～80％，在熔模铸造民品生产中，碳钢件约占 90％。

铸造碳钢是以碳作为主要强化元素的钢种。钢中除铁以外，还有碳、硅、锰、硫、磷等元素。铸造碳钢是用途极广的工程材料。根据含碳量的不同，铸造碳钢可以分为低碳钢（含碳量≤0.25％）、中碳钢（含碳量为 0.25％～0.6％）和高碳钢（含碳量为 0.6％～2.0％）三类。

一般工程用铸造碳钢标准 GB/T 11352—2009 以强度来划分牌号（见表 11-1 和表 11-2），化学成分一般不限定或只规定上限。牌号中 ZG 后面第一组数字表示该牌号铸钢的屈服强度，第二组数字表示其抗拉强度。

表 11-1　一般工程用铸造碳钢的机械性能（GB/T 11352—2009）

牌　　号	屈服强度 $R_{eH}(R_{p0.2})$/MPa	抗拉强度 R_m/MPa	伸长率 A_5/(％)	根据合同选择		
				断面收缩率 Z/(％)	冲击吸收功 A_{kv}/J	冲击吸收功 A_{ku}/J
ZG 200-400	200	400	25	40	30	47
ZG 230-450	230	450	22	32	25	35
ZG 270-500	270	500	18	25	22	27
ZG 310-570	310	570	15	21	15	24
ZG 340-640	340	640	10	18	10	16

注：1. 表中所列的牌号性能，适用于厚度为 100 mm 以下的铸件。当铸件厚度超过 100 mm 时，表中规定的 $R_{eH}(R_{p0.2})$ 屈服强度仅供设计使用。

2. 表中冲击吸收功 A_{ku} 的试样缺口为 2 mm。

表 11-2 一般工程用铸造碳钢的化学成分(GB/T 11352—2009)

牌号	C /(%)	Si /(%)	Mn /(%)	S /(%)	P /(%)	残余元素/(%)					
						Ni	Cr	Cu	Mo	V	残余元素总量
ZG 200-400	0.20	0.60	0.80	0.035	0.035	0.40	0.35	0.40	0.20	0.05	1.00
ZG 230-450	0.30		0.90								
ZG 270-500	0.40										
ZG 310-570	0.50										
ZG 340-640	0.60										

注:1. 对上限减少 0.01%的碳,允许增加 0.04%的锰,对 ZG 200-400 的锰最高至 1.00%,其余四个牌号锰最高至 1.20%。

2. 除另有规定外,残余元素不作为验收依据。

11.2 铸造碳钢的结晶组织及铸态组织缺陷

11.2.1 碳钢的结晶过程和组织

根据铸造碳钢在 Fe-C 相图(见图 11-1)上的位置,其成分:含碳量为 0.12%~0.62%,属于亚共析钢成分。

碳钢的结晶过程包括两个阶段,即一次结晶和二次结晶过程。

1. 一次结晶

当钢液温度降至液相线(AB)稍下时,有高温铁素体(δ-Fe)析出。温度降至包晶温度时,发生包晶转变,生成奥氏体。温度继续下降,穿过 L+γ 区时,又有奥氏体自钢液中析出。温度继续降至固相线(JE)稍下,液相将全部转变为均一的奥氏体。

2. 二次结晶

当温度下降至 GS 线与 PS 线之间区域时,有共析铁素体 α 相析出,随着 α 相析出,剩余奥氏体的含碳量上升。当温度达到共析转变温度时(PS 线),发生共析转变,形成珠光体。结晶过程完成后,形成的碳钢金相组织为铁素体加珠光体(F+P)。当温度继续下降直到常温过程中,碳钢的组织基本上不再变化。

11.2.2 碳钢的铸态组织缺陷

铸造碳钢由于其结晶过程的特殊性,往往导致显微组织中出现一些缺陷,使其机械性能较差。生产中铸态组织常见缺陷有以下几种。

1. 晶粒粗大

钢的晶粒大小常以奥氏体晶粒等级为标准来衡量。钢中常见的晶粒度一般在 1~8 级范

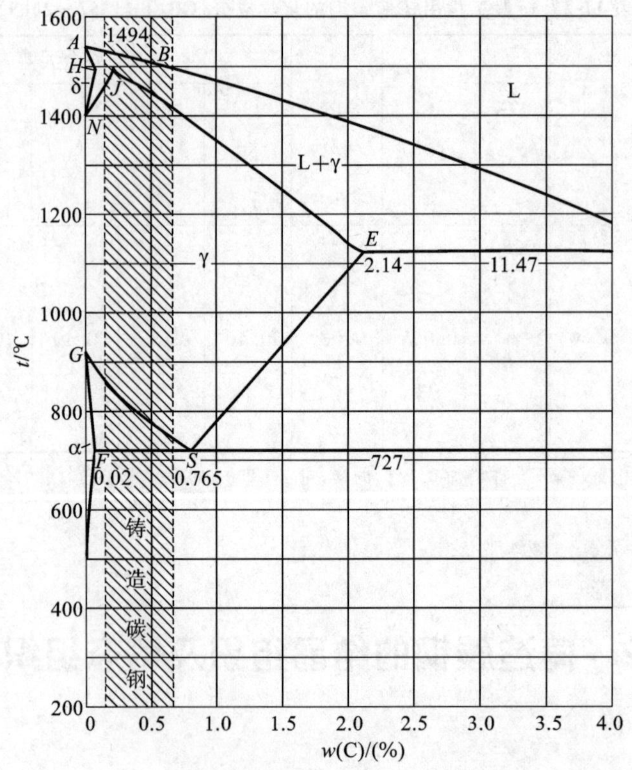

图 11-1　铸造碳钢在铁碳相图中的位置

围，晶粒度(号)数越大者晶粒越细。钢的晶粒度级别如图 11-2 所示。

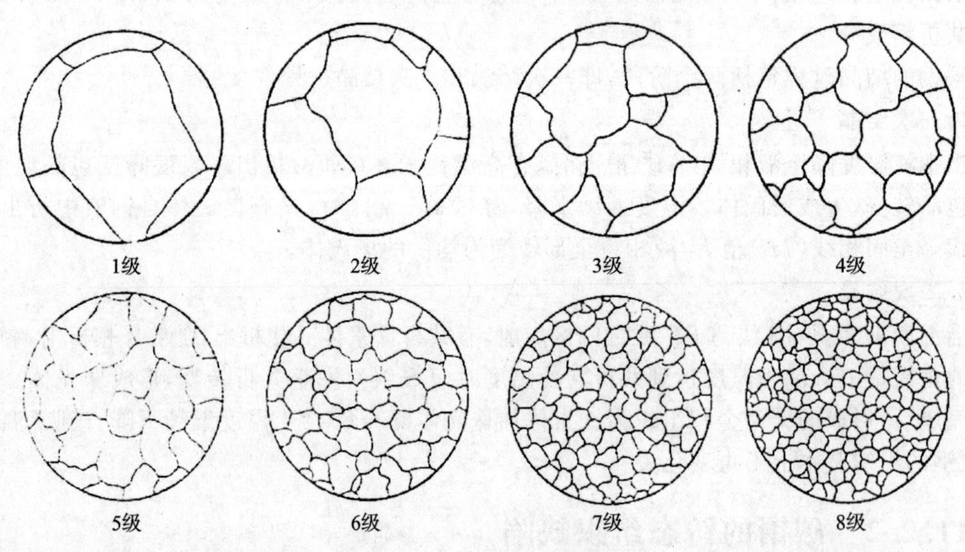

图 11-2　奥氏体晶粒等级

导致钢的晶粒粗大的因素主要有以下三个方面。

(1) 一次结晶的晶粒大，则二次结晶的晶粒也粗大。可以通过对钢水加强脱氧来控制一次结晶的细化。如用硅、锰脱氧时，用铝终脱氧。

（2）冷却速度慢，钢液过热或浇注温度高，都会导致钢的晶粒粗大。

（3）合金元素影响。促使奥氏体晶粒长大的元素：Mn、P 等。细化晶粒元素：Ti、V、Nb、Zr、W、Mo 和稀土元素。

为防止钢铸件晶粒粗大，在生产中必须合理设计铸件，正确编制熔铸工艺，在保证获得轮廓清晰的铸件条件下适当降低钢液浇注温度和铸型温度，尽可能改善铸型散热条件。对晶粒粗大的铸件，可通过热处理使其晶粒细化。

2. 魏氏组织

铸钢冷却时，在二次结晶过程中，若铁素体呈针、片状从奥氏体中析出，且常与晶粒周界成一定的角度，通常将这种先共析针（片）状铁素体（亚共析钢：含碳量为 0.3%左右）加珠光体的组织称为魏氏组织，如图 11-3 所示。魏氏组织严重恶化钢的塑性和韧性，可通过热处理正火、退火来消除。

图 11-3　粗晶魏氏组织金相照片

3. 表面脱碳组织

铸钢件在浇注后的冷却过程中，由于周围气氛的作用使表层中的碳全部或部分丧失，使铸件表面呈纯铁素体（全脱碳层）或含碳量低于平均含量的半脱碳层组织。脱碳层的存在将大大降低表面硬度、耐磨性和疲劳极限。为防止铸钢件脱碳，生产中常采用下列措施：减少铸件氧化脱碳反应时间；用还原性气体代替氧化性气体或降低氧化性气体浓度。

4. 非金属夹杂物

非金属夹杂物是指包含在钢中的非金属化合物，如氧化物、硫化物、硅酸盐等。按其来源可分为两类：一类为内生夹杂物，它是由熔炼和铸造过程中所发生化学反应和溶解度的变化等产生的化合物；另一类是外来夹杂物，它是钢液与外界物质接触发生相互作用而产生的，如熔渣、炉衬材料等。

非金属夹杂物存在于钢的组织中破坏了金属基体的连续性，使钢的机械性能降低，特别是塑性和冲击韧性。它对钢的性能影响取决于夹杂物的数量、形状和分布状况。长条形和带尖角的多角形夹杂物在钢中造成大的应力集中，在外力作用下易形成裂纹源，因而对钢的机械性能特别是断裂韧性影响很大。球形和颗粒状夹杂物则为害较小。条状夹杂物沿晶粒周围以网状或断续网状分布时，对钢的割裂作用较大，呈岛状孤立分布时对钢的割裂作用较小。为了消除和减少夹杂物的有害作用，可以采用有效的脱氧、脱硫工艺；进行过滤净化处理；采用先进的熔炼方法。

5. 气体

钢中的气体有氢、氧和氮，其中对钢危害最大的是氢，其次是氧和氮。

钢液中的氢主要是在炼钢过程中空气中的水蒸气在电弧的作用下离解为氢和氧原子，氢以原子态溶于钢中。当凝固速度慢时，过饱和的氢原子脱溶而变为氢分子，以气泡的形式析出，在铸件中形成气孔，体积小而数量多，在断口上呈白色点状，故称其为“白点”。当凝固速度快时，高温下氢没析出而在低温下以原子状态析出在晶界上，呈弥散状分布，使钢变脆，称为“氢脆”。

炼钢过程中钢液从炉气中吸收氮。氮在钢中有两种相反的作用：在不锈钢中，氮是合金元素，是有益的元素；在普通碳钢中氮是有害元素，以原子状态溶入钢中形成氮化物，使钢的韧性、塑性降低。钢中的氮易与钢中的硅、铝、锆等元素结合，形成 Si_3N_4、ZrN、AlN，少量的这些氮化物具有细化晶粒的作用。

钢中的氧有两种：一种是溶解氧；另一种是氧化物（FeO）。溶解氧很少，对力学性能的影响比较小；氧化物存在于晶界，使碳钢的强度、冲击韧性、面缩率下降，对伸长率几乎没有影响。当钢液中含氧量多时，与钢中的碳生成一氧化碳气体，在铸件中形成气孔。

为了防止氢、氮、氧等气体的危害，在钢的熔炼过程中要尽量避免钢水吸气和氧化，应采取有效的去气措施，进行较彻底的脱氧，将钢液中的含气量降至极低的水平。

11.3 铸造碳钢机械性能的影响因素

影响铸造碳钢的机械性能的主要因素有化学成分、结晶组织和热处理方式等。

11.3.1 基本化学成分对碳钢性能的影响

1. 碳

碳是铸造碳钢中的主要元素，对铸造碳钢的组织和性能起决定性作用。钢中的碳主要以渗碳体（Fe_3C）形态存在，少量固溶于铁素体。碳的含量为 0.12%～0.62%，属于亚共析钢。其组织由铁素体和珠光体组成。随着钢中含碳量的增加，组织中珠光体的比例相应增加，因而在机械性能上表现为抗拉强度、屈服强度和硬度相应提高，塑性和韧性相应降低。当含碳量超过 0.5%后，屈服强度有所下降，塑性和韧性显著降低，硬度大为提高，钢的切削加工性能恶化。因此，一般常用的碳钢件含碳量的上限不超过 0.5%。对于需调质的碳钢件，含碳量不超过 0.45%，否则容易产生淬火裂纹。

2. 硅

硅在钢中是有益的元素，它的主要作用是使钢液脱氧，铸造碳钢中硅含量为 0.20%～0.45%，大部分溶于铁素体中，起强化基体的作用。当含硅量在规格范围内变动时对钢的性能影响不大。低于规格硅量的钢，在浇注后易产生气孔和针孔等缺陷。

3. 硫

硫是钢中有害杂质。降低钢的性能，使钢呈热脆性。硫对钢的常温塑性的影响随着钢中碳含量的增加而加剧。

4. 锰

锰在铸造碳钢中的主要作用是脱氧和减弱硫的危害。碳钢中含锰不多(0.5%～0.8%)，故对碳钢的机械性能影响不大。

5. 磷

磷是有害杂质，易形成 Fe_3P 在晶粒周界析出，使铸件产生低温脆性。

11.3.2 结晶组织对钢的性能的影响

铸钢结晶过程及形成的结晶组织，对钢的性能有重要的影响。

1. 奥氏体晶粒度的影响

奥氏体晶粒大小直接影响到最终形成的组织中的铁素体和珠光体的晶粒度。晶粒越细，钢的强度和韧性越好。可通过对钢液进行孕育处理，人为地改变 δ-Fe 相的析出和包晶反应的条件，促使 δ-Fe 相晶粒细化，使形成的奥氏体晶粒细化，进而提高钢的性能。

2. 晶粒形状的影响

在钢液凝固过程中，奥氏体常沿断面厚度方向长成不同的晶粒形状，从表面到中心分布有三个晶区，即细等轴区、柱状晶区和粗等轴区。通过适当热处理，可使柱状晶和粗等轴晶变为细等轴晶，从而改善钢的性能。稀土处理能细化奥氏体晶粒，同时缩小粗等轴和柱状晶区，提高细等轴晶率，使钢的性能提高。

3. 铁素体形态的影响

在铸态的亚共析钢组织中，由于钢的含碳量和冷却速度的不同，在二次结晶过程中析出的先共析铁素体具有三种形态，即粒状、条状(魏氏体)和网状。条状组织和网状组织都使钢的强度降低。通过热处理，可使这两种组织转变为粒状组织，从而提高钢的性能。

11.4 铸造碳钢的热工艺性能

11.4.1 铸造性能

1. 流动性

钢液的流动性主要受钢的化学成分、浇注温度以及钢液净化程度的影响。

1）钢液含碳量的影响

碳对钢液的流动性影响最大。当浇注温度不变时，钢液的流动性随碳量的增加而提高。这是因为碳降低钢的液相线温度，相应地增加了钢液的过热度。此外，碳降低钢的导热性，使钢液降温缓慢，有利于流动性的提高。不同含碳量的钢，其结晶温度间隔大小以及树枝状晶的发达程度不同，因而对钢液流动产生的阻力不同。在同样过热温度下，钢液含碳量、钢液的浇注温度与钢液流动性之间的对应关系见图 11-4。

2）钢液浇注温度的影响

浇注温度提高时，过热度增加，可提高流动性。但浇注温度不宜过高，否则易引起粘砂、热

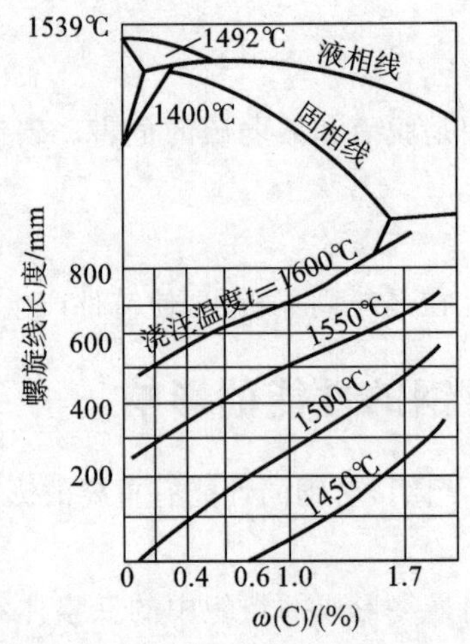

图 11-4 钢的流动性与含碳量及浇注温度之间的关系

裂、气孔等铸造缺陷。浇注温度通常等于钢的液相线温度加上 50～100 ℃。

3）钢液净化程度的影响

钢中气体含量和非金属夹杂物数量越多，钢液流动性越差。

2. 收缩与缩孔、缩松

收缩是铸造合金从液态到凝固完毕，以及继续冷却至常温的过程中产生的体积和尺寸的变化。它是铸件中缩孔、缩松、热裂、冷裂和变形等缺陷产生的基本原因。这是影响能否获得优质件的重要性能之一。

钢在液态和凝固期间的体积收缩将导致在铸件中形成集中的缩孔或分散的缩松。铸钢件中缩孔和缩松的形成与钢的结晶特点有关。对于结晶温度范围小的钢，由于其结晶过程主要按层状凝固的方式进行，因此比较容易形成集中缩孔；而对结晶温度范围大的钢，在同样的冷却条件下，铸件壁内同时结晶的区域较宽，已生成的树枝状晶体阻碍钢液向枝晶间最后凝固部分补充，因此较易形成分散的缩松。缩孔和缩松的实质相同，只是表现形式不同。碳钢形成缩孔和缩松的倾向与含碳量有关。铸造碳钢凝固收缩大，但凝固范围还不算很大，因而容易形成集中缩孔。生产中常采用冒口、冷铁及补贴的综合措施以保证顺序凝固，使缩孔集中在冒口。

3. 热裂倾向

热裂是铸钢件常见缺陷之一，是在高温下（钢的固相线附近温度）产生的裂纹。热裂纹断面粗糙呈黑褐色，常沿晶界断裂，裂纹外形曲折不规则，断裂常在铸件厚断面处。一般认为，热裂是铸件尚未全凝固状态下产生的。当铸件表面层已经凝固，而内部大部分成为树枝状结晶体，在枝晶间还存在钢液的时候，钢的强度很低，铸件收缩受阻时很容易产生裂纹。评判铸钢形成热裂的倾向，常以钢在形成热裂前的一瞬间能承受的最大拉应力（称为热裂抗力或抗热裂性）作为衡量的标准，热裂抗力大表明钢不容易形成热裂，即热裂倾向小。

4. 铸件的冷裂

冷裂是铸件冷至弹性状态（600～700 ℃）时，铸造应力超过钢的强度极限而产生的裂纹。冷裂外形呈连续直线状或圆滑曲线状。常穿过晶粒，内表面光洁，有金属光泽，壁厚不均、形状复杂的大型钢铸件较易产生冷裂。影响因素如下：钢的化学成分和熔炼质量对冷裂影响很大。

高碳钢铸件比低碳钢铸件容易产生冷裂，这是由于随着碳含量的增加，钢的热导率减小，因而使铸件在冷却时各部分温度不均，容易产生较大的热应力，而且高碳钢的塑性又比低碳钢差。钢中的锰、铬、镍等元素也使钢的热导率减小，因而促使钢铸件的冷裂倾向增大。磷使钢具有冷脆性，硫使钢的强度和塑性同时降低，都是促使钢冷裂倾向增大的有害元素。当钢脱氧不良时，氧化夹杂物聚集在晶粒边界上，使钢的冲击韧性和强度下降，促使铸件产生冷裂。钢中其他非金属夹杂物增多时也有类似情况。

为防止钢铸件产生冷裂，除了合理选择和控制钢的化学成分外，还应从熔铸工艺方面采取措施，减小铸件内的热应力和收缩应力，提高钢的强度和塑性。熔炼中应充分进行脱氧、除气和排除非金属夹杂物，降低钢中的磷、硫量以及采取细化钢的晶粒的措施等。

11.4.2 焊接性能

可焊性是铸造材料一项重要的性能指标。铸造碳钢具有良好的焊接性能，这不仅有利于铸件缺陷的修补，提高铸件成品率，而且能够采用铸焊结构的方法，将铸件与铸件，或铸件与锻件组合成为一体，以满足一些特殊的机械零件设计的要求。碳钢的焊接性能主要与钢的成分和热处理工艺有关。

含碳量越高，则其焊接性能越差。碳恶化钢的焊接性能，由于碳提高钢的淬透性，促使热影响区部位的钢发生马氏体相变，因而产生大的淬火应力，易导致开裂。含锰量越高，焊接性能也越差。

思考题

1. 基本概念：魏氏组织
2. 铸造碳钢生产中常见的铸态组织缺陷有哪些？
3. 结晶组织对铸造碳钢的机械性能有何影响？

第12章 铸造合金钢

12.1 铸造低合金钢

合金钢就是为了改善钢的某种性能特意加入一些元素的钢。在铸造碳钢的基础上，加入合金元素的总量低于5%称为低合金钢。由于合金元素的强化和提高淬透性的作用，使钢的强度，尤其是屈服强度有了明显的提高，因而使材料的内在潜力得到充分的发挥。低合金钢的组织类似于含碳量相同的碳钢，基体中固溶有合金元素。合金元素在钢中主要起固溶强化、细化晶粒和提高钢的淬透性的作用。

我国铸造低合金钢的牌号表示方法如下：最前面为铸钢的符号"ZG"，其后是表示钢的含碳量公称值（以万分之一表示）的数字，后面是一系列的合金元素符号以及相应含量范围的标注数字，标注规定是：合金元素平均含量（%）<1.5时，不标数字（有时当含量为1.1～1.49时标注"1"字）；含量为1.5～2.49时，标注"2"字；含量为2.5～3.49时，标注"3"字，依此类推。

我国铸造低合金钢按合金元素主要分为锰系、铬系和镍系铸造低合金钢。按照其用途可分为普通低合金结构钢和铸造特殊用途低合金钢，后者还可以分为低温用低合金钢、耐热用低合金钢和耐磨用低合金钢。

12.1.1 锰系铸造低合金钢

在铸造碳钢中，根据脱氧和去硫的要求，锰含量为0.5%～0.8%。锰量在这个范围内属于常存元素，超过这个范围便称为合金元素。在锰系低合金钢中，锰的含量为1.0%～2.0%，加入硅、钼等元素，则构成了硅锰钢和锰钼钢，其中一些钢的成分和性能见表12-1和表12-2。

表12-1　锰系铸造低合金钢的牌号与成分（JB/T 6402—2018）　%

材料牌号	C	Si	Mn	P	S	Cr	Ni	Mo	Cu
ZG20Mn	0.17～0.23	≤0.80	1.00～1.30	≤0.030	≤0.030	—	≤0.80	—	—
ZG30Mn	0.27～0.34	0.30～0.50	1.20～1.50	≤0.030	≤0.030	—	—	—	—
ZG40Mn	0.35～0.45	0.30～0.45	1.20～1.50	≤0.030	≤0.030	—	—	—	—
ZG65Mn	0.60～0.70	0.17～0.37	0.90～1.20	≤0.030	≤0.030	—	—	—	—
ZG40Mn2	0.35～0.45	0.20～0.40	1.60～1.80	≤0.030	≤0.030	—	—	—	—
ZG45Mn2	0.42～0.49	0.20～0.40	1.60～1.80	≤0.030	≤0.030	—	—	—	—
ZG35SiMnMo	0.32～0.40	1.10～1.40	1.10～1.40	≤0.030	≤0.030	—	—	0.20～0.30	≤0.30
ZG20MnMo	0.17～0.23	0.20～0.40	1.10～1.40	≤0.030	≤0.030	—	—	0.20～0.35	≤0.30

表 12-2 锰系铸造低合金钢的力学性能(JB/T 6402—2018)

材料牌号	热处理状态	R_{eH} /MPa ≥	R_m /MPa	A /% ≥	Z /(%) ≥	硬度/HBW	备注
ZG20Mn	正火+回火	285	≥495	18	30	≥145	焊接及流动性良好,用于水压机泵、叶片、喷嘴体、阀、弯头等
	调质	300	500~650	22	—	150~190	
ZG30Mn	正火+回火	300	≥550	18	30	≥163	
ZG40Mn	正火+回火	350	≥640	12	30	≥163	用于承受摩擦和冲击的零件,如齿轮等
ZG65Mn	正火+回火	—	—	—	—	187~241	用于球磨机衬板等
ZG40Mn2	正火+回火	395	≥590	20	35	≥179	用于承受摩擦的零件,如齿轮等
	调质	635	≥790	13	40	220~270	
ZG45Mn2	正火+回火	392	≥637	15	30	≥179	用于模块、齿轮等
ZG35SiMnMo	正火+回火	395	≥640	12	20	—	用于承受负荷较大的零件
	调质	490	≥690	12	25	—	
ZG20MnMo	正火+回火	295	≥490	16	—	≥156	用于受压容器,如泵壳等

在锰系低合金钢中,锰是主要强化元素,其大部分固溶于铁素体中使铁素体强化。锰在低合金钢中的主要作用是提高钢的淬透性,和其他一些元素相比,其提高淬透性的能力最强(见图 12-1)。锰能够降低 $\gamma \rightarrow \alpha$ 的相变温度,降低过冷奥氏体的分解温度,使得 C 曲线右移、临界淬火速度显著减小,因而可以显著提高淬透性。锰还能降低钢的韧性-脆性转变温度,因此是低温钢中的主要合金元素。

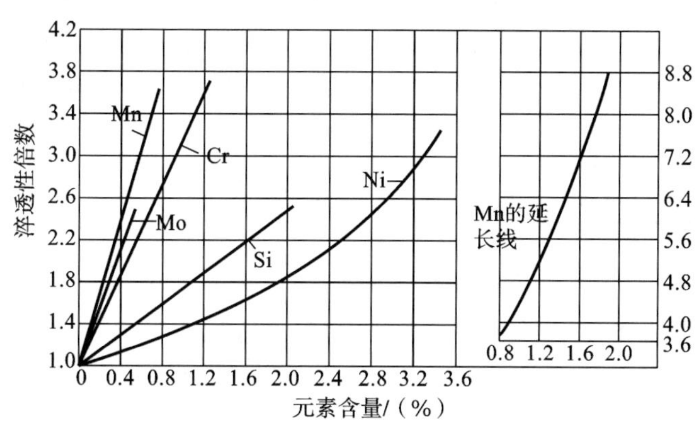

图 12-1 合金元素对钢的淬透性的影响

锰钢的两个最大缺点如下。(1)过热敏感性大。在热处理过程中,过热不大时就会出现粗大晶粒，这种粗晶组织使铸件中心部分机械性能很低。(2)回火脆性大。由于锰具有正偏析的特性，在淬火后的回火冷却过程中，有在钢的晶界处析出碳化物的趋势，易使铸件产生脆性。为此在 450～520 ℃温度范围内快冷，或加入合金元素钼有助于防止回火脆性。

将锰钢中的硅含量提高到 0.6%～1.1%，就构成硅锰铸造低合金钢。硅在钢中主要有以下几个作用：硅主要固溶于铁素体中，具有较大固溶强化作用，从而大大提高钢的强度和硬度；少量的硅可细化珠光体；硅能够缩小 γ 相区，使固态相变温度升高；硅能降低碳在铁素体中的扩散速度，阻碍回火时碳化物的析出和长大，提高回火脆性抗力和淬透性；硅能提高高锰钢的耐磨性、抗蚀性。此外，硅还能提高锰钢的流动性和焊接性能。

硅锰钢的主要缺点是易产生回火脆性，所以回火处理应快冷。此外，硅促使铸件表面产生脱碳现象。

12.1.2 铬系铸造低合金钢

铬是合金钢中用得最多的一种合金元素。铬系铸造低合金钢中铬的含量为 1%左右。铬能固溶于铁素体中使之强化。铬能够细化组织和提高珠光体的含量，这均利于强度的提高。由于铬在奥氏体中的扩散比较慢，同时又阻碍碳原子的扩散，因而提高了奥氏体的稳定性，使 C 曲线右移，降低临界淬火速度，提高钢的淬透性。铬还能减慢 γ→α 转变，使碳化物在较低温度下析出，使钢的晶粒和碳化物都细化，并使碳化物呈球形，显著提高铬钢的强度。

单合金元素铬钢的主要缺点是：淬透性仍不高，只适应于壁厚小于 80 mm 的铸件；具有回火脆性，故在 400～650 ℃回火时应快冷。为克服此缺点，常添加钼、钒、钨等元素。另外，铬的加入会恶化铸造性能。

在铬钢中添加镍元素就构成了铬镍钢。镍在钢中只形成固溶体，而不形成碳化物。镍扩大 γ 相区，使奥氏体在更低的温度下分解，同时又能降低钢中元素的扩散速度，因而增加了过冷奥氏体的稳定性，使 C 曲线右移，提高了钢的淬透性。镍使钢的共析点 S 左移，在相同的碳含量和冷却速度下，能获得更多的珠光体，所有上述因素，都促使钢的强化。尤其要指出的是，镍在强化钢的同时，还能提高钢的塑性和韧性，这是其他合金元素所不及的。

镍铬共同作用可使钢获得良好的机械性能。与相同含碳量的其他钢种比较，铬镍低合金钢具有强度、塑性和韧性的最好配合。铬镍钢常用于截面厚大或形状复杂的铸件。

铬镍铸造低合金钢的主要缺点是具有较大的回火脆性和容易出现石状断口，使得铸件在铸造和热处理过程中容易断裂。

12.1.3 铸造低合金钢的热工艺性能

1. 铸造性能

铸造低合金钢中的合金元素总量不多，因此其铸造性能与相同含碳量的碳钢比较差别不大。

1) 流动性

合金元素对流动性的影响主要表现在对钢的液相线温度、钢液热导率和形成夹杂物的影响三个方面。Mn、Ni、Cu、Si 等合金元素，降低钢的液相线温度和提高热导率，故提高了流动性。Cr、Mo、V、Ti 等合金元素，形成高熔点氧化物或碳化物质点，形成氧化膜而使钢液变稠，降低了流动性。

2）热裂、冷裂倾向

相比碳钢，铸造低合金钢的热裂、冷裂倾向都增大了。一般来说，铸造低合金钢与碳钢比较，结晶温度间隔增大，流动性降低，收缩量增大，缩孔、缩松倾向较大，容易产生热裂和冷裂。

容易生成氧化夹杂物的合金元素如 Cr、Mo 等，使钢的热裂倾向增大。能形成钢结晶的异质核心，细化晶粒的元素如 Ti、Zr 和 V 等，由于能提高钢的热裂抗力，故能起防止热裂的作用。

合金元素降低钢的热导率，增大钢的弹性模量，使铸钢件在冷却过程中的热应力增大，故使冷裂倾向增大，特别是 Cr、Mn、Mo 等元素的影响较大。

2. 热处理特点

热处理除能改善铸态组织、细化晶粒和消除内应力外，主要是发挥合金元素提高淬透性的作用而获得高性能。因此铸造低合金钢的热处理方式为淬火（正火）＋回火。

在铸造低合金钢中，由于多数合金元素能稳定渗碳体，且在奥氏体中的扩散速度比铁和碳慢得多，故在加热至奥氏体相区时，渗碳体的溶解及奥氏体成分的均匀化过程都比碳钢慢得多。因此，铸造低合金钢铸件在淬火或正火时的加热温度要比碳钢高。

合金元素 Mn、Cr 或单独使用 Mo，都会加大钢的回火脆性。当 Mo 与 Mn 或与 Cr 配合使用时，能抑制回火脆性。但是在任何情况下，低合金钢铸件都应采取快冷方式，这样能改善机械性能，尤其是屈服强度和韧性。因此，在不易产生变形和开裂的情况下，均可采用水冷。

由于低合金钢中元素偏析太大，导热性差，铸件在凝固和冷却过程中所产生的内应力比碳钢更大，更易变形和开裂。因此低合金钢铸件的工艺流程是：预先进行完全退火处理，以消除应力和细化组织，再进行粗加工，最后进行终热处理，即淬火加回火或正火加回火。

12.1.4 稀土元素在铸钢中的应用

为了进一步提高钢的机械性能和改善钢的铸造性能，我国广大冶金和铸造工作者广泛开展了钢的稀土处理的研究，取得了很大的成就，已应用于许多钢种。我国稀土矿藏丰富，稀土元素在钢铁中的应用有着广阔的发展前景。

1. 稀土元素在钢中的作用

稀土元素在钢中的作用主要有三方面，即净化钢液、改善铸态组织和合金化。三者的综合结果，提高了铸钢的机械性能，改善了铸造性能。

1）稀土元素对钢液的净化作用

所谓净化作用是指稀土元素在钢中的脱硫、除气和去除非金属夹杂物的作用。

2）稀土元素的变质作用

实验指出，稀土处理对钢的初次结晶有良好的影响，不同程度地细化了晶粒，消除了柱状组织和魏氏组织。对碳钢而言，稀土细化晶粒的作用对低碳钢最为明显。

3）稀土元素的合金化作用

稀土在铁中有一定的溶解度，形成固溶体；它又是强烈的碳化物形成元素。实验指出，随着稀土的增加，钢中珠光体量减少而铁素体量增加，显然稀土元素与碳发生了作用。此外，稀土元素的加入还导致钢中其他合金元素在固溶体和碳化物两个基本相中的分配关系发生改变。这些都必然在钢的性能上有所反映。

2. 稀土元素对钢的机械性能的影响

铸钢经适量稀土元素处理后，其塑性和韧性(包括低温冲击韧性)有较显著的提高，而强度指标变化不大。稀土元素对铸钢机械性能的有利影响是稀土元素综合作用的结果，尤其是净化的结果。由于脱硫脱氧结果使夹杂物减少，净化了晶界，且夹杂物形状又趋于对塑性和韧性危害较小的球形，这必然使塑性和韧性得到提高。稀土元素还能提高耐热钢和高温合金的抗蠕变能力。

3. 稀土元素对铸钢铸造性能的影响

稀土处理能改善钢的铸造性能，尤其使钢的流动性和抗热裂倾向有显著的提高。在国防工业中，合金钢铸件应用很广，但其热裂倾向很严重，生产中常因热裂而报废。因此，用稀土元素来处理钢液，提高抗热裂性，降低铸件废品率，是一个值得重视的课题。

12.2 铸造高合金钢

铸造高合金钢是指合金元素总量超过10%的特种铸钢。由于钢中加入大量合金元素，使组织发生了很大变化，使钢具有特殊的使用性能，如耐热、耐腐蚀、抗磨等。铸造高合金钢按用途可分为不锈钢、耐热钢、耐磨钢、耐磨耐蚀钢、低温钢和工具钢等。高合金钢在具有良好综合机械性能的同时，还具有特殊的使用性能，如良好的耐蚀性和抗氧化性，良好的耐磨性和较宽的使用温度范围(−25 ℃～550 ℃)，已被广泛用于石油、化工、航空、电力、冶金等工业中。

12.2.1 铸造不锈钢

铸造不锈钢通常是指在大气或某些强腐蚀介质中能够抵抗腐蚀的钢，一般又称为铸造不锈耐酸钢。铸造不锈钢按成分可分为铬钢、铬镍钢和铬锰氮钢。按显微组织可分为马氏体、铁素体、奥氏体、奥氏体＋铁素体和沉淀硬化不锈钢。

1. 钢的电化学腐蚀及提高抗蚀性途径

1) 电化学腐蚀

腐蚀是指金属表面在周围介质作用下逐渐引起破坏的现象。按腐蚀机理可分为化学腐蚀和电化学腐蚀。

金属的电化学腐蚀与其化学腐蚀有着本质的区别，即在腐蚀的同时有电流产生。腐蚀是由于在金属表面发生原电池作用而引起的。电化学腐蚀形成的必要条件为：有电极电位差存在；有电解液(电解质)；应互相接触(必须有导体联系或直接接触)。

2) 提高钢的抗蚀性途径

提高钢的抗蚀性途径主要有：①加入合金元素，提高钢的电极电位，减轻电化学腐蚀倾向；②加入合金元素，在钢表面形成一层钝化膜，提高抗蚀性；③加入合金元素，在合金组织中尽可能获得单相组织，降低钢的阴极活性，提高钢的耐蚀性。

对于大多数固溶体合金，当易钝化合金元素为1/8,2/8,3/8,…,n/8的原子分数时，其抗蚀能力便会突然提高。这一规律被称为“n/8规律”。每当这些元素的加入量达到n/8时，合金的电极电位会得到突然提高。这一发现就成为人们确定易钝化元素加入量的重要参考。一般来说,介质的腐蚀性越强,n 的数值要求越大。有时合金在强腐蚀介质中常发现没有第一个稳定性台阶,仅当 n 在较高的数值时合金才稳定。

2. 奥氏体不锈钢

奥氏体不锈钢具有良好的综合机械性能和良好的铸造性能,可焊性好。然而,简单成分的奥氏体不锈钢强度低,且具有晶间腐蚀倾向。奥氏体不锈钢一般含有一定量的铬和镍,称为铬镍不锈钢,最具有代表性的牌号是 ZG07Cr19Ni10。

ZG07Cr19Ni10 不锈钢虽然具有优良的抗蚀性,但却存在着晶间腐蚀倾向。晶间腐蚀是指这种钢在 500~800 ℃的温度范围内保温一段时间,在标准腐蚀条件下沿晶界会发生严重的腐蚀。晶间腐蚀危害性极大,会削弱晶粒间的结合力,降低钢的强度,严重时会使钢完全粉碎。

晶间腐蚀是由于碳化物$(Cr、Fe)_{23}C_6$沿晶界析出而引起其周围区域铬的贫化所致。钢中的碳是引起晶间腐蚀的主要元素,实验表明,当含碳量超过 0.03%时,晶间腐蚀速度大大增加,因此降低含碳量是防止晶间腐蚀的措施之一。但是过低的含碳量会使冶炼工艺困难。所以除特殊要求外,奥氏体不锈钢的含碳量应小于 0.08%。防止晶间腐蚀的另一个有效而方便的措施,是在合金中加入钛、铌等强碳化物形成元素。它们与碳的亲和力大于铬与碳的亲和力。在钢中形成 TiC、NbC,而不形成 $Cr_{23}C_6$,从而维持了固溶体基体足够均匀的碳含量,奥氏体晶界碳化物附近不易产生铬的贫化,故不致产生晶间腐蚀。

在钢中加入铌(或钛)可以防止晶间腐蚀,但实际生产中发现,这种钢如果未经稳定化处理,仍可能产生晶间腐蚀。因此,为了充分发挥铌(或钛)的作用,使钢中尽可能多的 C 都形成 NbC(或 TiC),而铌(或钛)全部固溶于奥氏体基体中。一般要对于含 Nb 和 Ti 的不锈钢进行稳定化处理。这种充分发挥铌(或钛)的作用,并将铌(或钛)稳定在奥氏体基体中的热处理方法被称为稳定化处理,其具体工艺过程是将钢加热到高于$(Cr、Fe)_{23}C_6$完全溶解的温度,而低于 NbC(或 TiC)完全溶解的温度,即 850~900 ℃,保温一定时间,然后在空气中冷却。

3. 马氏体不锈钢

马氏体不锈钢成分简单,机械性能较高,具有适中的抗蚀性,铸造性能也较好,但焊接性较差。马氏体不锈钢广泛应用于机器制造业中的各种泵、阀、水轮机叶片等铸件以及航空发动机的压气机叶片等。

马氏体不锈钢在高温下具有奥氏体组织,当以适当的速度冷却至室温时,奥氏体转变为马氏体。Cr13 型钢是广泛应用的马氏体不锈钢。作为铸造不锈钢的是 ZG10Cr13 和 ZG20Cr13。Cr13 型钢中的实际含铬量都大于 11.7%,铬量越多,抗蚀性越好。Cr13 型钢在大气、水和硝酸中具有良好的抗蚀性,但在盐酸中较差。钢的抗蚀性与含碳量密切相关,含碳量越多,抗蚀性越差;因为随着含碳量增加,钢中碳化物的数量增加,造成组织不均匀。同时碳的加入,使基体的电位下降,而且碳化物的形成也降低了基体的含铬量,这些都使钢的抗蚀性下降。碳在不锈钢中的另一个作用是随着含量的增加,钢的强度、硬度会提高。ZG10Cr13 和 ZG20Cr13 主要用于飞机、发动机的结构零件。

Cr13 型钢的热处理的目的主要是消除钢中的碳化物,保证其抗蚀性和综合机械性能,热处理方式通常包括退火、淬火和回火。退火的目的是消除铸造应力。淬火的目的是得到马氏体,防止碳化物析出。而回火的目的是消除淬火应力并获得良好的综合机械性能。

12.2.2 铸造耐热钢

耐热钢是指在高温下具有良好的抗氧化性和热强性的钢种。

1. 钢的氧化及提高钢的抗氧化性途径

钢的氧化通常是指在高温氧化性气氛中被氧化腐蚀的现象，它是化学腐蚀的一种。

氧化刚一开始，首先在钢的表面上形成一薄层氧化膜，它的性质将对随后钢的氧化速度有着决定性的影响。氧化膜若具有保护性，其首要条件是氧化膜的完整性，一般用致密系数α来衡量。当$\alpha>1$时，氧化膜才可能有保护性，当$\alpha<1$时，则无保护性。一般认为α在1.0～2.5范围内具有较好的保护性。

钢在高温下的氧化速度除与氧化膜的性质有关外，还与环境温度有着密切的关系。铁的氧化速度随温度的上升而不断提高。

钢在高温氧化性气氛中抵抗氧化的能力称为抗氧化性(也称热稳定性、耐热性)。如上所述，钢的抗氧化性的关键在于氧化膜的结构。因此，钢中加入合金元素，改变氧化层结构，生成尖晶石型氧化物$FeO\cdot Me_2O_3$或$Fe_2O_3\cdot MeO$，则钢就具有良好的抗氧化性。钢中加入合金元素，在与铁形成固溶体的情况下，如果能提高出现FeO的下限温度，也可以提高钢的抗氧化性。

提高钢的抗氧化性的合金元素主要有Cr、Al、Si，其次是Ni和Ti。其中作为抗氧化元素具有特别意义的是Cr，虽然Si、Al作用比Cr大，但它们在钢中的含量不允许过多，所以Si、Al常常是与Cr配合使用的。加入一定量的Cr就能在钢的表面上形成一层含Cr的致密氧化膜($FeO\cdot Cr_2O_3$或$NiO\cdot Cr_2O_3$)，能够牢固地附着于铁的表面上不易剥落。

2. 耐热钢的分类

高合金耐热钢主要有高铬钢、高铬镍钢和高镍铬钢三类。这些高合金钢的成分与不锈钢相近，但其碳的含量较高，从而在高温下具有较高的强度。

1）高铬钢

这类钢$w(Cr)=8\%\sim30\%$，有少量的Ni或不含Ni，组织是铁素体，在室温下塑性差。由于其在高温下强度较低，主要用于抗燃气腐蚀的条件下。代表合金牌号为ZG40Cr13Si2、ZG40Cr17Si2等。

2）高铬镍钢

这类钢$w(Cr)>18\%$，$w(Ni)>8\%$，而含Cr量总是超过含Ni量，其基本组织是奥氏体，有一些钢中有少量铁素体。与高铬钢相比，它的高温强度和塑性较高，高温下耐腐蚀能力也较强。这类钢适用于温度高达1093 ℃的环境中，但是在649～871 ℃，易产生σ相。代表合金牌号为ZG25Cr20Ni14Si2、ZG40Cr22Ni10Si2等。

3）高镍铬钢

这类钢的主要合金元素是Ni，$w(Ni)>23\%$、$w(Cr)>10\%$，且含Ni量高于含Cr量，其组织为单一的奥氏体。一般来说，这类钢适用的温度可达1149 ℃，并有较好的抗热冲击和热疲劳的性能。代表合金牌号为ZG40Ni35Cr17Si2、ZG40Ni35Cr26Si2等。

12.2.3 其他铸造高合金钢

1. 铸造耐磨钢

高锰钢是耐磨钢最通用的一种。高锰钢具有极好的冲击抗力和耐磨性能，广泛应用于采矿、建筑等工业中受强烈冲击的耐磨铸件。

2. 铸造低温钢

低温钢是指在低温下(−100 ℃)工作的钢种。ZG100Mn13 主要用于耐磨铸件，但由于它在低温下也有较高的韧性，所以也是一种低温钢。

3. 铸造耐磨耐蚀钢

在铸造耐磨耐蚀钢中，铬是主要合金元素，含量为 13%，碳含量较低，在油冷或水冷条件下可得到全断面厚度的马氏体组织，使钢具有很高的硬度。

4. 铸造工具钢

典型铸造工具钢的牌号是 ZGW18Cr4V，该钢铸态组织为莱氏体，不宜直接使用，一般经淬火(1260～1290 ℃)和回火(550～580 ℃)后的组织为回火马氏体和碳化物，具有良好的切削性能。

12.2.4 铸造高合金钢的铸造性能

铸造高合金钢，由于含有大量的合金元素，其铸造性能比铸造碳钢和低合金钢差。

1. 流动性

铸造不锈钢由于铬含量较高，流动性差，易产生冷隔、浇不足、表面皱皮和夹杂等缺陷。钢液温度越低，浇注时间越长时，氧化现象越严重。为了提高流动性，应提高浇注温度和浇注速度。显然这将带来铸件的晶粒粗大，并导致疏松和热裂倾向的增加，故适宜的浇注温度为 1540～1580 ℃。为了细化晶粒，往往加入钛、铌、锆等细化剂；铸造耐热钢由于钢中含有大量的易氧化元素铬、硅、铝等，容易形成氧化夹杂，降低流动性。

2. 缩孔、缩松和裂纹

铸造不锈钢的体收缩大，线收缩也大，易产生缩孔、缩松，热裂倾向大；铸造耐热钢的缩松、热裂倾向与不锈钢类似，易产生缩松，热裂倾向较大。

思考题

1. 基本概念：稳定化处理
2. 铸造低合金钢热处理的目的是什么？
3. 稀土元素在铸钢中的作用？
4. 提高钢抗蚀性的途径有哪些？
5. 提高钢抗氧化性的途径有哪些？

第13章 铸铁熔炼

13.1 概　述

13.1.1 铸铁熔炼的基本要求

对铸铁熔炼的基本要求可概括为优质、高产、低耗、长寿与简便等五个方面，具体要求如下。

1. 铁水质量高

铸铁件生产对铁水质量的基本要求是：铁水的温度与化学成分符合要求；非金属夹杂物与气体含量要少。

2. 熔化速度快

在确保铁水质量的前提下，充分发挥熔炼设备生产能力的关键在于提高熔化速度。

3. 熔炼耗费少

为了保证铸铁熔炼的经济性，应尽量降低与铸铁熔炼有关的燃料、电力、耐火材料、熔剂以及其他辅助材料的耗费，力求减小熔炼过程中铁及合金元素的烧损。

4. 炉衬寿命长

延长炉衬寿命不仅有利于节约耐火材料，减少修炉工时，而且能提高熔炼设备利用率。

5. 操作条件好

熔炼设备操作方便、安全可靠，并尽量提高自动化程度，尽力消除对周围环境的污染。

13.1.2 铸铁熔炼的方法、特点及选择

1. 铸铁熔炼的方法和特点

1）冲天炉熔炼

冲天炉熔炼具有经济简便、生产率高、成本低和能够连续生产等优点。但同时，该熔炼方法也有成分不易控制、热量未充分利用和操作有更高要求等缺点。

2）电炉（电弧炉、感应炉）熔炼

电炉熔炼具有可准确控制铁水成分、能够获得高温铁水、金属烧损较少、铁水质量较高和环境较好、劳动强度低等优点。但其耗电量较大。

3）双联熔炼

这种熔炼方法是把熔化炉与保温（精炼）炉组合成一套熔炼设备装置。

4）三联熔炼

这种熔炼方法是把熔化炉、保温炉与精炼炉组合成一套熔炼装置。冲天炉-感应炉-电弧炉则适合于大批量、机械化生产。

2. 熔炼方式的选择

（1）单件、小批量选单炉熔炼。

（2）大批量、机械化生产选双联熔炼。

（3）合金铸铁采用电炉熔炼。

3. 铸铁熔炼的发展趋势

（1）用大型熔炉熔炼铸铁(容量为 10 t 以上)。

（2）采用冲天炉-电炉双联熔炼。

（3）实现熔炼过程的自动控制与调节(模糊控制)。

（4）发展新型冲天炉。

将来，铸铁熔炼将会呈现以自动化替代手工操作，以大型集中替代小型分散，以连续熔炼替代间断熔炼的趋势。

13.2 冲天炉熔炼的基本原理

13.2.1 冲天炉的结构与操作工艺

1. 冲天炉的基本结构

冲天炉(见图 13-1)由以下几部分组成。

1）炉底与炉基

炉底与炉基是冲天炉的基础部分，它对整座炉子和炉内料柱起支承作用。

2）炉体与前炉

炉体是冲天炉的基本组成部分。它包括炉身和炉缸。前炉由炉体及可分离的炉盖构成。

3）烟囱与除尘装置

烟囱的作用是利用充满其中的热气体所产生的几何压头，引导冲天炉炉气向上流动，经炉顶排出炉外。除尘装置的作用是消除或减少冲天炉废气中的烟灰与有害气体组分，使废气净化。

4）送风系统

送风系统的作用是将来自鼓风机的供底焦燃烧用的一定量空气冲入冲天炉内。

5）热风装置

热风装置的作用是加热供底焦燃烧用的空气，以强化冲天炉底焦的燃烧。

2. 冲天炉操作工艺

1）修炉与烘炉

冲天炉修炉时，先铲除炉壁表面的残渣挂铁，然后刷上泥浆水，覆上修炉材料，并敲打结实。炉子修毕后，可在炉底和前炉装入木炭，引火烘炉。

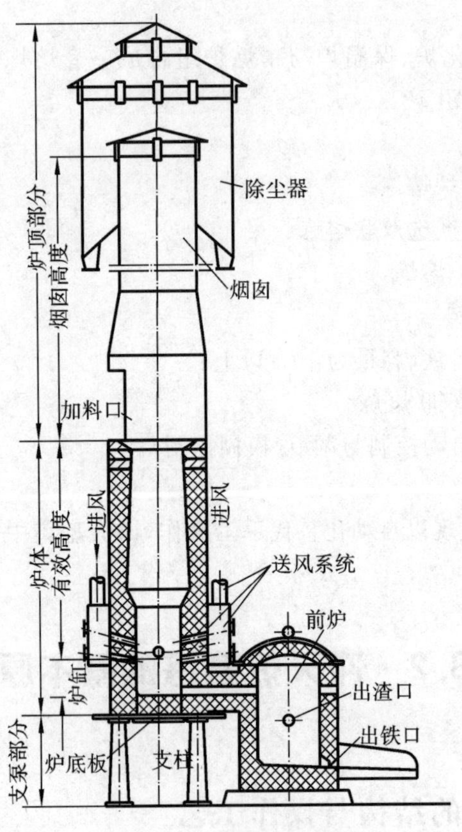

图 13-1　冲天炉基本结构

2）点火与加底焦

烘炉后，加入木柴，引火点着。待木柴烧旺后，由加料口往炉内加底焦。

3）装料与开风

加完底焦后，加入石灰石，以防止底焦烧结或过桥堵塞。加料时，每批金属料一般先加废钢，然后加新生铁、回炉料与铁合金。加入一批金属料后，再加层焦和石灰石，有时还加入少量萤石。装料完毕后，焖炉 1 h 左右，即可开风。

4）停风与打炉

停风时，先打开部分风口，然后关风。停风后即可打炉。

13.2.2　焦炭燃烧的基本规律

1. 焦炭的组成种类

焦炭是烟煤经粉碎、干馏后所得的残余物。其组成为：固定碳＞80%；灰分：8%～16%；其他成分：挥发物＜1.5%；硫＜1.2%；水分＜7%。其主要分为：铸造用焦、冶金焦和地方土焦。除了对固定碳、灰分及其他成分的要求以外，还要求块度大小合适，力求均匀；气孔率要小；反应性要低。

2. 焦炭燃烧的一般过程

1）加热着火

冷焦炭在气流中受热，至着火点开始燃烧。

2）动力燃烧

焦炭的燃烧速度受化学反应速度的制约，称为动力燃烧。

3）扩散燃烧

在这区域内，气体（氧气）扩散至反应表面，或气态燃烧产物脱离反应表面成为整个燃烧过程的限制环节。

3. 炉气燃烧比

冲天炉内焦炭的燃烧属于层状燃烧方式，层状燃烧是指固体块状燃料呈层状堆积时所进行的燃烧。

表征焦炭层燃烧完全程度的指标称为炉气燃烧比，用 η_v 表示：

$$\eta_v = \frac{CO_2}{CO_2 + CO} \times 100\% \tag{13-1}$$

η_v 越大，表明焦炭燃烧越完全，η_v 越小，燃料利用率越低。从充分利用能源的角度出发，燃烧比越高越好。炉气中 CO 与 CO_2 的比例越低，炉子对金属元素的氧化越强，如 η_v 太高，则对金属的氧化太强。因而在进行冲天炉操作时，应有个合适的 η_v 值，不应追求太高的 η_v。

13.2.3 冲天炉内炉气与温度的分布

1. 冲天炉内炉气的分布

炉壁效应：冲天炉内的炉气有自动趋于沿炉壁流动的倾向。炉壁效应主要是由于炉内阻力分布不均匀造成的。其产生的结果是，炉壁附近的炉气流量大，流速高，而炉子中心则流量小，流速低。总之，在冲天炉风口区域的炉膛截面上，空气及其与焦炭反应生成的炉气，无论沿炉膛四周或炉子径向的分布都是不均匀的。

2. 冲天炉内温度的分布

冲天炉内温度沿炉子高度的分布是不均匀的。冲天炉内炉气温度的变化与炉气中二氧化碳含量变化基本有一致的趋向。冲天炉内靠近炉壁附近温度高，等温曲线呈下凹分布，即呈分布不均匀特点。

13.2.4 影响冲天炉内热交换的主要因素

冲天炉内的热交换是在炽热炉气向上流动，固体金属炉料和铁水向下运动的过程中进行的。从热交换的观点看，为提高冲天炉提供的铁液温度，就必须创造良好的传热条件，在力求得到最高温度高、高温区域大而又分布均匀的炉气的同时，尽量扩大过热区域，缩小冷却区域，这是分析讨论冲天炉热交换问题的中心内容。与此有关的影响因素大致有五个方面：焦炭、送风、炉料、操作和冲天炉结构。

1. 焦炭的影响

1）焦炭成分

焦炭固定碳含量越高，越有利于铁液过热。

2）焦炭强度和块度

焦炭的机械强度低，则易被破碎，恶化料柱透气性，影响熔化的稳定性。焦炭的块度过小时，燃烧反应加速，氧化带缩短，还原带扩大，使高温区域短，炉气最高温度较低；焦炭的块度过大，则燃烧速度慢，也不利于过热。

3）反应能力

反应能力是指焦炭还原CO_2的能力，反应能力大会降低炉气温度。

2. 送风的影响

1）风量的影响

提高风量，一方面有利于提高铁液温度；另一方面又不利于铁液过热。由此可见，冲天炉有一个合适风量，称为最惠风量。

2）风速的影响

提高风速，提高炉气最高温度，可改善炉内炉气与温度的分布，减少炉衬侵蚀，有利于铁液温度的提高。但是，风速过高对焦炭有吹冷作用，反而会恶化燃烧反应，加大元素烧损，降低铁液温度。因此，冲天炉有一个合适的进风速度。

3）风温的影响

提高送入炉内空气的温度，由于增加了氧化带的热量来源，可强化焦炭燃烧，提高燃烧速度和炉气最高温度。同时也缩短氧化区域，加剧CO_2的还原反应，降低炉气燃烧比。

4）风中氧气浓度的影响

提高风中氧的浓度，即富氧送风，可加速底焦的燃烧速度并增加CO_2浓度，因而使氧化带缩短，还原带扩大，与热风具有相似效果。资料指出，风中含氧量增加3%就能达到相当于400℃热风的熔炼效果。

3. 金属炉料的影响

1）金属炉料块度的影响

金属炉料块度越大，所需预热和熔化时间也就越长，不利于铁液的过热。金属料块也不能大小，以免阻塞气流通道，或造成严重氧化。一般最大料块尺寸应小于1/3炉内径。

2）金属炉料净洁度的影响

附着于金属料块表面的泥沙和铁锈，阻碍料块受热，还会熔融成渣，消耗热量。

4. 熔炼操作参数的影响

1）底焦高度的影响

理论上底焦顶面应略高于炉内温度超过炉料熔化温度所在位置。

2）焦炭消耗量的影响

焦炭消耗量在原则上应满足下列关系：每批层焦量等于熔化每批金属料的底焦烧失量；相当于每批层焦的底焦烧失时间等于每批金属料的熔化时间。

3）批料量的影响

减少批料量可使每批炉料的熔化时间缩短，有利于提高铁液温度。但批料层过薄，易造成铁焦严重混杂和串料，使铁液温度与成分波动。

5. 冲天炉结构参数的影响

1）炉型的影响

炉型影响着燃烧区域沿炉膛截面的分布，从而影响炉内的热交换。

2）风口布置的影响

通常，将风口布置在冲天炉炉壁的送风方式称为侧向送风，而将风口设在炉子底部的称为底部送风或中央送风。一般中小型冲天炉常用的侧向送风，结构简单，但炉壁效应的影响较大。而采用侧部插入式风口（即出口突入炉内焦炭层中的风口）送风和中央送风，炉气的分布就比较均匀。

13.3 双联熔炼

13.3.1 感应电炉熔炼

1. 工频感应电炉的操作特点

1）烘炉

无芯炉借助于坩埚铁模通电烘炉，有芯炉则需用煤气或其他外加燃料烘炉。

2）加料

冷炉开炉时，无芯炉应先加与坩埚内径相近的大块金属料作为开炉块，然后加入熔点较低而又元素烧损较少的炉料，再加其他炉料（合金材料大多在最后入炉）。有芯炉在冷炉开炉时最好直接加入铁液或块度小而熔点低的炉料。热炉子开炉最好留有 1/3～1/4 炉的铁液启熔。

2. 供电

先低压供电，以预热炉料，然后提高供电功率，至铁液温度符合要求后，或停电扒渣出炉，或降低供电电压进行保温。

13.3.2 铁液成分的变化

1. 碳、硅含量变化

工频感应电炉大多采用酸性炉衬。铁液脱碳增硅，从而使碳当量减少，炉衬侵蚀加剧。实践表明，当铁液在 1400 ℃以上保温时，就可能出现上述现象。温度越高，保温时间越长，铁液脱碳增硅就越强烈。

2. 锰的变化

在酸性炉中，锰一般是烧损的，烧损量约为 5%。

3. 磷、硫含量的变化

磷、硫一般没有变化。

13.3.3 铁液质量

1. 温度成分均匀

铁液的强力搅拌使成分与温度均匀。但与此同时，铁液中的杂质往往不易上浮去除，因而炉料应尽量洁净。

2. 铁液白口倾向大

与冲天炉铁液相比，工频炉铁液的白口倾向大，易于产生过冷石墨，所得铸铁的强度与硬度较高。当碳当量相同时，工频炉铸铁的石墨化碳量比冲天炉铸铁的低。

总的说来，用工频感应电炉熔炼铸铁，可以正确地控制和调节铁液的温度与成分，获得纯度较高的低硫铁液，熔炼烧损少，噪声和污染小，而且可以充分利用各种废切屑和废料，大块炉料可整块入炉重熔，所以有很大的优越性，近 20 年来，工频感应电炉的发展十分迅速。随着电力工业的发展，工频感应电炉在铸铁熔炼中的应用将更为广泛，它与冲天炉配合进行的双联熔炼，目前正在国内外蓬勃发展。

13.3.4 冲天炉-感应电炉双联熔炼

冲天炉与电炉的双联熔炼是指冲天炉熔炼的铁水进一步在电炉中熔炼的双重熔炼法。这种双联方式旨在进一步提高冲天炉铁液温度，调整铁液的化学成分。冲天炉与工频感应电炉通常用流槽直接连接。在大量流水生产中，工频炉铁液往往还转入浇注炉进行保温与自动浇注。为使生产能均衡地进行，工频炉的容量应由冲天炉熔化率和熔炼工作制度决定。

这种熔炼方法由于充分发挥了冲天炉与电炉各自的长处，因而收到了良好的综合技术经济效果，成为当前国内外铸铁熔炼的主要发展方向之一。参与双联熔炼的电炉可以是电弧炉，也可以是感应电炉，但以后者为主。

冲天炉-感应电炉双联熔炼是应用最广泛的双联熔炼组合形式。这种组合形式充分地利用了冲天炉高效率连续熔化出铁的优点，出铁后的铁液直接进入感应电炉，避开了其过热效率低、大幅度调整化学成分能力差的缺点。由于降低了冲天炉的熔化温度，从而延长了冲天炉的炉衬寿命，有利于长时间作业和连续作业，焦铁比也可以降低。

冲天炉-感应电炉双联熔炼还具有以下优点：铁液温度可以进行调整；铁液化学成分可以进行调整并均匀化；冲天炉停风时仍能保持铁液温度；变更材质方便；降低铁液熔化成本。

13.4 灰铸铁的孕育处理

把孕育剂加入铁液中，以改变铁液的冶金状态，从而改善铸铁的组织和性能，而这种改变往往难以用化学成分的细微变化来解释。随着孕育剂及孕育方法的不断发展，孕育处理环节已成为重要铸件生产时不可缺少的手段。

13.4.1 孕育处理的实质

加入一定数量的石墨化元素，使凝固过程发生改变——即将原来按介稳定系统凝固的那一部分全部转变成按稳定系统凝固。此时，由于人为地在很短时间内加入了大量的结晶核心，降低了过冷度，使共晶团细化，石墨的尺寸及分布得到改善，因而达到了提高铸铁强度的目的，这就是孕育处理的实质。

13.4.2 生产孕育铸铁的基本条件

1. 选择合适的化学成分

孕育铸铁的成分选择和普通灰铸铁一样，要和铸件的壁厚密切结合起来考虑。

2. 铁液要有一定的过热温度

温度、化学成分、纯净度是铁液的三项冶金指标。铁液温度的高低又直接影响铁液的成分及纯净度。铁液温度的提高有利于铸造性能的改善，更主要的是，如果在一定范围内提高铁液温度，能使石墨细化、基体组织细密、抗拉强度提高。对于孕育铸铁来说，过热铁液的要求是着眼于纯化铁液，提高过冷，以期在孕育情况下加入大量的人工核心，迫使铸铁在“受控”的条件下进行共晶凝固，从而达到真正孕育的目的。因此对于孕育铸铁而言，要在最大程度上改变它受控于自身条件的凝固特点，就必须有相当的过热温度（过热温度应高于 1450 ℃）。

3. 加入一定量的孕育剂

目前，用得最多的还是含 75%Si 的硅铁，国内近几年开发出了含有锶、铈、钡、钛、锆等强化孕育元素的特种孕育剂。孕育剂的加入量与铁液成分、温度及氧化程度、铸件壁厚、冷却速度、孕育剂类型及孕育方法有关，尤其以铁液成分、铸件壁厚及孕育方法的影响为最大。

4. 孕育处理方法

近 20 年来，孕育处理方法有了很大的发展，最常用的方法是在出铁槽上将一定粒度的孕育剂加入，这种方法简单易行，但孕育剂消耗量很大，且很容易发生孕育衰退现象。衰退的结果导致白口倾向重新加大，力学性能下降，为此近年来发展了许多瞬时孕育方法。尽量缩短从孕育到凝固的时间，可极大地防止孕育效果衰退，亦即最大限度地发挥了孕育的作用。

13.4.3 孕育铸铁炉前控制技术

（1）检查铁水化学成分：光谱仪分析或碳当量测定仪（热分析法）。

（2）炉前工艺试样方法：即先浇一个三角试样，试样浇注后稍加冷却，使其冷至暗红色（600 ℃左右），再用水淬激冷后敲断，观察其白口宽度（或深度）。确定加入孕育剂量。孕育后再浇三角试样，确定孕育效果好坏。

13.5 球墨铸铁的球化处理

球墨铸铁的生产过程主要包含熔炼合格的铁液、球化处理、孕育处理、炉前检验、铸件清理及热处理等几个环节。其中熔炼优质的铁液及进行有效的球化和孕育处理是生产的关键。

13.5.1 化学成分的选定

球墨铸铁的化学成分与它的组织、机械性能和铸造性能等有很大关系，因此必须合理选定。选择适当化学成分是保证铸铁获得良好的组织状态和高性能的基本条件，化学成分的选择既要有利于石墨的球化和获得满意基体，以期获得所要求的性能，又要使铸铁有较好的铸造性能。下面讲述铸铁中各元素对组织和性能的影响以及适宜的含量。

1. 碳、硅含量

由于球状石墨对基体的削弱作用很小，故球墨铸铁中石墨数量的多少，对力学性能的影响不显著，当含碳量在 3.2%～3.8%范围内变化时，实际上对球墨铸铁的力学性能无明显影响。确定球墨铸铁的碳硅含量时，主要从保证铸造性能考虑，为此将碳当量选择在共晶成分左右。

由于球化元素使相图上共晶点的位置右移，因而使共晶碳当量移至4.6%～4.7%具有共晶成分的铁液流动性最好，形成集中缩孔倾向大，铸铁的组织致密度高。当碳当量过低时，石墨球化不好，易出现自由 Fe_3C，铸件易产生缩松和裂纹。碳当量过高时，易产生石墨漂浮。

2. 锰含量

球墨铸铁中锰所起的作用与其在灰铸铁中所起的作用有不同之处。在灰铸铁中，锰除了强化铁素体和稳定珠光体外，还能减小硫的危害作用，而在球墨铸铁中，由于球化元素具有很强的脱硫能力，因而锰已不再能起这种有益的作用。而由于锰有严重的正偏析倾向，往往有可能富集于共晶团晶界处，严重时会促使形成晶间碳化物，因而显著降低球墨铸铁的韧性。

对锰含量的控制，依对基体的要求和铸件是否进行热处理而定。对于铸态铁素体球墨铸铁，通常将锰含量控制在0.3%～0.4%；对于热处理状态铁素体球墨铸铁，可将锰含量控制在小于0.5%；对于珠光体球墨铸铁，可将锰含量控制在0.4%～0.8%，其中铸态珠光体球墨铸铁，锰含量虽可适当高些，但通常推荐用铜来稳定珠光体。在球墨铸铁中，锰的偏析程度实际上受石墨球数量及大小的支配，如能把石墨球数量控制得较多，则可适当放宽对锰量的限制。由于我国低锰生铁资源较少，因此这一技术是很有实际意义的。

3. 磷含量

磷是球墨铸铁中的有害元素。磷在球墨铸铁中有严重的偏析倾向，易在晶界处形成磷共晶，严重降低球墨铸铁的塑性和韧性。磷还增大球墨铸铁的缩孔、缩松以及开裂(冷裂)倾向。对铁素体球墨铸铁，磷不仅使其常温冲击韧性降低，同时使其脆性转变温度急剧提高，造成低温脆性。球墨铸铁的含磷量一般要求小于0.1%，最好在0.08%以下。

4. 硫含量

球墨铸铁中的硫与球化元素有很强的化合能力，生成硫化物或硫氧化物，不仅消耗较多的球化剂，造成球化不稳定，引起球化衰退及皮下气孔等铸造缺陷，而且还使夹杂物数量增多，导致铸件产生缺陷，此外，还会使球化衰退速度加快，故在球化处理前应对原铁液的含硫量加以控制。国外生产上一般规定球墨铸铁的含硫量低于0.02%。目前，国内一般规定含硫量低于0.06%。

5. 残余 Mg 量及稀土量

1) 残余 Mg

对残余 Mg 量有如下要求。无稀土时：0.03%～0.08%，若大于0.1%，会降低球化率，产生夹杂、缩松、皮下气孔、白口倾向；有稀土时：0.03%。

2) 残余稀土

残余稀土可脱硫、去气、净化铁水和产生球化作用，但也使白口倾向大，偏析严重，恶化机械性能和石墨形状，应将残余稀土量控制在0.02%～0.04%。

13.5.2 球墨铸铁的熔炼要求及处理技术

球墨铸铁具有高的力学性能，是以石墨球化状况良好为前提的，衡量石墨球化状况的标准是球化率、石墨球径和石墨球的圆整度。球化率的定义是：在铸铁微观组织的有代表性的视场中，在单位面积上，球状石墨数目与全部石墨数目的比值(以百分数表示)。石墨球径是在放大100倍条件下测量的有代表性的球状石墨的直径。而圆整度则是对石墨球圆整情况的一种定量概念。为了保证球墨铸铁的性能，要求有高的球化率，圆整而细小的球状石墨，而为此就需要熔炼出质量良好的铁液，并进行良好的球化处理和孕育处理。

1. 熔炼要求

优质的铁液是获得高质量球墨铸铁的关键，适用于球墨铸铁生产的优质铁液应该是高温，低硫、磷含量和低的杂质含量。

（1）出铁温度：1400 ℃以上（国内），国外：1500 ℃，处理过程中要降温 50～100 ℃。

（2）化学成分：足够高的碳量，低 Si、Mn、P、S 量。

（3）熔炼设备：冲天炉＋工频感应电炉。

2. 球墨铸铁的球化处理

1）球化及反球化元素

加入铁液中能使石墨在结晶生长时长成球状的元素称为球化元素。表 13-1 所示是各种球化元素的分类。球化能力强的元素（如镁、铈、钙等）都是很强的脱氧及去硫元素，并且在铁液中不溶解，与铁液中的碳能够结合。虽然具有使石墨球化作用的元素有多种，但在生产条件下，目前实用的是 Mg、Ce（或 Ce 与 La 等的混合稀土元素）和 Y 三种。工业上常用的球化剂即是以这三种元素为基本成分而制成的。

我国使用最多的球化剂是稀土镁合金，国外大都采用镁合金和纯镁球化剂，近年来逐渐加入稀土元素于球化剂中，但用量是很低的，其中一个主要原因是国内铸造生铁中杂质元素含量较高，而国外大多是应用高纯生铁。

表 13-1　球化元素的分类

球化能力	球化元素	球化条件
强	镁、铈、镧、钙、钇	一般条件
中	锂、锶、钡、钍	要求原铁液含硫极低
弱	钠、钾、锌、镉、锡、铝	冷却速度要快，原铁液含硫极低

此外，某些元素存在于铁液中会使石墨在生长时无法长成球状，这些元素称为反球化元素。为了保证石墨的良好球化，应对铁液中反球化元素的含量加以限制。不同的球化元素对反球化元素的干扰作用具有不同的抵抗力，因此当采用不同的球化元素进行球化处理时，对于原铁液中反球化元素的限量要求也不相同。

2）球化剂特点及种类

球化剂应具备如下特性：具有脱氧、去硫能力；不溶于铁水中；能与铁水中的碳结合。国外缺少稀土资源，因此大部分国家选用纯镁作为球化剂，日本则采用钙系球化剂。

3）镁球墨铸铁的球化处理方法

目前所采用的各种处理方法都是以提高镁的回收率和处理的安全性为目的。采用镁作为球化剂处理铁液时，球化元素只有镁一种，其球化处理方法主要有自建压力加镁法、转动包法（见图 13-2）、镁合金法等。图 13-3 示出了瓶状自建压力加镁包装置示意图。

采用稀土镁合金作为球化剂时，球化处理方法主要有冲入法（见图 13-4）、型内球化法（见图 13-5）两种。

3. 球墨铸铁的孕育处理

1）处理目的

孕育处理是球墨铸铁生产中的一个重要环节，处理的主要目的有以下几方面。

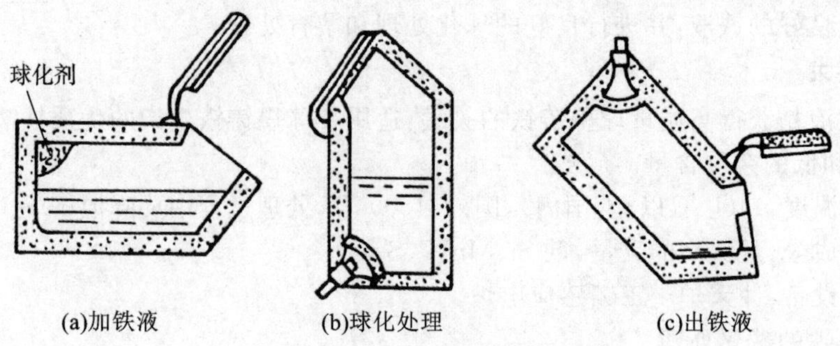

(a)加铁液　　(b)球化处理　　(c)出铁液

图 13-2　转动包法加镁处理示意图

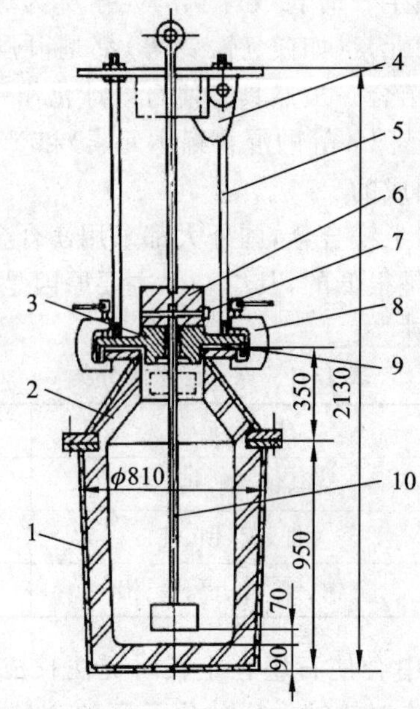

图 13-3　瓶状自建压力加镁包装置示意图

1—包体下部；2—包体上部；3—包盖；4—重锤悬挂锁；5—导架；6—重锤；7—钟罩销；8—紧固螺栓；9—垫圈；10—钟罩

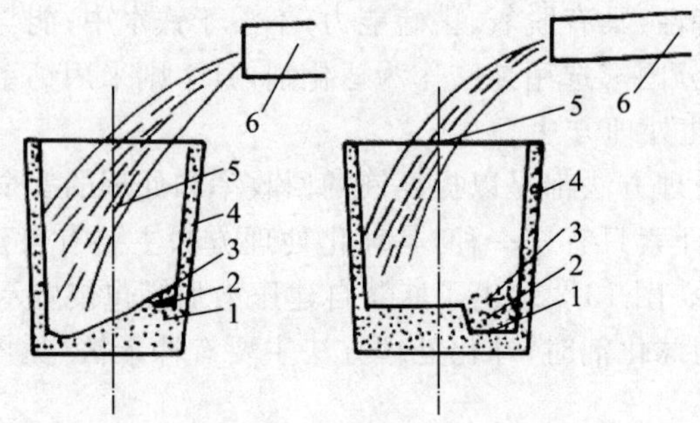

图 13-4　冲入法示意图

1—稀土镁合金；2—铁屑；3—草灰；4—处理包；5—铁液流；6—出铁槽

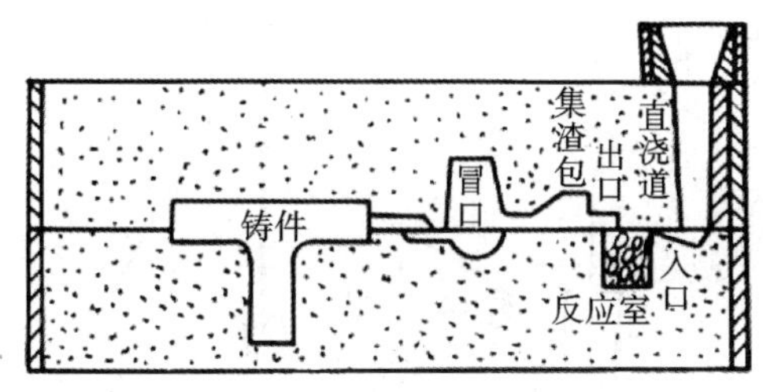

图 13-5　型内球化处理工艺的示意图

(1) 消除结晶过冷倾向。

消除球化元素所造成的白口倾向,获得铸态无自由渗碳体的铸件。

(2) 促进石墨球化。

细化球状石墨,因而增加石墨的数量;提高石墨球的圆整度,改善球化率。

(3) 减小晶间偏析。

由于细化了石墨球,共晶团数目也相应地增加,因而可减少晶间的偏析程度,这对改善机械性能特别是对延伸率和冲击韧性的提高有利。

2) 处理方法

目前,孕育处理所采用的方法主要有以下几种。

(1) 炉前一次孕育和多次孕育(浇包内孕育)。

和灰铸铁的孕育方法相似,所不同的是孕育剂量使用较多。如珠光体球墨铸铁一般需孕育剂为铁液质量的0.5%～1.0%,铁素体球墨铸铁则需要铁液质量的0.8%～1.4%。

为了改善孕育效果,除在炉前进行一次孕育外,在铁液转包时再次进行一次甚至多次的孕育,这种方法较炉前一次孕育法有较好的效果,而且可减少孕育剂总的加入量。

(2) 瞬时孕育。

种类主要有:包外孕育(见图13-6)、浇口杯孕育(见图13-7)、硅铁棒浇包孕育(见图13-8)、型内孕育等。

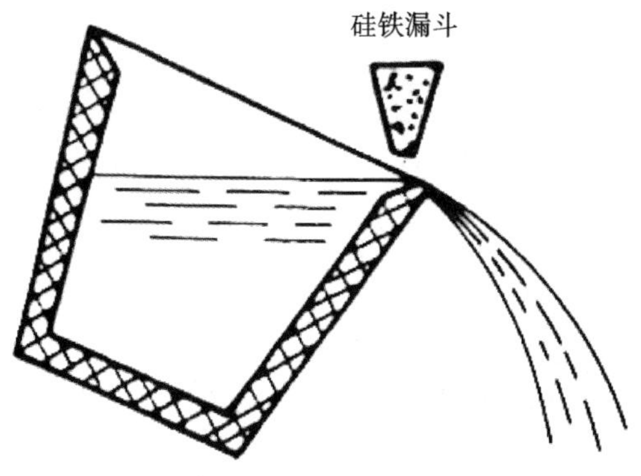

图 13-6　包外孕育示意图

4. 球墨铸铁炉前控制技术

1) 圆棒(或三角试块)试样断口检验

球化良好:断口呈银白色、细晶粒,有时在中心有些缩松;球化不良:银白色断口中夹有分散状的小黑点;未球化:断口呈灰色。

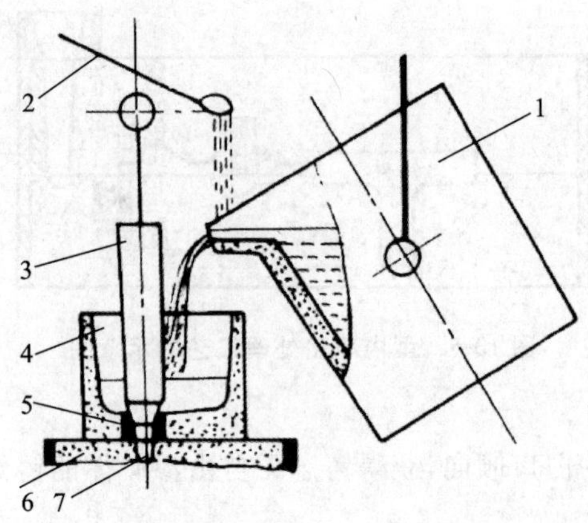

图 13-7　浇口杯孕育处理示意图

1—浇包；2—小勺(加硅铁)；3—石墨塞；4—浇口杯；5—油砂芯；6—铸型；7—直浇道

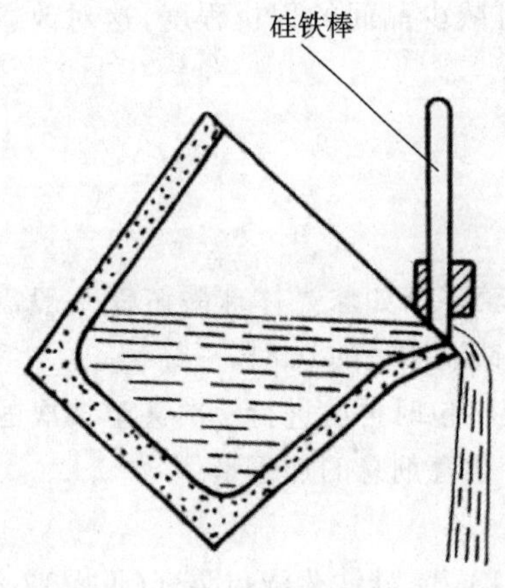

图 13-8　硅铁棒浇包孕育示意图

孕育效果差：断口呈麻口或白色断口，而且有放射结构，认为已有足够的球化元素含量，表明球化是可以的，但孕育效果很差，应该考虑补充孕育。

2）炉前快速金相法

浇成 $\phi20\times20$ 的小试样，用显微镜观察。

3）比电阻法

比电阻法是炉前快速测定球化程度的一种测量方法。

4）热分析法

将处理好的铁液浇入特定的试样杯中，试样杯中的热电偶将铁液的温度信号传送到记录仪中，仪器绘出冷却曲线，根据共晶回升温度来判断球化情况。

思考题

1. 铸铁熔炼的基本要求是什么？
2. 铸铁熔炼的方法主要有哪些？
3. 冲天炉主要由哪几部分组成？
4. 影响冲天炉内热交换的主要因素有哪些？
5. 感应电炉熔炼过程中铁液含碳量发生了什么变化？

第14章 三相炼钢电弧炉熔炼

14.1 概　　述

14.1.1 电弧炉炼钢的特点

1. 原理和分类

三相炼钢电弧炉(简称电弧炉),是利用电弧产生的热来熔炼金属和炉渣的一种电炉(见图14-1)。在电弧炉中,电弧产生的过程通常如下所述。开始通电时,将两根电极下降并与炉料接触,使变压器二次侧发生短路,然后分开一定距离。此时,由于强大的短路电流作用,接触处的温度升至很高,电极和炉料之间的空气电离释放,成为导电的电弧,发出强烈的光和热。电弧可以用直流电或交流电产生。一般来说,直流电弧比交流电弧要稳定。工业上常用的电弧炉可以分为两类。第一类是直接加热式电弧炉。电弧发生在电极和被熔化的炉料之间,炉料受到电弧的直接加热,它包括三相炼钢电弧炉和真空自耗电弧炉。对于熔炼优质钢及某些合金来说,是比较理想的冶炼设备。第二类是电阻电弧炉,其基本结构与炼钢电弧炉相似,所不同的是其电极埋在炉料中,在加热时,有一部分热量是由电流通过炉料的电阻而产生的电阻热。这种电炉主要用于矿石冶炼,故称矿热炉。本章只介绍三相炼钢电弧炉。

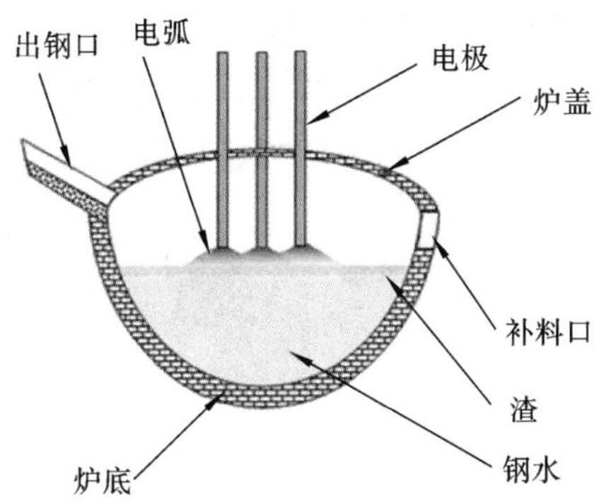

图14-1　电弧炉炼钢原理示意图

2. 特点

电弧炉炼钢是近代主要的炼钢方法之一。在电炉中很容易造成还原气氛,使钢中硫、氧和非金属夹杂物含量低,合金元素烧损少;由于电弧产生的温度高,因此,可以熔炼任何成分的钢及合金,另外,炉渣直接放电弧加热,流动性好,有利于冶金过程的物理化学反应。目前,大部分合金钢,特别是高合金钢,都是用它来熔炼的。但是其也存在一些缺点,如耗电大、温度不均匀、含气量较高(电离)等。

14.1.2 电弧炉的设备

1. 电炉本体

电炉本体由炉体、炉盖、电极以及相应的倾炉机构和电极升降装置等几部分组成，其结构如图 14-2 所示。炉体主要由炉壳、炉衬、出钢槽、炉门等几部分组成。炉壳是用钢板拼焊而成的，其上部有做成双层的，中间通水冷却。出钢槽连在炉壳上，内砌耐火炉料。炉门口供观察炉内情况、扒渣、加料等用，平时用炉门掩盖。炉门通常也用水冷却。它的启闭，根据需要，可以是人工的，也可以是自动的。

炉壳内部砌有炉衬，它是电弧炉的重要部分。根据炉衬耐火材料的性质，大体上可分为碱性和酸性两种。碱性炉衬用镁砖砌筑或用镁砂、白云石、焦油、卤水等打结而成。在碱性炉中，可以造碱性渣，能有效去除炉料中的有害杂质硫和磷，所以它主要用于冶炼优质钢。酸性炉衬用硅砖砌筑或用石英砂打结而成，它不具备去除硫、磷的能力，因此，对原料的要求较高。但用酸性炉炼的钢流动性好，适合于浇注薄壁铸件；同时，成本低、冶炼时间短、炉衬寿命长。因此，它常用于铸钢车间。电弧炉炉衬的工作条件非常恶劣，它要承受电弧的高温辐射，装料时固体

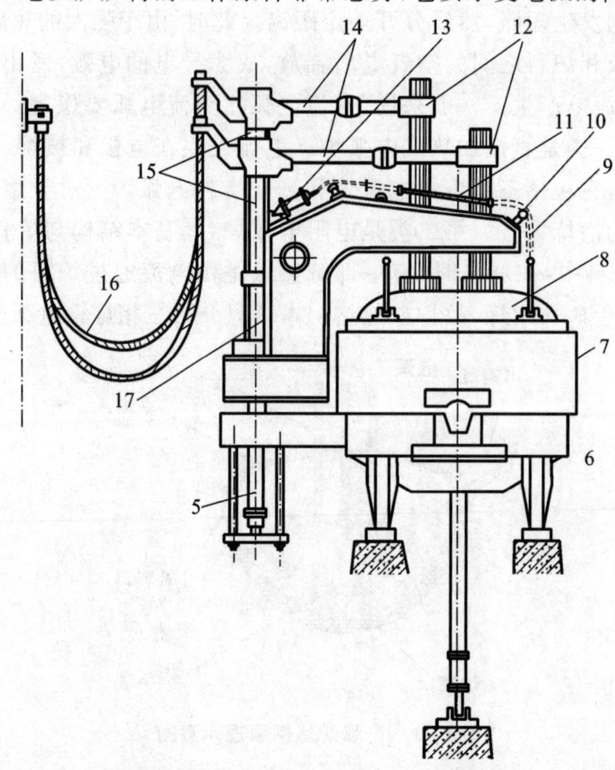

图 14-2 HX 型三相电弧炉结构简图

1、2、3—1 号电极、2 号电极、3 号电极；4—转动炉盖机构；5—升降电极液压缸；6—倾炉液压缸；7—炉体；8—炉盖；9—提升炉盖链条；10—滑轮；11—拉杆；12—电极夹持器；13—提升炉盖液压缸；14—电极支承横臂；15—升降电极立柱；16—电缆；17—提升炉盖支承臂；18—支承轨道；19—月牙板；20—出钢槽

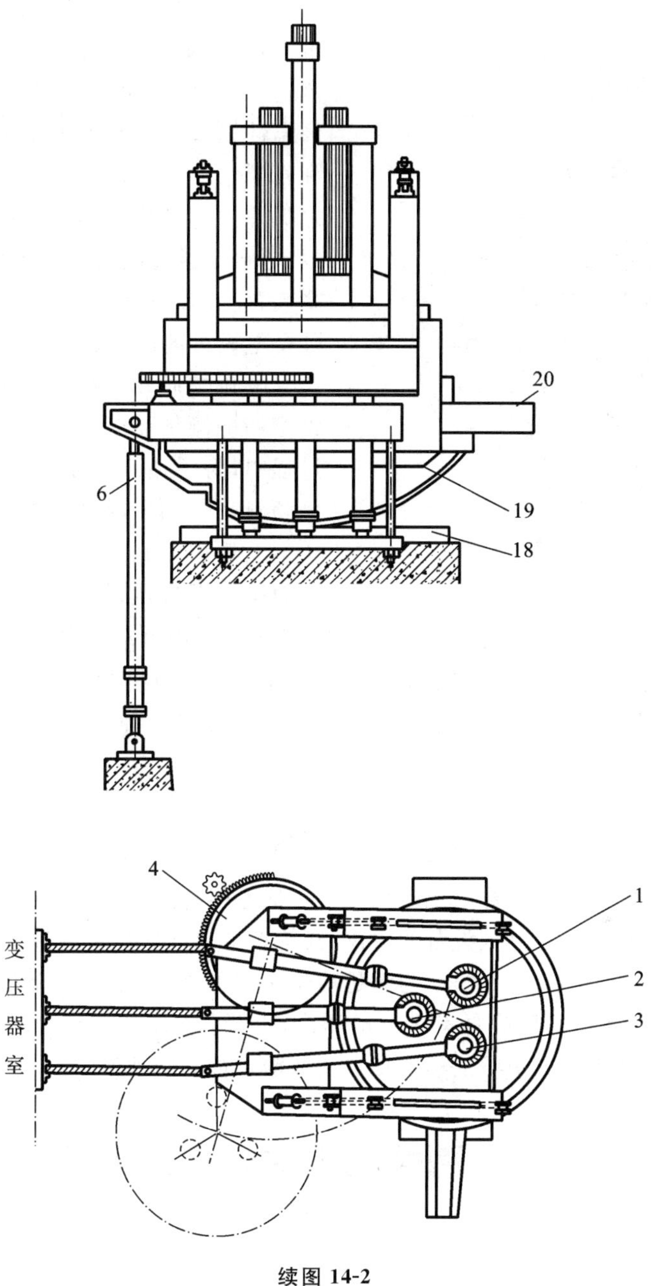

续图 14-2

炉料的撞击、液体金属和熔渣的冲刷与侵蚀等，因此，容易损坏。而炉衬寿命就成了电弧炉的一项重要技术指标。

炉盖又称炉顶(见图 14-3)。它是用钢板焊成的中空圆环形架，内部通水冷却。炉盖中央用高铝砖砌成圆拱形，其上开有三个呈正三角形布置的电极孔，供电极插入炉内之用。炉盖的工作条件也非常恶劣，工作温度高达 1700 ℃，特别是还原期，炉盖长时间处于高温状态。出钢时其温度为 1650 ℃，出钢后装料完毕，仅有 500～600 ℃。温度变化如此之大，对电极非常不利。另外，粉状渣料、氧化铁和金属的蒸发、机械振动等都成为降低炉盖寿命的重要因素。

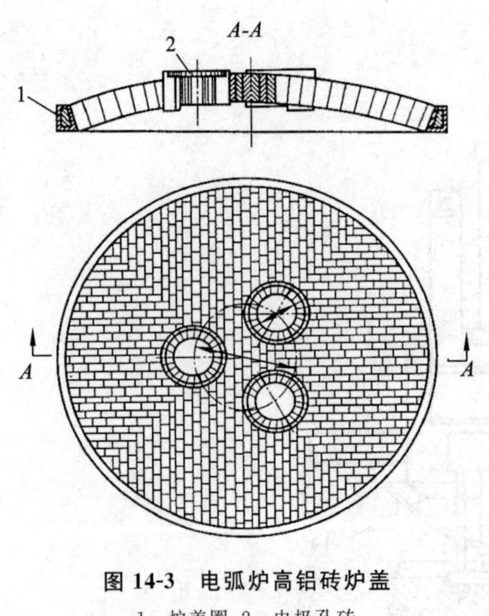

图 14-3 电弧炉高铝砖炉盖

1—炉盖圈;2—电极孔砖

电极及其升降装置:由于通过每根电极的电流很大,如 10 t 电弧炉,每根电极通过的电流达 1500A,因此,要求它有良好的导电性、耐高温性以及一定的机械强度。常用碳素电极和石墨电极,而以后者性能为好,使用更普通。电弧炼钢过程中,要经常调整电弧的长度,所以,电极是通过电极夹持器固定在一个电极升降装置上的。在电弧炉工作过程中,电极的升降受电极自动调节装置的控制。

电弧炉倾动装置:电炉在出钢时,需往出钢槽一侧倾斜 40°～45°,使钢液流出。在熔炼过程中,为了便于扒渣,又需将炉体向炉门一侧倾斜 10°～15°,因此,电弧炉设有倾动装置。小型电弧炉以其炉体两侧支撑在两个扇形板上而用人工或电动机倾动。稍大的电弧炉都有一个弧形倾炉支架,整个炉体安置在该支架上,整个摇架用电动机或液压装置倾动。

装料机构:电弧炉的装料方式有人工炉门装料和炉顶机械装料两种,尤其以后者居多。炉顶机械装料又可分为炉体推出式、炉盖移开式和炉盖旋转式三种。其中炉盖旋转式结构具有机构紧凑、占地面积小、动作迅速等优点,故使用较多。

2. 主电路

经过变压器,将电网高压电变成低压电(100～200 V),导入炉内的石墨电极而产生电弧,由高压电源到电炉之间的电路,称为主电路。它包括电网、电炉变压器、电抗器、断路器和隔离开关等。其中,电炉变压器是电气设备的主体,其特点是能承受很大的过载,即冲击负载,有较高的机械强度,变比大,电流大。此外,为满足冶炼工艺的要求,变压器的副边采用多级电压。输出功率和电弧长度都与电压高低有关。电压高,电弧长,输出功率就大,放出的热量也多。副边电压级数多,有利于根据炉子的热工特点调节输入炉内的功率。

14.2 碱性电弧炉氧化法熔炼

14.2.1 原理和特点

氧化法是在炉料熔毕后,加入氧化剂(矿石或吹氧)通过熔池中碳的氧化产物,使钢液产生剧烈的氧化沸腾,从而达到脱磷、除气和去除非金属夹杂物的目的。该方法对炉料要求不严,钢的质量也有保证,可熔炼对内在质量要求高的钢种,如合金钢、不锈钢等。

14.2.2 炼钢工艺过程

氧化法炼钢的工艺过程主要包括补炉、装料、熔化期、氧化期、还原期和出钢等几个阶段。

1. 补炉和装料

在熔炼过程中，炉衬由于高温熔体和外力的不断作用，将不同程度地受到损坏，尤其是与熔渣接触的渣线部分浸蚀更为严重。所以，必须在每炉出钢后，扒去残渣、残钢并及时进行补炉。

将废钢和各种原料按一定顺序装入炉内。装料时，要求迅速、紧实、合理布料，达到多装、快速熔化之目的。一般大块炉料放在电极下面，小块炉料靠近坩埚壁。

2. 熔化期

熔化期是指从装料完毕，送电开始，到炉料熔清，取参考试样分析 C、Mn、S、P、Si、Ni、Cr 和 Cu，扒除部分渣、测温合适为止所需的全部时间。其任务是：用最短的时间，熔化全部炉料；造渣，提前去磷，防止钢液吸气、挥发和烧损。

在熔化期，Al、Ti、Si 等元素几乎全部被氧化，Mn 可以氧化掉 50%～60%，脱磷率达 40%～50%。碳几乎没有变化（电极增碳和氧化损失大体相等）。

扒掉富磷渣，造氧化渣，炼钢过程转入氧化期。

3. 氧化期

扒去部分熔化渣，另造氧化渣，即标志氧化期的开始。氧化期是成分和温度控制的重要阶段。其基本任务是：降低钢水含磷量至规格以下，氧化末期，钢液含磷量不得大于 0.020%；通过脱碳反应，使熔池激烈沸腾，以最大限度地去除钢液中的气体和非金属夹杂物；提高钢液温度至出钢温度的 10～20 ℃以上。

1）脱磷

脱磷的有利条件是高氧化性（FeO 多）、高碱度（CaO/SiO_2 大）、低黏度、大渣量的熔渣及较低的温度。

2）脱碳

脱碳的方法主要有矿石脱碳、吹氧脱碳和矿石-氧气结合脱碳。

钢液中加入矿石或吹入氧气后，生成 CO 使钢沸腾。由于 CO 不溶于钢水，CO 气泡中 N 与 H 的分压为零，则[N]与[H]向 CO 内扩散，随着 CO 上浮而排出钢水；CO 气泡上浮过程中与钢水中的夹渣物相遇，夹渣物自动吸附在 CO 气泡上，随 CO 气泡上浮到熔渣之中。

脱碳不是目的，而是一种手段，它的作用不仅仅是把钢中含碳量降到所需要的范围，更重要的是碳氧反应的产物是 CO 气体，当它从钢液中大量排出时，导致熔体的“沸腾”，通过这一沸腾现象，激烈地搅拌金属熔池与熔渣。强化了熔池中的热传导和反应物的扩散传递，促使钢液中气体和夹杂物的去除、化学成分的均匀化。为了达到上述目的，要求氧化期有较高的脱碳速度和一定的沸腾时间，为此，必须保证氧化期有一定的脱碳量，即要求熔毕碳高出钢种规格的 0.30%～0.60%。

由于电弧炉炉气氧化性弱，通过熔渣向熔池传氧速度很慢。为了提高脱碳速度，一般向熔池中加入矿石，矿石脱碳是吸热反应，加矿石后钢液温度下降，因此，必须分批、小量加入，而且加矿石前钢液温度必须足够高。为了强化脱碳，广泛推行了吹氧脱碳操作。由于吹氧脱碳反应是放热反应，所以熔池沸腾活跃，具有去气、去夹杂物效果好，熔池升温快以及氧化时间短等优点。

4. 还原期

还原期的任务是：脱氧、脱硫，以及根据钢的成分要求调整钢液的化学成分，最后保证正常的出钢和浇注。

1）脱氧

(1) 扩散脱氧。

当温度一定时，(FeO)/[FeO]为常数，因此可以调整渣的成分，使钢中的 FeO 转移到渣中。

对于低碳钢，采用白渣脱氧，白渣的配比为：石灰：萤石：炭粉＝8：1：1。扩散脱氧的特点是净而慢：脱氧产物不残留在钢液中，故而“净”；靠扩散来完成全过程故而“慢”。因此，炉温高，熔液黏度适中以及还原性气氛是扩散脱氧顺利进行的关键。

(2) 沉淀脱氧。

将块状脱氧剂(Si-Fe、Mn-Fe、Al)加入钢水中，脱氧元素(Si、Mn、Al)直接与钢水中的氧发生反应，将氧去除。另一部分仍残留在铁中形成非金属夹杂物。常用的有锰铁、硅铁、铝、硅钙合金等。该法的特点是脏而快——残留物污染钢液故而脏，直接作用而不需要扩散故而快。

(3) 综合脱氧。

综合脱氧是取扩散脱氧和沉淀脱氧各自优点同时进行的一种脱氧方法。其操作特点是：扒除氧化渣造薄渣后，立即加入锰铁或硅锰铁或硅锰铝进行预脱氧，然后进行扩散脱氧。预脱氧生成的非金属夹杂物在扩散脱氧时，有足够的时间得以上浮渣中，大大缩短还原的时间。该法效果良好，生产中普通应用。

2）脱硫

硫在钢中主要以 FeS 的形式存在，在炼钢温度下，FeS 能大量溶解于钢液和熔渣中，并服从分配定律，除了 FeS 外，还有 MnS、CaS 等，它们都比 FeS 稳定(其中 CaS 不溶于钢液，但可以溶于渣中)。

下面以 FeS 为例，说明还原渣下的脱硫反应。脱琉主要由下列两个过程组成，即钢液中的硫化物向渣中扩散：

$$[FeS] = \rightarrow (FeS)$$

渣中的硫化物与渣中的自由氧化钙反应：

$$(FeS) + (CaO) \rightarrow CaS + FeO$$

从反应式可知，当(CaO)越高或(FeO)越低，对脱硫反应越有利。还原过程中，向炉内加入大量 C 粉、Si-Fe 粉等脱氧剂，对渣直接脱氧的同时，也进行脱硫。

脱硫的理论与实践均证明以下几个方面是影响脱硫反应的主要因素。

(1) 熔渣的碱度。

碱度是脱硫的决定性因素，所以 CaO 也就成为影响脱硫的最主要因素。渣中自由 CaO 的含量应适当，太少则受热力学条件影响，反应无法进行；太多则受动力学条件影响，反应也无法顺利进行。所以，最合适的量应控制在碱度为 2.5～3.0，以保证分配系数具有最大值。

(2) 熔渣的氧化性。

从脱硫反应得知，氧化性高是不利于脱硫的，因此脱硫的前提是最大限度地脱氧。

(3) 熔渣中的 CaF_2。

渣中加 CaF_2 不影响碱度，并且适量的 CaF_2 一方面可以改善渣的流动性，有利于钢-渣界面脱硫反应；另一方面它能与 S 形成易挥发的 SF_6，起到直接脱 S 的作用。

(4) 温度。

脱硫反应是吸热反应,提高温度对脱硫有利,同时高温还可以提高 CaO 在渣中的溶解度,为形成高碱度熔渣创造条件。扩散是脱硫反应的限制性环节,所以提高温度又可增加流动性,加速扩散过程。因此,在还原期保证足够高的温度是非常重要的。

(5) 渣量。

控制好渣量是有效脱硫必不可少的条件,在生产上的渣量,一是一次性渣量,二是扒渣再造新渣,两种情况均视钢含硫高低而定。适当增加渣量实质上是降低脱硫产物 CaS 的浓度,使反应向正方向进行得更加彻底。

(6) 钢液成分。

钢液是多组元溶液。各组元之间存在相互作用,因此,凡能增加硫的活度系数的元素,如:C、Si、Al 和 P 等都有利于去硫;凡降低硫的活度的元素、如 Mn、Cu 等都不利于去硫。

3) 合金化

合金化的任务是准确控制合金元素的收得率,得到所需的成分;尽量节约贵重合金。对于基本不氧化的元素,如 Ni、Cu、Mo 等,可在装料时于氧化期加入;一般氧化的元素,如 Mn、Cr、W 等,可在还原期加入;强氧化元素,可在还原期末,如 Si、Ti、B、Al、RE 等,脱氧良好时加入或在浇包中加入。

4) 终脱氧和出钢

当钢液化学成分调整好后,进行终脱氧。终脱氧采用强脱氧剂,通常是用铝直接插入钢液内部。其加入量与钢种和铸型状况有关。一般情况下,工具钢为 0.2～0.4 kg/t。

当脱氧很好,渣白且流动性好,钢液成分和温度合乎要求时,即可出钢。出钢时,钢流要粗,钢和渣齐出,这样,既可保持钢液少被氧化,又能利用搅拌和接触面的增大,达到进一步去硫的目的。出钢温度根据钢种、浇注条件和铸件大小而定。

14.3 电弧炉的其他熔炼方法简介

14.3.1 碱性电弧炉不氧化法熔炼

不氧化法又称返回法。由于没有氧化期,因此,可以保留炉料中的大部分合金元素,节省大量贵重金属,可以全部采用返回料;与氧化法相比,不仅节省了氧化沸腾所需的时间,而且还由于补加的合金元素少而缩短了还原期的时间。总冶炼时间减少,电耗降低、炉衬寿命提高。其缺点是不能有效地脱碳、去磷、去气和去非金属夹杂物。

14.3.2 酸性电弧炉熔炼

酸性电弧炉熔炼法是在酸性炉衬和酸性渣下进行合金熔炼的方法。该种工艺方法具有以下优点:熔炼时间短,生产效率高;炉衬寿命长;电耗和电极消耗减少 10%～15%;合金元素的回收率高;金属液的流动性好,与炉渣容易分离。其主要缺点是不具备去硫和磷的条件;所炼成品钢中,含有高硅的非金属夹杂物;不能用于熔炼低碳钢、低硅钢以及对硅含量有严格限制的钢种。

14.3.3 碱性电弧炉吹氧返回法炼钢

吹氧返回法是熔炼不锈钢的一种炼钢方法。这种方法的优点是能充分利用不锈钢返回料,回收其中的铬,达到节约铬的目的。吹氧返回法的熔炼过程也包括有熔化期、氧化期和还原期,但是在工艺上与氧化法是有区别的。用氧化法熔炼不锈钢时,铬是在还原期加入的,而用吹氧返回法熔炼时,铬的全部或大部分是在装料时加入的。这种方法能够避免由于在还原期中加入大量的炉料(不锈钢返回料和铬铁)而往钢液中带入气体和非金属夹杂物,保证钢液质量。在用吹氧返回法炼钢时,可以大量使用不锈钢返回料。经常生产不锈钢的铸钢车间,常存储有很多的不锈钢返回料(废铸件、浇冒口等)。在这种条件下,采用吹氧返回法炼钢特别适宜。

思考题

1. 碱性电炉熔炼最基本的方法有哪几种?
2. 碱性电弧炉氧化法熔炼脱碳的方法和目的是什么?
3. 电炉钢生产采用的脱氧方法有哪几种?

参考文献 CANKAOWENXIAN

[1] 中国机械工程学会铸造分会. 铸造手册:第 1 卷铸铁[M]. 3 版. 北京:机械工业出版社,2013.

[2] 中国机械工程学会铸造分会. 铸造手册:第 2 卷铸钢[M]. 3 版. 北京:机械工业出版社,2013.

[3] 中国机械工程学会铸造分会. 铸造手册:第 3 卷铸造非铁合金[M]. 3 版. 北京:机械工业出版社,2013.

[4] 张文富. 铸造合金熔炼配料计算[M]. 北京:机械工业出版社,2016.

[5] 陆文华,等. 铸造合金及其熔炼[M]. 北京:机械工业出版社,2012.

[6] 李晨希. 铸造合金熔炼[M]. 北京:化学工业出版社,2012.

[7] 蔡启舟,吴树森. 铸造合金原理及熔炼[M]. 北京:化学工业出版社,2010.

[8] 马春来. 铸造合金及熔炼[M]. 北京:机械工业出版社,2014.

[9] 王文礼,等. 有色金属及合金的熔炼与铸锭[M]. 北京:冶金工业出版社,2009.

[10] 向凌霄. 原铝及其合金的熔炼与铸造[M]. 北京:冶金工业出版社,2005.

[11] 邹武装,等. 钛手册[M]. 北京:化学工业出版社,2012.

[12] 张德堂. 高温合金与钢的彩色金相研究[M]. 北京:国防工业出版社,2000.

[13] 常毅传. 镁合金生产技术与应用[M]. 北京:冶金工业出版社,2018.

[14] 王渠东. 镁合金及其成形技术[M]. 北京:机械工业出版社,2017.

[15] 张毅. 铜及铜合金冶炼、加工与应用[M]. 北京:化学工业出版社,2017.

[16] 雷霆. 钛及钛合金[M]. 北京:冶金工业出版社,2018.

[17] 里德. 高温合金基础与应用[M]. 北京:机械工业出版社,2016.

[18] 郭建亭. 高温合金材料学[M]. 北京:科学出版社,2008.

[19] 陶春虎. 定向凝固高温合金的结晶[M]. 北京:国防工业出版社,2007.

[20] 王渠东. 轻合金及其工程应用[M]. 北京:机械工业出版社,2015.

[21] 彭凡. 现代铸铁技术[M]. 北京:机械工业出版社,2019.